The story of the mankind

人类的故事

(美)亨德里克·威廉·房龙/著
徐船山/译

中国妇女出版社

图书在版编目(CIP)数据

人类的故事/(美)房龙著;徐船山译:—北京:中国妇女出版社,2004.9

ISBN 7-80203-046-3

Ⅰ.人… Ⅱ.①房…②徐… Ⅲ.①人类学—通俗读物 ②世界史—通俗读物 Ⅳ.Q98—49 K109

中国版本图书馆 CIP 数据核字(2004)第 071501 号

人类的故事

作　　者:(美)房　龙　著　徐船山　译
责任编辑:樊国宾
图书策划:樊国宾
装帧设计:夜行动物工作室
出　　版:中国妇女出版社出版发行
地　　址:北京东城区史家胡同甲 24 号　邮政编码:100010
电　　话:(010)65133160(发行部)　65133161(邮购)
网　　址:www.womenbooks.com
经　　销:各地新华书店
印　　刷:北京市松源印刷有限公司
开　　本:730×990　1/16
印　　张:21.25
字　　数:210 千字
版　　次:2004 年 12 月第 1 版
印　　次:2004 年 12 月第 1 次
印　　数:1-16 000
书　　号:ISBN 7-80203-046-3
定　　价:35.00 元

目 录

The story of the mankind

目 录

The story of the mankind

目 录

The story of the mankind

目 录

The story of the mankind

目　录

The story of the mankind

目 录

The story of the mankind

序

汉斯和威廉:

我早在十二三岁的时候,那位使我对书画产生浓厚兴趣的伯父,答应带我进行一次令人难以忘怀的探险——让我跟随着他一起爬上鹿特丹古圣劳伦斯塔楼的顶端。

于是,在一个阳光灿烂的日子里,一位教堂司事拿来一把跟圣彼得之钥一样大的钥匙,打开了一扇神秘之门。

“你们过一会儿如果想出来的话,拉一下门铃就可以了。”他轻轻地说。随着一阵锈迹斑斑的旧锁链的吱呀声,他将我们锁进了一个充满奇妙而新鲜的世界里,把我们和热闹、繁华的街道隔绝开来。

这是我有生以来第一次面对自己能听得见的寂静。当我们爬上了第一层楼梯后,我那有限的自然知识里又增加了一个新的发现——原来黑暗是可以触摸的。这时,一枚火柴的亮光就可以告诉我们楼梯的延伸方向。就这样,我们爬完一层又一层,不停地攀爬着,直到我也不知爬了多少层。突然,我们眼前闪现出一片眩目的光明——原来我们已经快到了最高层。这是一间储藏室,与教堂的屋顶同处在一个高度上。贮藏室里堆放着已经被遗弃多年的神像——一些曾经被人们顶礼膜拜的圣物。就是这些曾经在我们的祖先那里被视为至关重要的圣物,如今在这里却被沦落为废物:上面不但覆盖着数英寸厚的尘土,而且还有忙碌的老鼠在雕像中筑起安乐窝,连聪明的蜘蛛也在雕像者的手臂之间编织起了捕食的网。

当我们爬完最后的一条楼梯后,一扇安装着粗重铁条的巨大窗户正在

向我们敞开着——正是从这里涌进了那一片令人眩目的亮光。其实，这个位于高处的空房子，刚好能够成为几百只鸽子栖息的地方。清风轻轻地吹过，飘进铁窗的空气里充满一种令人愉快的音乐，真是美妙极了。原来，经过一定距离的提纯净化，我们脚下那嘈杂的市井之声就变成了一种妙不可言的音乐。嗒嗒的马蹄声，隆隆的马车声，起重机滑轮的辘辘声，以及嘶嘶的蒸汽机声——所有这些杂声混合在一起形成为一种柔和的轻音乐，为咕咕叫的鸽子声提供了美妙的音乐背景。

塔楼的楼梯到这里就算终止了，再往上去便是钟楼。钟楼的梯子年代久远而且光滑，这让我们不得不小心翼翼地摸索着前进。不久，一个全新的、更美妙的景观立即展现在我们面前——原来那是一座城市大钟。我仿佛触摸到了时间的心脏——随着每一秒钟的飞逝，可以感觉到那沉重而又不紧不慢的搏动——一秒、两秒、三秒，直至六十秒。然后，随着一阵突然的震颤声，所有的齿轮仿佛都不再转动了，于是在永恒的时间长河里又消失了一分钟。其实时钟并没有停留下来，它只是在不断地周而复始——一秒、两秒、三秒，直到许多齿轮的摩擦声变成一阵预警的隆隆声后，一个雷鸣般的巨响在我们的头顶向世界宣告：现在正是中午时分。

接着再往上爬一层楼，上面是各种各样的铜钟：有小巧玲珑的小闹钟，也有大钟，尤其是正中间的那口大钟，让人顿时产生敬畏之感。这就是那口让我在夜晚听到它通报火灾或水灾的坏消息时被吓得手足无措的大钟。这口宏伟的大钟在孤独的角落里，正在慢慢地回忆着600年来的沧桑岁月，分享着鹿特丹人心中的悲伤与快乐。在它的周围，则挂着像老式药房里的蓝色广口瓶一般的闹钟，这些闹钟会在每周里，为前来市场做卖卖和打听奇闻逸事的乡民们演奏两次欢快的调子。但在另一个角落里，有一口让人敬而远之的大黑钟——沉默而肃穆，那是人们发布去世消息的丧钟。

然后我们再往上爬去，又到了一个伸手不见五指的地方，这里相当的陡峭和危险。突然，我们呼吸到了一股新鲜的空气——原来我们到达了钟楼的最顶端。上方无疑就是苍穹了，下方则是城市——一座小玩具似的城市，忙碌的人们像"蚂蚁"一样，匆匆忙忙地为各自生计而奔波。至于远处的乱石堆外，便是一片郁郁葱葱的辽阔田野。

这是我第一次对这大千世界的鸟瞰。

从那以后，只要一有机会，我就会独自去塔顶享受这种快乐。虽然攀爬这样高的塔楼确实有点费劲，甚至还是件比较辛苦的事，但爬楼梯所消耗的体力可以从精神上得到充分的回报。

更何况，我知道我将会得到什么样的回报。比如，我可以俯瞰大地和

仰视苍天,可以倾听那位慈祥、善良的教堂守塔人所讲述的故事。他住在顶楼的一间隐蔽的陋室里,他看护着时钟,对那些时钟来说,他仿佛就是一位慈祥的父亲。虽然他经常要敲起防灾的警钟,但他依然享有许多空闲的时光。每当这个时候,他就点起烟斗,沉浸在宁静而安详的思绪中去。他在半个世纪前曾经上过学,但平时很少读书,好在多年来他在这个塔顶上能够汲取许多人生经验,以及来自外面世界的丰富而广阔的智慧。

他对许多历史事件常常了如指掌,因为这些事件对他来说,那不过是摆在眼前的事实罢了。有时,他会指着河流的一处弯道说:“我的孩子,你瞧见河边那些树了吗?那就是奥兰治亲王掘开堤坝淹没敌人的地方,他成功地借此来拯救了莱顿城。”要么他会给我讲默兹河古老的故事,讲那宽宽的河流是如何从一处便利的港口变成一条捷径的。勒伊特和特龙普的著名船队就是从这里一去不复返的——他们俩为了让海洋变成所有人可以自由航行的公海而献出了自己宝贵的生命。

接下来,老人他会指着围绕在教堂周围的小村庄说,其实在许多年前那些教堂曾经是这些村庄的守护神。再往远处看,我们能眺望到代尔夫特的斜塔,以及可以看得到高耸的塔顶和高大的拱门。沉默的威廉在那里被暗杀了,而格劳修斯则在那里学会了他的第一个拉丁语句。更远处的地方是低矮的豪达大教堂,那儿曾是声名远扬的伊拉斯谟早年的家,他虽然是一个孤儿,但他的智慧远远胜过许多帝王的千军万马。

最外面的银灰色轮廓,便是那浩瀚无垠的海洋了。作为对比,在我们下方连接成一片的地方,也就是我们称之为家的地方,它们由屋顶、烟囱、房屋、花园、医院、学校和铁路拼凑成,像是一幅美丽的图案。现在,这座塔楼正在以全新的角度在向我们展示着这片家园。虽然这里的街道、市场、工厂和车间显得有点杂乱无章,虽然这一切已经变成了人类所追求财富的场所,但值得庆幸的是,光荣与辉煌的历史依然环绕在你我的周围。这些历史不但给了我们新的勇气,而且能够在将来帮助我们解决日常事务中所遇到的难题。

历史其实就是一座非凡的经验之塔,是时间在流逝的岁月当中建造起来的。要登上这古老的塔顶,并从一览无余中获取有益的知识和经验,绝不是一件容易的事:那儿没有电梯,也没有捷径,只有意志力坚强且虚心好学的年轻人可以攀爬到塔顶。

现在,我把打开历史之门的钥匙交给你们。当你们回来的时候,就会理解我为何如此地热情和用心良苦了。

在北方一个叫斯维斯约德的土地上，耸立着一块巨石。它有一百英里高，一百英里宽。每隔一千年，就有一只小鸟飞到这块石头上，磨砺自己的喙。

巨石就这样被磨光之后，永恒中才过了一天。

混沌初开

我们一直生活在一个巨大问号的阴影下：

我们是谁？

我们从哪儿来？

我们到哪里去？

虽然进展的速度比较缓慢，但百折不挠的我们一直在推动着这个问号，一点一点地逼近那曾经是遥不可及的地平线——我们期待在将来的某一天能够越过这条界线，以便从那儿获取我们所需要的答案。

然而，我们刚刚离开出发点，仅仅走了一点点的路程。

虽然我们所懂得的事情依然少得可怜，但是我们已经能够较准确地到达对许多事情进行揣测的地点。所以，在这一章里，我们尽可能合理地、简明扼要地告诉你人类最初的舞台是怎样形成的。

如果我们以一段直线代表生命在地球上的存在时间的话，那么，这条直线末段的那一段极短的线段就代表了人类或类人猿在这个星球上的生活时间。

人类无疑是最晚出现在这个星球上的，但却是第一个懂得运用自己的智慧来征服自然的动物。这就是我们为什么首先要研究人类，而不是研

究马牛、猫狗或任何其他动物的主要原因所在——尽管这些动物也都以自己独特的方式经历了一段颇为有趣的历史发展进程。

大雨滂沱

据我们目前所知，在一开始的时候，我们这个赖以生存的行星是一个由灼热物质组成的巨大球体，是无边无际的宇宙海洋中的一小朵浪花。慢慢地，在历经漫长的数百万年之后，它的表面燃烧完了，最后被一层薄薄的岩石所覆盖。由于常年持续不断的雨水倾泻在这些没有生命力的石块上，就连坚硬的花岗岩也被磨损了。雨水将高山冲刷出峡谷来，这就是我们现在所能看到的耸立在地球之上的悬崖峭壁了。

终于，一个伟大的时刻到来了！当温暖的阳光突破云层照耀着大地时，这颗小小的行星变成了一个有着辽阔海洋的东西两半球，而且两半球上面还覆盖着一些大大小小的水坑——那当然是陆地上的湖泊了。

一个伟大的奇迹于是在这片辽阔的神秘海洋中发生了，因为这里突然萌发了生命！第一枚活细胞——有史以来的第一粒生命的种子正漂浮在蔚蓝的海水当中。于是，一片死气沉沉的世界宣告结束了，一个生机勃勃的时代到来了！

这些小生命漫无目的地在海洋里东游西荡，随波逐流了好几百万年。在这期间，它为了能够在这个环境恶劣的星球上生存下去，逐渐形成了某些习性。这些原始生命中的一些细胞，比较喜欢呆在海边靠陆地的黑暗深处，并在从山上冲刷下来的淤泥中扎下了根，于是它们摇身一变，成了植物的始祖。其他的细胞则更爱四处游荡，时间一长便渐渐地长出了像蝎子一样奇特的、有节的腿，开始在遍布植物的海底爬行。另外还有一些覆盖着鳞片的细胞，能够靠着一种巧妙的游泳姿势，从一个地方游到另一个地方去寻找食物，渐渐地，它们也就成为了生活在海洋中的鱼类祖先。

不久，植物的数量在迅速地增加，海底已经没有更多的空间能够提供给它们自由地生活了，形势逼着它们必须寻找新的居住地，否则，将面临着被淘汰的危险。于是它们无可奈何地离开了生活多年的海洋，在沼泽地和山峦脚下的淤泥滩上开辟了自己新的家园，每天仅仅能够享受到两次潮汐所带来的浸润。而其他时间，它们充分调动起自己的积极性，以适应

这个感觉并不太舒适的环境，并努力在这颗包裹着稀薄空气的星球中生存下来。就这样，它们在经过漫长岁月的锻炼后，能够在空气中生活得很好了，就像当初在海洋的怀抱里一样的自由自在。渐渐地，它们的外形开始变大，长成了灌木和乔木，并且最终学会了如何长出芬芳的花朵，以招徕忙碌的蜜蜂和鸟类，将它们的种子带到遥远的各个角落。于是，整个地球都开始变得山清水秀，树木葱茏，鸟语花香了。

这时候，有些鱼类厌烦了海洋生活，开始离开世代生活的家园，并且逐渐学会了如何同时用肺和腮进行呼吸。我们称这种生物为水陆两柄生物，也就是说，它们能在陆地上和水中同样自由、快乐地生活着。也许这个时候有一只青蛙在你的面前跳来蹦去，你就能够明白两栖动物左右逢源的生活是多么的奇妙和快活。

一旦离开了水，这些动物就没有退路了，只好逐渐地调整自己，以便不断地适应陆地生活。其中有像蜥蜴那样爬行的生物，开始可以和昆虫一起分享森林的宁静了。为了能够迅速地穿行在柔软的泥土上，它们的身形开始越来越庞大，四肢也就越来越发达，以致于世界上住满了这些像鱼龙、斑龙和雷龙一样的庞然大物，它们的体长通常在30至40英尺之间。假如让大象和它们在一起玩耍的话，那情形就像一只母猫在逗弄它的猫崽一样显得非常有趣。

这个爬行动物家族中的一些成员又开始不安分了，开始想到树顶上生活。当时的树通常高达一百多英尺，它们能够飞快地在树梢间自由地穿梭，以至以行走为目的的四肢就变得不那么重要了，但对它们来说，四肢的存在还是非常有必要的。于是它们就将自己皮肤的一部分变成了像降落伞一样能够自由开合的东西，并且用羽毛覆盖住这张降落伞的表面，并且将尾巴变成了一种转向装置，于是它们能够从一棵树飞到另一棵树，甚至能够飞掠过蔚蓝色的海洋，像白云一样飞翔在太阳的底下了，它们终于进化成了一个最自由、最浪漫的物种——鸟类。

随后一件奇怪的事情发生了：所有这些身体庞大的爬行动物都在一个很短的时间内灭绝了。我们无法知道其中的原因，也许是因为气候的骤然变化，也许是由于它们的身躯过于庞大，以至无法行走、游泳和爬行，最后只好眼睁睁看着那些巨大的蕨类植物和树木却无法享受食物，因此活活地被饿死了。不论是什么原因，有着数百万年历史的巨大爬行动物帝国就这样突然结束了。

从此以后的世界，就变成了另一类生物的天下：它们都是爬行动物的后裔，但它们并不太像它们的祖先，因为它们是在母亲的乳汁喂养下成长

人类的出现

植物离开了大海

起来的新一代爬行动物。因此,现代科学称这些动物为“哺乳动物”。它们在脱掉了身上鳞片的同时,也褪掉了鸟类的羽毛,改用毛发覆盖它们的身体。天长日久,这些哺乳动物开始形成了另外一些习性,这使得它们的种族相对于其他动物来说,拥有了极大的优势。这一物种的雌性能够将它们幼体的卵留在自己的体内直至孵化出来,而其他的动物,直到那时仍将它们的子女暴露在严寒酷暑和猛兽的袭击之下。哺乳动物之所以长时期地把自己的幼儿留在身边保护起来,是因为它们还很脆弱,不是强大敌人的对手。有了父母的保护,幼小的哺乳动物便更容易存活下来,因为它们能够从母亲那儿学到很多本领。如果你们观察过一只母猫在教它的孩子如何照顾自己,如何给自己洗脸和捉老鼠的时候,你们就会明白这一点了。

我无须过多地介绍这些哺乳动物,因为大家已经很了解它们了。这些动物随处可见,它们是人们在街上、家里的日常伙伴,甚至大家还能够在动物园里看到我们不那么熟悉的表亲。

现在,它们来到了一个关键的岔路口,人类就是从这里脱离出来的,从生物的进程中,开始对从生到死都一无所知的生物中脱离出来,并且开始利用理性去把握自己整个种族的命运。

这一种特别的哺乳动物似乎在获取食物和藏身之处的能力上,要优于其他的一切哺乳动物。它们学会了如何使用前肢去捕捉猎物,并且通过实践进化形成了与爪子相似的手。经过无数的尝试和失败,它学会了如何凭借后肢以维持整个身体的平衡。

这无疑是一个十分艰难的动作,尽管人类已照做了一百多万年,但每个孩子却还必须从头学起。这种生物半猿半猴,但又比猿猴都高级,成了最出色的猎手,并能在不同的地域里生活。它们通常成群结对地活动,以确保安全;同时还会发出古怪的咕噜声,并用此来警告它们的幼子:“有危险,快跑!”于是,在亿万年之后,它们终于学会自如地说话了。

这种生物,说来虽然让你很难相信,但它们正是我们最早的祖先——类人猿。

人类最早的祖先

对于最初始的、所谓的“真正的”人，我们知之甚少。他们并没有留下什么照片，我们惟一可以知道的是，在土壤的深处有他们的一些碎骨头片，这些碎片同很早以前就从地球表面消失了的动物残骸埋在一起。那些将一生献给科学事业的人类学家，曾经得到过这些骨头，并且能够精确地把它们的原貌复原出来。

可以想像得到，我们的祖先不但相貌丑陋、身材矮小，毫无吸引力，而且他们的皮肤久经太阳的曝晒和严冬刺骨寒风的折磨，呈现出难看的深褐色。与此同时，他们的头、胳膊、腿以及身体的大部分皮肤都覆盖着又粗又长又脏的毛发。好在他们的手指纤细而有力，看上去跟猴子的爪子没有什么两样。他们的前额普遍很低，下颌跟野兽的下颌一样会令现代人感到害怕；由于没有衣服可穿，他们长年累月地赤身裸体，并且很少见过火——只有当雷电击中大树或火山爆发时，他们才看到隆隆的烈焰。

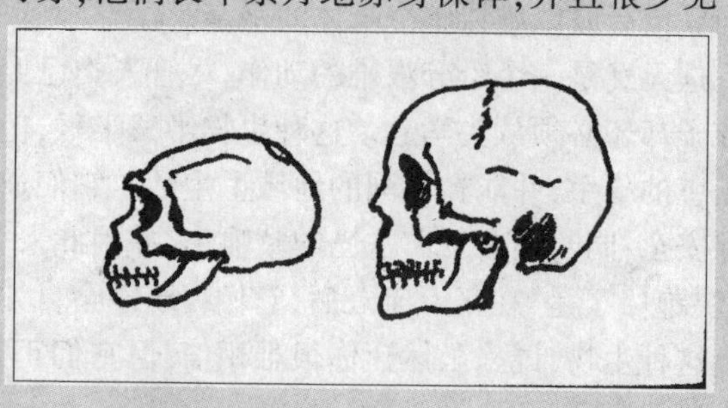

人类头骨的发展

他们通常住在莽莽林海中的小溪边或潮湿的阴暗处，就像非洲现今的俾格米人一样。当他们感到饥肠辘辘的时候，便摘取植物

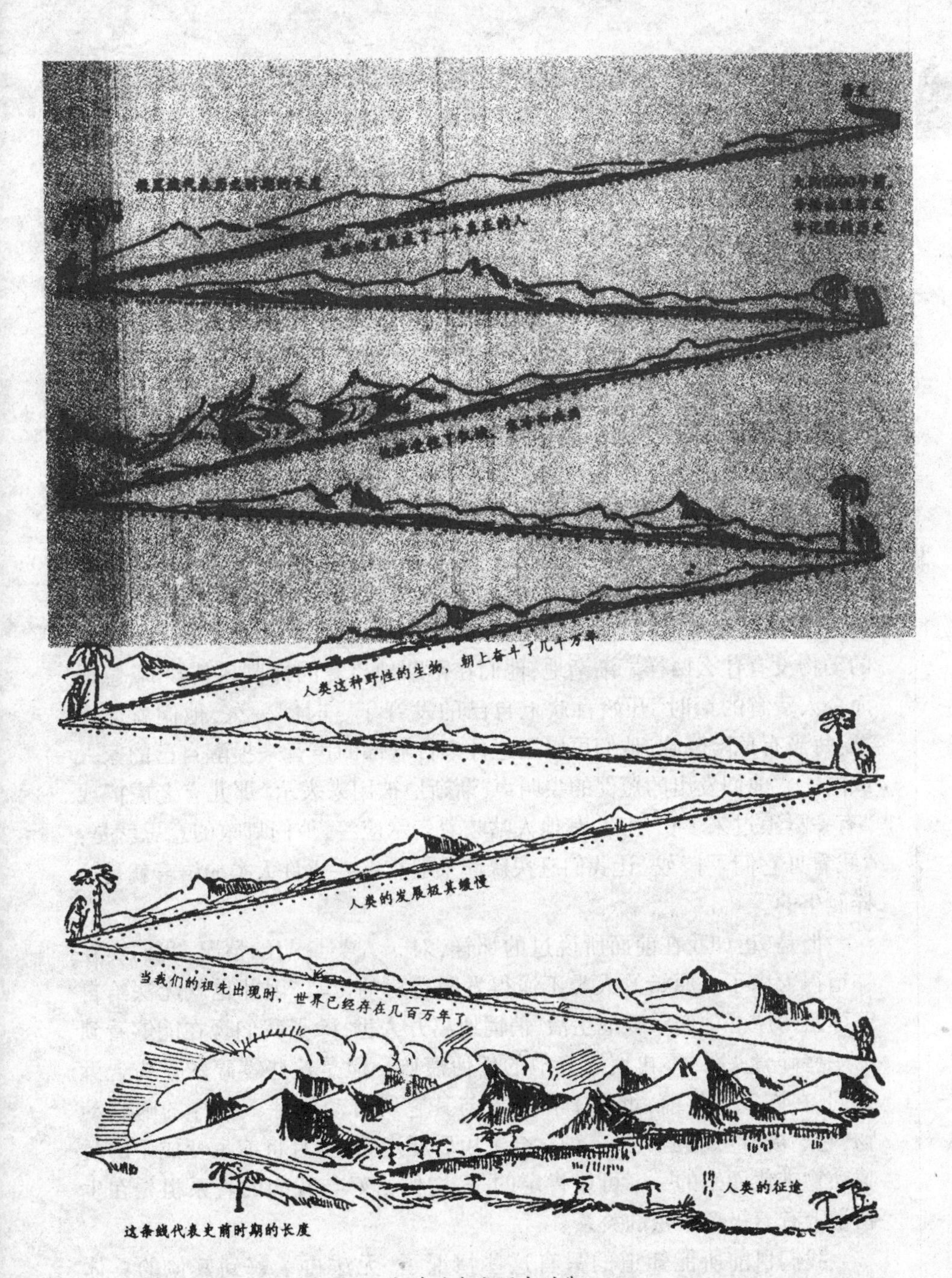

人类这种野性的生物，朝上奋斗了几十万年
人类的发展极其缓慢
当我们的祖先出现时，世界已经存在几百万年了
人类的征途
这条线代表史前时期的长度

史前时期和历史时期

的叶子和根将就着生吃;或者从愤怒的小鸟那里抢走鸟蛋,以喂养他们自己的小孩。偶尔地,经过耐心且辛苦地追捕,他们会捉到一只田鼠、一只野鸡或者野兔,然后将这些猎物生吞活剥——因为他们还没有发现,如果将这些食物经过烧煮以后,味道会更加可口。

白天,这些原始人开始四处搜索,寻找有限的食物;当太阳西下,夜幕降临,他们就将自己的妻子和孩子藏在一个山洞或者树洞里——因为在他们的周围随时都埋伏着凶残并且饥饿的动物,这些动物一到天黑就开始四处觅食,不但为了它们自己能够吃饱,而且也在为自己的配偶和幼仔寻找食物。那是一个真正弱肉强食的世界,生活因为充满了恐惧、苦难而变得十分的可怕和不幸。比如在夏季,他们会被灼热、火毒的太阳所晒晕;冬季,被冻僵的孩子会在他们的臂弯中永远不再醒来。当被捕的野兽奋起反抗时,总会把他们的骨头或者脚踝扭伤,当时既没有药物可治疗,也没有任何人会来特别地照顾和关心他们。于是,他们往往会因为伤势严重而凄惨地离开人世。

早期的人类语音急促且含混不清,这一点和动物园里经常发出怪叫的动物没有什么两样。渐渐地,他们在不断地重复同样莫名其妙的、急促而令人费解的话时,开始喜欢上自己的发音了。时间一久,他们就懂得了:每当有危险降临,他们可以用这种来自喉部的声音来提醒自己的家人或同伴。他们发出的短促的尖叫声,渐渐地被用来表示“那儿有老虎!”或“有一群狼过来了!”然后,其他人咕哝着表示应答,他们嘟哝的意思就是:“我看见它们了!”或“让我们赶快躲起来吧!”——也许人类的语言就是这样诞生的。

但是,正如我在前面所说过的那样,对于人类最初的情况,我们实在知道得太少了。原始的人类不懂得发明造房的工具,因此也就无法给自己建筑房屋。他们默默地生活,悄悄地离开人世,除了我们现在能够看到的一些碎骨头外,不再留有其他的任何痕迹。但是这些零碎的骨头告诉我们,在许多万年前,世界上存在着与其它所有动物都不一样的哺乳动物,它们极有可能是从另一种学会了用后腿走路,并且将前爪变成手的类猿动物进化而来的——可以肯定的是,它们恰好与我们的直系祖先在生物学上有着极为亲密的关系。

我们目前所能知道的只有这些情况了,无法再了解到其他的具体情形。

第3章 史前人类

史前人类已经能够开始制造一些简单的工具了

早期的人类对时间没有什么概念。他们不会将自己的生日、结婚纪念日或者亲人去世的时间都记录下来。他们不懂得什么叫太阳、什么叫月亮。但是,他们大体上能够了解到一些季节变化的痕迹,比如,他们会注意到寒冷的冬天过后,到来的总是温暖宜人的春天;春天过去,炎热的夏天马上就到来,接着,山上的野果都成熟了,野麦穗也可以食用了。过不了多久,树上的黄叶子便被狂风吹落,河里也开始结冰,这就意味着夏天已经过去,冬天到来了——于是青蛙、老蛇等动物开始为漫长的冬眠做准备了。

然而就在这个时候,一件反常的、让人感到害怕的事情发生了。原来气候发生了变化,炎热的夏季缓缓来迟。水果还是没有成熟的迹象,而远处原本充满绿意的山顶,此时还沉睡在一层厚厚的积雪下面。

一天早晨,一大群野人从高山地带游荡下来,他们和在邻近生活的其他野人大不一样。这些饥肠辘辘的野人面如菜色,瘦得只剩下皮包骨头了。他们叽里咕噜地说着一些其他野人无法听懂的话,也许他们是在对他们说:“我们已经饿得受不了了,有好吃的吗?”可是对方的食物也非常有限,根本无法满足这些陌生的闯入者的要求,于是很干脆地拒绝了他们的要求。于是,双方产生了冲突,一场可怕的战斗降临了。闯入者手脚并用,结果把对方的家人全都杀死。周围的邻居以及无家可归的小孩就逃到野地里

去，他们没有地方住，更没有什么吃的，往往会在不久的将来于一场暴风雪中被活活冻死。

这残酷的一幕让居住在深山老林里的人们也感到胆战心惊。渐渐地，冬天到来了，白天开始变得越来越短暂，而夜晚就变得更加漫长和寒冷了。

终于，在高山上，在峡谷中，结起了斑斑点点的冰块。冰的体积在迅速膨胀，不久，一座巨大的冰川从山上滑落，大块大块的岩石被推到了山谷里。一股股冰块、泥浆、花岗岩混合在一起的泥石流，巨雷般轰鸣着、翻滚着，突然扑向森林，把居住在里面的居民全都埋葬在睡梦之中，甚至那些百年古树都逃脱不了这场厄运。

没多久，灰蒙蒙的天空下起了鹅毛般的大雪。这场大雪接连地下了好几个月，却没有停歇的意思。于是，没腿的植物都被冻死了，有腿的动物则四处逃命，去寻找有阳光的地方。人们也不得不背起自己年幼的孩子，扶持着老人，跟在动物们的后面一起向南方奔逃而去。可是他们没办法像野兽那样跑得那么快，于是被迫在死亡与生存之间作出迅速抉择。他们似乎开始了思考，开始设法在四次可怕的冰川期中生存下来——这是很不容易的，因为每一次冰川的到来都给地球表面上的每一个生命带来死亡的考验和威胁。

这里面最重要的问题是，他们懂得了用动物的皮毛来抵御严寒，以防被冻死或被蚊虫叮咬。他们学会了挖洞，并且能够用树枝把洞口盖好——这就是他们用来捕捉狗熊和山鹿的陷阱。一旦这些可怜的家伙掉进他们挖好的洞里时，他们就大呼小叫地用大石头或削尖的竹子打死它们，然后剥下它们厚厚的毛皮给自己和家人做衣服。

接下来他们要考虑的问题是在什么地方居住会更安全和舒适。这似乎比较简单，因为许多野兽习惯睡在黑暗而又比较温暖的山洞里。这时的人们当然也就学着它们的样子，将野兽赶出山洞，把它们温暖的家据为己有。

即便如此，当时的气候对于大多数人来说，还是太恶劣了。老人和孩子经受不住严寒而接连被冻僵。这时，有一个天才想到了使用火。记得有一次他外出打猎时，曾经遇到了森林起火，他险些被熊熊的烈焰烤死。人类虽然已经诞生了好几百万年，但直到这时，火还一直是人类的敌人——人类因害怕它的烈焰而远离它。现在，它终于成为了人类的好朋友。于是，这位天才费了不少力气将一棵枯树拖进山洞里，用正在燃烧的树枝将它点燃。这可是人类史上的一件重大事件——熊熊火焰不但将山洞变成了一间温暖惬意的小屋，而且彻底改变了人类的命运。

冰川在消退
北冰洋
波罗的海
大西洋
易北河
人类朝欧洲的荒
凉平原区进发
泰晤士河
莱茵河
多瑙河
黑海
比利牛斯山脉
阿尔卑斯山脉上
仍覆盖着冰川
树林再次北移
地中海的雏形
这里是非洲

史前的欧洲

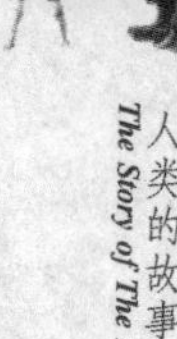

接下来另外一件同样重大的事件发生了:一天晚上,兴奋的人们正围着火堆取暖时,一只野兔从外面跑进了熊熊的火堆中,因被烤熟而发出一股扑鼻的香味时,于是他们立即把兔肉取出来给分吃了!这时,人们才发现:兔肉被烧熟以后的味道原来是如此地可口!迅速地,人们把这一条好消息四处传播,终于,所有的人都放弃了和其他动物一样生吃食物的老习惯,开始烧烤起可口的食物了。

这样的日子又过去了千万年。这当中只有那些绝顶聪明的人能够活下来,因为他们必须日夜与寒冷、饥饿相抗争,这迫使他们不得不发明工具。从此,他们不但在斗争中学会了如何将尖锐的石块磨制成斧头,而且还学会了如何打造锤子或其他的工具。为了对付漫长且寒冷的冬季,他们得想办法将大量的食物贮藏起来——也许他们是从老鼠那里得到了启发;还有,他们发现黏土可以制成碗或罐子,阳光能够将它们晒干并使之变硬,后来又有一位天才将这些碗或罐子放到火中去烧烤,使它们更结实和漂亮。

终于,历史上那几场欲将人类置于死地的冰川期,反而引导人类走向了文明。因此,从另一个角度来说,大自然往往就是人类最伟大的老师,因为它能够迫使和诱导人类开动脑筋去思考自己所面临的一切问题。

第4章 象形文字

伟大的埃及人发明了文字,人类从此步入了文明时代

我们那些最早居住在欧洲莽莽荒原上的祖先,正在快速地学习着许多新生事物。完全可以这样地说,只要机会一成熟,他们就会告别原始的生活方式,并创造出自己的文明。有一天,他们的封闭状态突然结束了,取而代之的是,他们被发现了。

一位来自南方的旅行者,勇敢地横渡大海,翻越过崇山峻岭,终于找到了通往欧洲大陆的道路——那里居住着野蛮的原始人。这位勇敢的旅行者据说来自非洲的埃及。

几千年以前,像刀叉、车轮或房屋这类东西在西方人眼里根本不存在时,尼罗河两岸的文明早就发展到了一个很高的阶段。因此我们暂时把目光从我们祖先的山洞里移开,先拜访一下地中海的东岸和南岸,因为那里是人类文明最早的发祥地之一。

伟大的古埃及人教会了我们许多事情。他们是杰出的农民,精通有关良田灌溉的所有知识;他们精通建筑,修建了宏大的庙宇,后来希腊人所仿造的那些庙宇,就是今天我们在里面做礼拜的教堂的雏形;不但如此,他们还创制了一种非常科学的历法,经过几次修改完善后,一直沿用到今天。然而,最重要的一点是,埃及人发明了伟大的文字书写艺术,它能够将人们的语言保存下来以造福后代。

今天,我们习惯了读书看报或者翻阅杂志,以至于想当然地认为,这

个世界上的人一生来就懂得看书写字。事实上，文字——所有发明中最重要的发明，到现在还算是一个新生的事物。你想想看，如果没有以往的那些书面文献，我们便和那些只能教自己的幼仔做几件简单事情的猫狗没有什么区别。因为它们不会写字，便没有任何办法去总结和利用祖先们的经验。

当古罗马人在公元前 1 世纪来到埃及时，他们发现河谷中有许许多多奇特的小图案，这是一些与这个国家历史有关的东西。但是这些骄傲的罗马人对“任何国外的东西”都缺乏兴趣，所以也就不愿意深入地研究这些绘制在庙宇、宫殿墙壁上，或者是描绘在大量莎纸上的古怪图画的由来。懂得绘制这类宗教艺术图画的最后一批埃及祭司，早在好多年前就已经离开了人世。就这样，成为外国奴役对象的古埃及，一夜间就成为了一个装满无人能破译的、没有丝毫用处的重要历史文献仓库。

17 个世纪眨眼间就过去了，但埃及仍然是一个神秘的国度。好在 1798 年，法国的拿破仑将军为攻打英属的印度殖民地时，碰巧经过了东非，但他还没有渡过尼罗河就大败而归。可是，就是因为法国人的这次著名远征，非常偶然地解开了古埃及人的文字难题。

一天，一位很年轻的法国军官，由于厌倦了他在罗塞塔河城堡中的沉闷生活，于是便决定去尼罗河三角洲的废墟中搜寻一番，以便度过无聊的几个小时。你看！不一会儿他就发现了一块石头，像埃及所有其他的东西一样，这块石头上画满了小小的图画，这让他感到十分的困惑和不解。

这是一块黑色的玄武岩石，显然与人们过去发现的任何东西有所区别。石头上刻有三种铭文，其中的一种是希腊文——希腊语在当时是比较流行的。于是他推理道：如果将希腊语的文字和埃及的图画相对照，其中的奥秘肯定就会在短时间内揭开。

他的推理听起来似乎很简单，但实际上人们解开这个谜却花费了二十多年的时间。1802 年，法国教授商博良开始用对照法研究这块著名石碑上的希腊文字和埃及文字。到了 1823 年，也就是说他研究了二十余年后，终于宣称自己已经破译了其中十四幅小图画的含义。不久之后，他因劳累过度而逝世了，好在古埃及文字的基本含义已经广为人知了。

今天，我们对尼罗河两岸历史的了解可能要比对密西西比河的了解要多得多，这是因为我们拥有的文字记载历史已经有四千多年的缘故。既然古埃及的象形文字曾经在历史上发挥了重大作用——比如它们当中的好几个文字经过某种形式上的改变后，成为了我们今天所熟悉的字母，那么我们应该对这种早在五千多年前就能够把口语保留下来以造福子孙后代的文字体系有所了解。

当然，你们会明白什么是表意文字。每一个在我们西部平原流传的有关印第安人的传说，都会有绘制成小图画形式的奇特信息。这些小图画向我们讲述了有多少头野牛被捕猎，以及某一支打猎队伍中有多少个猎人，等等。一般而言，要理解这种小图画的含义，并不是一件困难的事。

然而，古埃及语不是表意文字，聪明的尼罗河人民早就超越了这个阶段——因为他们的图画所蕴藏的含义已经远远超过了图中所画物体的本身。现在，我简单地向你解释一下其中的前因后果。

假定你正在研究一沓写满了象形文字的莎草纸时，突然发现了一幅一个男人拿着一把锯子的图画。

"没错，这幅图画所要表达的，无非就是一个农夫去砍树的意思。"你会毫不犹豫地说。然后你拿起下一张莎草纸，上面讲述的是一位82岁的王后的故事，而那个拿着锯子的男人却出现在其中。我们不禁要问：82岁的王后为什么要用锯子呢？会不会这幅图画还有别的含义？如果有，那到底又是什么呢？

这个谜最终被那个法国人解开了。他发现古埃及人是最先使用"表音文字"的人。该一体系的文字再现了口语单词的"声音"，也称作语音。它仅仅借助于少数几个圆点、直线和弯曲的线条，便把我们的所有口语单词变成了书面的文字形式。

让我们暂时回头看看那个拿锯子的男人是什么意思。"锯子"（saw）这个词，要么指木匠铺中的某件工具，要么是指动词"看见"（to see）的过去式。

这个词经过几个世纪的演变后，它原先所代表的那个意思已经渐渐地失去了，开始变成了一个动词的过去分词。再过几百年以后，埃及人把这两个意义完全给忘了，于是这幅图画就演变成了字母S。

……

在发明了象形文字这一文字体系后，古埃及人又用了几千年的时间将其发展完善，直到他们能随意写下任何东西，能够清晰地表达自己的一切想法为止。他们用这些"固定文字"向朋友们传递信息、记录生意账目、表达感情等，并记载下他们国家的历史事件，以便子孙后代能够从过去的经验中吸取教训，避免不必要的损失。

尼罗河流域

尼罗河流域是人类文明的发源地

人类离不开吃，哪里食物丰富，人们就到哪里安家。因此，人类的历史同时也是一部生物寻觅食物的历史。

富饶的尼罗河流域很早以前就很有名气了。不辞辛苦的人们从非洲内陆、西亚、阿拉伯沙漠等地纷纷涌入埃及，宣称那里肥沃的土地是属于他们所有。于是这些入侵者逐渐融合成了一个全新的民族，他们自称"雷米"，即"人们"的意思，就像我们有时称美国为"上帝的国度"一样。他们得感激命运之神把他们带到这一条狭长的土地上来。尼罗河会在每年的夏季发一次洪水，把河谷变成一个浅湖，当河水退去之后，所有田野和牧场都覆盖上了一层厚厚的、十分肥沃的泥土。

在埃及，这条体恤生灵的河流仅仅一个夏天就完成了需要一百万人才能做的工作，并养活了有史以来最大的一个城市。当然，并不是所有的田地都在河谷之中。小运河里复杂的引水系统及杠杆式的调水设备能够将水从河面汲送到河岸的高处，然后再由一套更加错综复杂的灌溉系统将水分流到田地各处。

由于生产力的落后，史前的人类不得不花费大量的时间去为自己以及部落成员寻找和采集食物；但是埃及的农民或住在城市里的居民却因为富饶的尼罗河而让自己的时间变得富余起来，于是他们利用这些闲暇的时间为自己制作了许多毫无实际用处的装饰品。

不仅仅是这样,直到某一天,他们发现自己的头脑能够思考各种问题了,包括与吃饭、睡觉和孩子们完全无关的各种各样的事情。就这样,好奇的古埃及人开始思考他们所面临的种种奇奇怪怪的难题:比如,天上为什么会有那么多的星星?每当下雨以前为什么总会有令人害怕的雷鸣电闪?又是谁让尼罗河的水在每年的夏季涨上一回?

当他们不能够回答这些问题时,而某些人却会自如地为他们答疑解惑。埃及人就称这些比较聪明的人为“祭司”,于是他们就成了有思想的导师,时间一长,便赢得了大众的极大尊重。“祭司”们知识渊博,人们便把文字记录这一神圣的任务托付给他们。

他们明白,人不能只考虑自己眼前的利益,必须把注意力转向未来。那时的人们相信灵魂就住在西部山脉的那一边,并且必须向俄塞里斯神汇报一切,因为万能的俄塞里斯掌握着生杀予夺的大权,会根据人们的功过来评判是非。因此,祭司们非常看重将来在天国里的生活,以至于古埃及人开始把今生看做是到来世的短暂阶段,从此将富饶的尼罗河河谷奉献给了离开人世的人们。

古埃及人离奇地相信:假如今世没有作为灵魂所居住的躯体,任何人都无法进入俄塞里斯的天国。因此,一个人刚去世,他的家人就会抬出他的尸体,请巫师用药物进行防腐处理。于是巫师将尸体放在氧化钠溶液里浸泡一个月,然后再将树脂填满体内。在波斯语中,树脂一词是“木米艾”(munmiai),所以,经过药物防腐处理的尸体便称做“木乃伊”(Mummy)。木乃伊通常都是用长长的亚麻布包缠起来放在特制的棺材里,以便送到坟墓中去。

在古埃及,一座坟墓简直就是一个真正的家。在那里,棺材的旁边都得摆上一件件家具和乐器,以便墓室的主人消磨惨淡的时光;另外,还需摆上厨师、面包师、理发师等人的小塑像,以使这里的居住者能够享受到美味佳肴,不必要蓬头垢面地在外面四处游荡。

埃及的河谷

建造金字塔

刚开始，这些坟墓隐藏在西部山脉的岩石中的，但随着埃及人向北迁徙，他们就只好在沙漠中建造墓地了。可是，沙漠里依然有野兽和强盗出没，他们经常闯入坟墓，偷窃陪葬的珠宝，惊扰了安息的木乃伊。埃及人为了防止这种邪恶的亵渎行为，便想法在坟墓顶端建筑起一个小石堆。以后这些小石堆的规模变得越建越大，因为有钱人建的石堆总是要比穷人建的要高出许多。在这种争相攀比的心理作用下，开始有了建造最高石堆的记录。这个记录是由出生于公元前30世纪的国王——胡夫创下的。他的石堆，被希腊人称为金字塔——塔高超过了五百多英尺！

胡夫金字塔的占地超过13英亩，比圣彼得教堂——号称基督教世界最大的建筑物还要大三倍！

建造这座庞大的工程，花费了二十多年的时间。在这段时间里，十万多人忙着将尼罗河对岸的石块搬运过河，至于他们是如何做到这点，我们还无从得知。我们只知道他们历经辛苦，经过许多工序才将它们拖过广阔的沙漠，并且最终将它们安放在正确的位置上。国王的建筑师和工程师们十分出色地完成了任务，以至于在通往金字塔的中心处，法老墓室的狭窄通道虽然承受了数千吨石块的重压，至今依然完好如初。

古埃及的故事

埃及的兴衰史

尼罗河有时是一位友善的朋友,而有时却是一个严厉的主人。它教会了尼罗河两岸的居民彼此依靠,修渠筑坝。不仅如此,他们还学会了如何与周围的人和睦相处,并且联合起来依靠这种互利的方式发展成为一种有组织的城邦。

这时,有一个人的权势开始变得十分强大,并且超过了他的许多邻居而成了公众的领袖。西亚的邻邦因嫉妒这块富饶的河谷而入侵时,他无可非议地成为了抵御外敌的统帅。时机一成熟,他就成了他们的国王,统治的土地非常辽阔,从地中海一直到西部山脉都是他的权力范围。

但是,那些住在王宫里的法老们经常玩弄一些冒险的政治游戏,这使得在田地里辛勤劳作的农民有所埋怨。这些农民认为,只要他们的国王不逼迫他们缴纳太多的赋税,他们还是能够接受法老的统治的。

然而,当一个外国侵略者进入这个国度并掠走他们的财产时,情况就开始发生很大的变化。在过了二千多年的封闭生活之后,一个叫做希克索斯的阿拉伯牧羊人部落攻陷了埃及,并统治了尼罗河长达五百余年。他们经常逼迫尼罗河两岸的人们,因此很不得人心。不但如此,那些穿越过沙漠长途跋涉到歌珊地的希伯莱人还助纣为虐,充当希克索斯王朝的收税人和小官吏,这使得人们的内心感到难受。

于是,在公元前 1700 年之后不久的时间里,底比斯人民进行了一场

正义的革命，经过长期艰辛的斗争，终于将希克索斯人赶出埃及，于是这个国家终于重获了自由。

这样的日子又过了一千年，当亚述征服了整个西亚时，埃及又变成了萨丹纳帕卢斯帝国的一部分。公元前7世纪，埃及人民再一次获得独立，臣服于居住在尼罗河三角洲的国王的统治。但是没过多少年，波斯国王冈比西斯于公元前525年攻占了埃及。公元前4世纪，当波斯被亚历山大大帝征服时，埃及自然地成为了马其顿的一个省。当亚历山大大帝的一位将军自封为新埃及的国王，并创建了托勒密王朝时，埃及似乎又获得了一种表面上的独立。

最后，在公元前39年，罗马人的大军攻进来了。最后一位埃及女王——克娄佩特拉，拼死拯救了这个国家。她的美貌与魅力，相对于罗马的将军们来说，比十几个埃及军团更加危险和可怕。她两次成功地把罗马征服者击败了。可是到了公元前30年，凯撒的侄子和继承人奥古斯都在亚历山大城登陆成功，他们没有被这位倾城倾国的妖冶女王所迷惑，反而把她的军队打得一败涂地。胜利者没有杀死她，以便把她当作战利品在凯旋时游街示众。当这位美人听到这个消息时，便服毒自杀了。于是埃及又重新沦落为罗马的一个省。

美索不达米亚

两河流域——东方文明的第二个中心

现在，你可以想像一下自己变成了一只老鹰，拥有一双犀利的眼睛——因为我马上要把你带到那高高的金字塔之巅。在遥远的地方，在沙漠的黄沙外面，在天地相接之处，你会看见熠熠闪烁的绿色——那是一条河谷，两条河流从它的旁边缓缓流过。这条被希腊人称为神奇地带的河谷，就是《旧约全书》中所描述的人间天堂。

这两条河流便是幼发拉底河和底格里斯河。诺亚方舟所曾经停泊过的亚美尼亚山脉，正是这两条河流的发源地，它们从白雪皑皑的群山中出发，缓缓地流过南方平原，然后汇入美丽的波斯湾。它们在为两岸的人们做出十分巨大的贡献同时，将干燥的不毛之地——西亚变成了肥沃、丰饶的绿洲。

食物充足的尼罗河河谷吸引了四面八方的人们。北方群山里的山民和从南方沙漠中迁徙而来的部落，都对外宣称这一地区是他们自己的领地。于是，山民和沙漠里的游牧民族之间就不可避免地从经常性的对抗，发展到无穷无尽的战争。最后，只有最强壮最勇敢的人才有可能活下来，这也就是为什么美索不达米亚会成为一个文明的、强大的民族家园。况且，这一文明跟埃及的文明比起来，并不显得逊色。

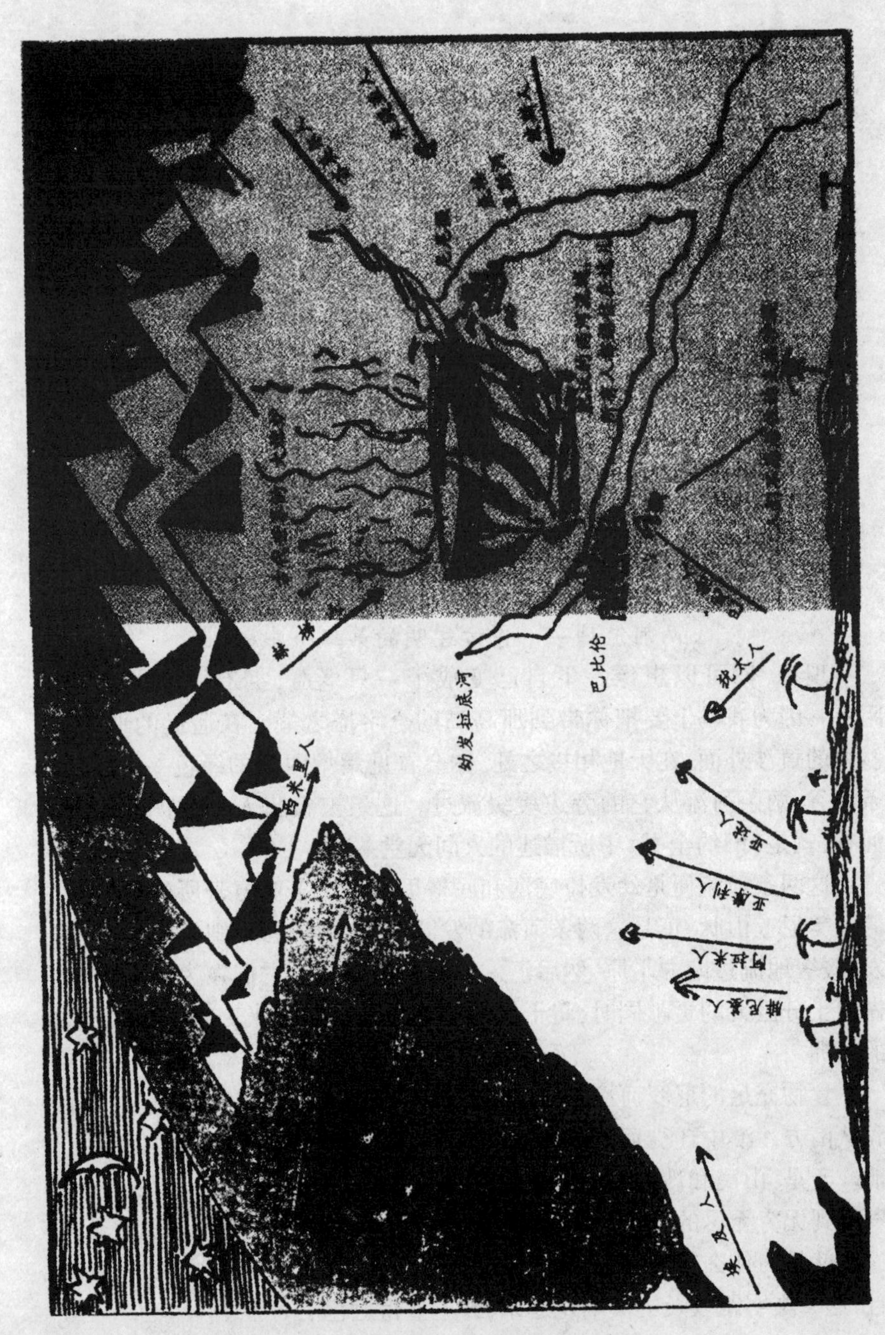

两河流域，古代世界的大熔炉

苏美尔人

刻在泥板上的苏美尔楔形文字，向我们讲述了闪米特民族的亚述与巴比仑王国的故事。

15世纪是一个地理大发现的伟大时代。伟大的航海家哥伦布想要找到一条通往中国的路线，结果却偶然发现了一块新的未知大陆，这纯粹是误打误撞；还有一位奥地利主教带领着一支探险队，打算向东去寻找莫斯科大公的故乡，这次行程却失败了。这是由于莫斯科不大接受西方人的拜访，以至于过了整整一代人之后，西方人才前来拜访莫斯科；在同一个时间里，一位威尼斯人巴备罗考察了西亚的废墟后，带回了他的惊人发现：一些寺庙的岩石上或焙干的泥板上居然刻着许多十分奇特的文字！

当时的欧洲正忙于许多其他事情而没办法顾及这些发现。直到18世纪后期，丹麦测量员尼布尔才将第一批楔形文字带回欧洲。时间过了30年后，德国教师戈罗特芬德才破译出波斯国王大流士名字的前四个字母：D、A、R和SH。20年后，英国军官亨利·罗林森在伊朗发现了闻名于世的贝希斯敦铭文后，我们才获得了一把破译西亚楔形文字的钥匙。

和破译这些楔形文字的难题比较而言，商博良的工作算是很轻松的了。至少那时候的埃及人还在使用图画，而苏美尔人却已经开始突发奇想了。他们把自己的语言刻在泥板上时，已经抛弃了图画，进而发展出一套V形的图形体系，我们从这个体系中是看不出来与以往的图画有什么联

系了。比如太阳原来是一个简单的圆圈,后来却变成了一个方形的字母。

如果我们今天依然在使用苏美尔人的文字,我们就会把一艘船看成一把猎枪。

虽然这种能够传达我们的思想的文字体系表面上看去颇为复杂,但是在以往长达三千多年的时间里,苏美尔人、巴比伦人、亚述人、波斯人和所有其他来自不同地方的民族都曾经使用过它。

美索不达米亚的故事简直就是一部战争史,最初,苏美尔人从北方来到这里,他们曾经是生活在山区里的白种人,习惯在高山之巅祭拜他们的神灵。当他们迁徙到平原之后,为了祭拜神灵,就在山顶上筑起了许多小山丘,作为他们的祭坛。

由于他们不懂得怎样建造楼梯,便在祭坛的周围建起倾斜的走廊。如今,我们的工程师们继承了这一传统。假如你走到大型的火车站当中去,就能看到一条条向上环绕的走廊四通八达。不仅如此,我们还借用他们的一些其他想法,只是我们并不知道罢了。

后来的苏美尔人被那些在较晚时期进入这一肥沃河谷的民族同化了,但是他们建造的祭坛依然耸立在美索不达米亚的大地上。在巴比伦土地上居无定所的犹太人就曾经看见过这些高大的建筑物,并把它们称做巴别塔。

公元前40世纪,苏美尔人进入美索不达米亚,不久以后就被阿卡得人征服。阿卡得人来自阿拉伯沙漠,是诸多部落中的一支。这些被称做"闪米特人"的部落,是因为古代的人们相信他们是诺亚长子闪的直系后裔。

1000年之后,亚摩利人成为阿卡得人的统治者。亚摩利人的国王汉穆拉比,在巴比伦为自己修建了一座壮丽宏伟的宫殿,并且制定了一系列的法律,使得巴比伦王国成为古代治理得最好的王国。紧接着,赫梯人侵占了这片肥沃的河谷,并且残忍地摧毁了他们无法带走的一切东西。接着,他们又被沙漠之神阿舒尔的追随者所征服。这些所谓的追随者称自己是亚述人,已经征服了整个西亚和埃及,有着数不清的部族向他们纳税。多年以后,尼尼微城便成为一个幅员辽阔的帝国中心。

后来在耶稣诞生前的7个世纪末期,迦勒底人重建了巴比伦,并使这

巴别塔

圣城巴比伦

座城市成为那个时代最重要、最繁华的都城。尼布甲尼撒国王非常著名，他鼓励进行科学研究。我们现代的天文学和数学知识，都是在迦勒底人所发现的某些原理的基础上发展起来的。公元前538年，迦勒底帝国被一支波斯牧羊人部落所推翻。他们闯入了这片古老的土地长达二百多年，一直到被亚历山大大帝推翻为止。亚历山大大帝将这片肥沃的河谷，变成希腊的一个省。紧接着，罗马人也来了；继罗马人之后到来的是土耳其人，而这时的美索不达米亚，从世界的文明中心沦落成了一片凄凉的荒野。现在，只有遗留在天地之间的这个巨大土丘，似乎默默地在向你述说一个繁华故事。

第9章

摩　西

这里讲述的是犹太人领袖——摩西的故事

距今四千多年前的某一天，一支弱小的牧羊人部落，离开了自己的家园——幼发拉底河河口乌尔，试图把巴比伦国王的领土变成自己的新牧场。但是他们被王家的军队赶出了国境，实在没有办法，便在西部的一小块土地上搭起自己的帐篷。

这一支牧羊人部落以希伯莱人之称而闻名，这其实就是我们今天所说的犹太人。他们的流浪历史漫长而久远，在经过不知多少年的漂泊后，终于找到了栖身之地——埃及，并且在这里和埃及人一起生活了五百多年。而当收留他们的国家被希克索斯占领的时候，犹太人却想办法为外来侵略者效劳，因此得以保留住了他们自己的牧地不被掠夺。可是经过一场艰苦的保卫战之后，埃及人终于把希克索斯人赶出了自己的家园。不可避免地，灾难很快就降临在犹太人身上。他们被贬为奴隶，被迫去修建金字塔和王家大道。同时派出埃及士兵把守边境，防止犹太人逃出去。

在经历许多年的苦难之后，一位犹太青年才把他们从悲惨的命运中拯救出来。这位青年就是摩西，他长时间居住在沙漠里头，并且从那儿领悟到他们祖先的所有美德。犹太人远离城市和城市生活，并且拒绝接受外来文明的奢华与安逸，拒绝被侵蚀和同化。

摩西于是决心引领他的人民回到祖先们所热爱的生活方式中去。聪明、勇敢的他，成功地避开了前来捉拿他们的埃及军队，率领着他的族人走

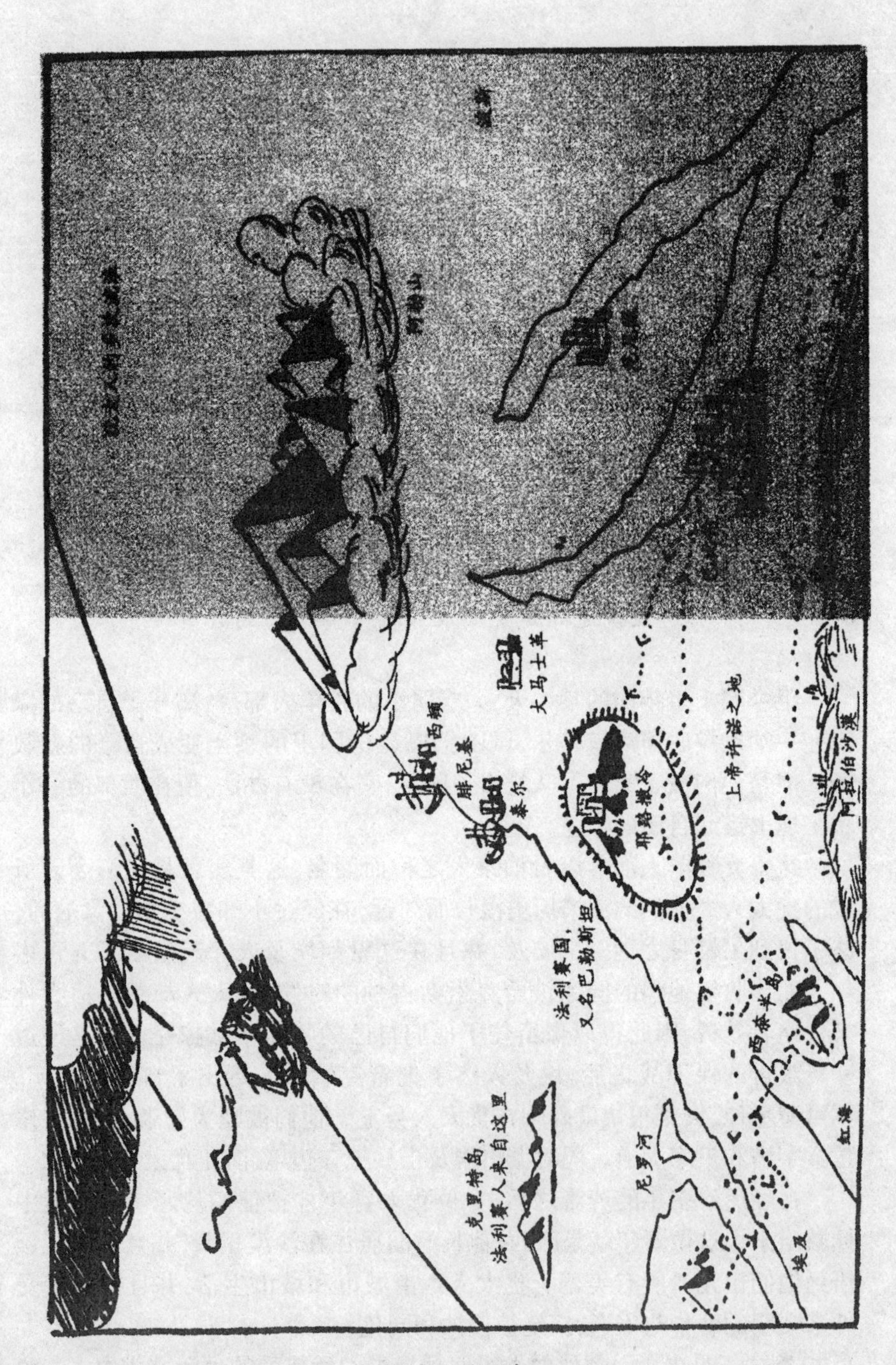
西顿
腓尼基
泰尔
大马士革
耶路撒冷
上帝许诺之地
阿拉伯沙漠
法利赛国，
又名巴勒斯坦
西奈半岛
红海
尼罗河
埃及
克里特岛，
法利赛人来自这里

犹太人的流浪

摩西看到了圣地

进了西奈山脚下的平原地带。沙漠里那漫长而孤独的生活阅历，使得他们对统治万物、威力无穷的神有着无上的崇敬感。这个神叫耶和华，是西亚广受崇拜的众多神灵之一。牧羊人就依靠着他生活和呼吸，并且获得光明。后来通过摩西的布道，耶和华就成为了犹太民族惟一的精神依托和主宰。

一天，摩西突然从犹太人的营地中失踪了。有人看见他是带着两块粗糙的石板离开的。他走的那天下午，乌云遮天蔽日，连山顶都被遮住看不见了。看来一场可怕的暴风雨就要降临了。可是当摩西返回时，那两块石板上就刻有耶和华神在雷鸣电闪中对以色列人民所说的箴言。从那一瞬间起，耶和华便被所有犹太人看做是他们命运中惟一的真神，最高的主宰。这位真神在不断地教诲他们如何遵从圣训，如何才能过上圣洁的生活。

摩西号召他的族人继续穿越沙漠，并且告诉他们应该吃什么、喝什么、避免什么，不然就无法在炎热的沙漠里保持健康。对此，族人都非常乐意听从。在经过很多年的流浪漂泊以后，历经磨难的他们终于来到巴勒斯坦，这是一片繁荣而宜人的上地。这里又称作“菲利斯坦人”的国度。菲利斯坦人是克里特人的一支小部落，自从在自己的岛屿上驱逐之后，就一直定居在海边。不幸的是，巴勒斯坦本土已经被闪米特部落占据着。犹太人便强行闯人这块谷地，并且在一个他们称作是耶路撒冷——“和平家园”的城镇中建起一座属于自己的巨大庙宇。

至于摩西，这时候已经不再是这个民族的领袖了。他躺在绵绵不绝的山脉上，永远闭上了疲惫的双眼。他虔诚且刻苦地为耶和华而工作着，不仅仅带领着他的族人摆脱了被奴役的命运，而且找到了一个新家园，从此过上了自由独立的生活。而这个时候，犹太人也就成为了所有民族中第一个崇拜一神教的民族。

第10章 腓尼基人

腓尼基人,初创了我们现今所使用的字母

腓尼基人是犹太人的邻居,很早就定居在地中海海岸边,属于闪米特部落中的一支。提尔和西顿这两座坚固的城镇就是他们修建的,不仅如此,他们还在短时间内获得了西部海上的贸易垄断权。他们的船只能够定期往来于希腊、意大利和西班牙之间,甚至为了买到锡而敢于穿过直布罗陀海峡到达锡利群岛。他们一旦到达那里,就建立起被他们称作殖民地的小型贸易市场,其中不少就发展成为现代城市。

只要有利可图,他们可以不受良心的谴责而卖掉一切。因为他们不知道诚实或正直有何重大意义,他们一生中的最高理想无非就是满箱子的金银财宝罢了。他们没有一个朋友,而且是一群令人讨厌的人,尽管如此,他们还是为后世做出了不可磨灭的贡献——那就是创造了我们现今所使用的字母。

腓尼基人虽然熟悉苏美尔人的文字,但在他们看来,这些文字实在是过于笨拙,让人学起来费时费力。他们整天地忙于赚钱,实在不能为了刻几个字母而花费太多的时间,于是发明了一种全新的文字体系。他们借用了埃及人的图画,并且简化了苏美尔人的若干文字。同时为了提高手写速度,将数千个不同的图形简化成一个含有22个字母的、简洁而且方便的字母表。

在一个适当的历史时期,这个字母表飘扬过海传人了古希腊。希腊人又增添了几个他们自己的字母，随后，这个被改进的文字体系又传入意大利。

古罗马人简单地修饰了一下字形，然后教授给了西欧那些尚未完全开化的野蛮人，而那些野蛮人便是我们的祖先。这就是本书为什么是用源自腓尼基人的文字写成的，而不是埃及人或是苏美尔人的文字。

印欧人

闪米特与埃及被印欧语族的波斯人所征服

埃及、亚述、巴比伦和腓尼基在世界上已经存在了将近三千多年，原来肥沃的河谷里那些令人尊敬的各个民族，现在已经如日落西山，变得衰老不堪。所以，当一个精力充沛的民族出现的时候，这些衰老的民族面临灭顶之灾也就很正常的了。这个新兴的民族就是印欧语族，它不仅征服了欧洲，而且还征服了印度，并且成为这个国家的统治者。

这些印欧人和闪米特人一样，属于白种人，可是他们说着不一样的语言。这种语言被看做是所有欧洲语言的共同祖先，但匈牙利语、芬兰语和西班牙北部的巴斯克方言等除外。

我们刚开始听说他们的时候，他们已在里海岸度过了悠悠岁月。但是有一天，他们中的一些人收拾起自己的帐篷，打点行囊准备外出流浪，以便寻找一个新的家园。当他们在中亚的群山中安下家以后，一住就是很多个世纪，这就是我们所说的雅利安人。至于其他的一些人则向着西方而去，并且成为了欧洲平原的主人，这段历史，我将在以后慢慢地诉说。

我们还是从雅利安人这条线索开始吧。当初雅利安人在他们伟大的导师——琐罗亚斯德的率领下，离开了山中的家，向着湍急流淌的印度河方向而去。

有些人则愿意留在群山之中，并且在那里建立了半独立的米底亚人和波斯人联合体。公元前7世纪，米底人建立起了一个属于自己的王国，

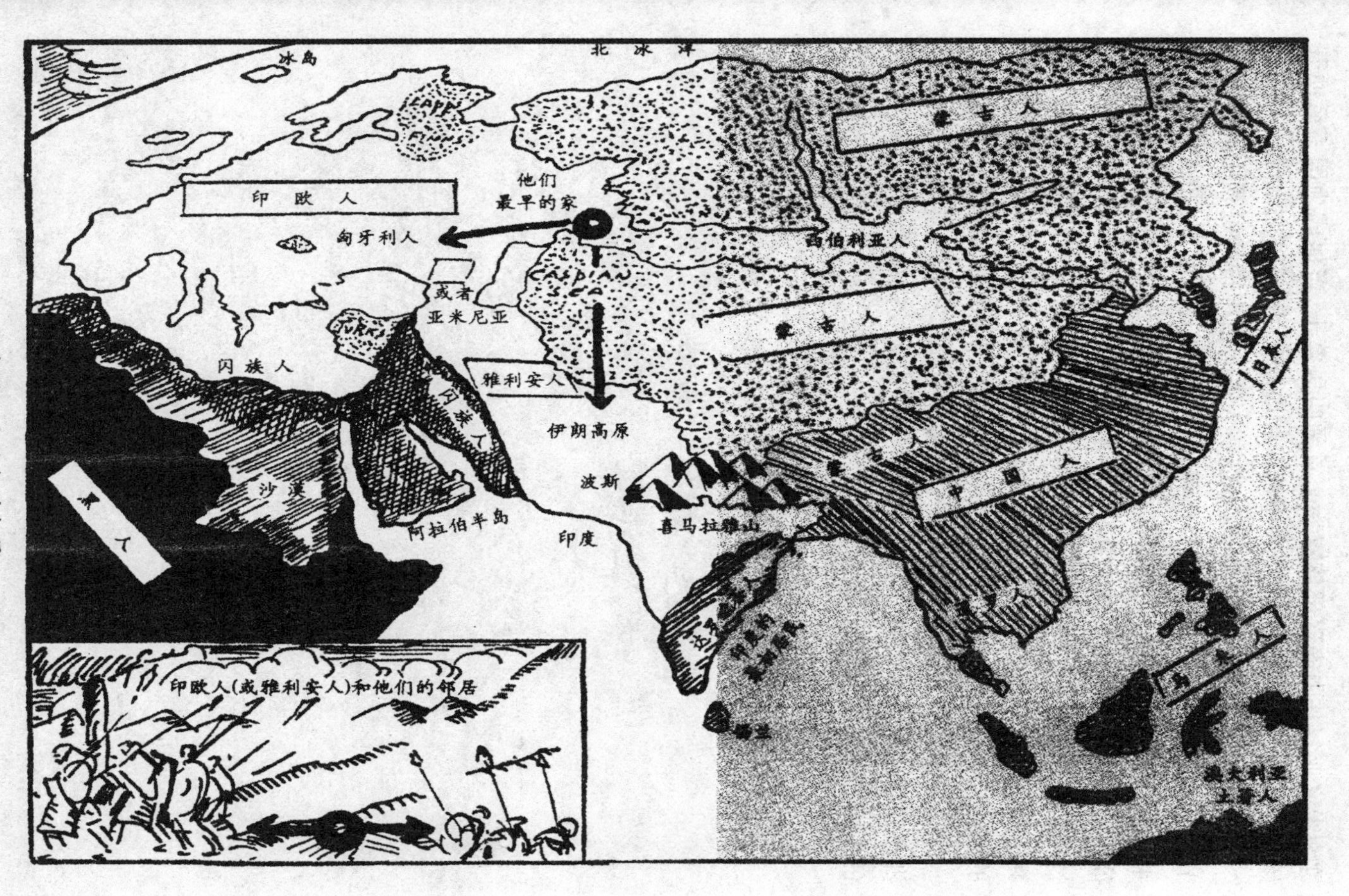

北冰洋
冰岛
LAPPS
FINNS
印欧人
他们
最早的家
匈牙利人
CASPIAN SEA
或者
亚美尼亚
TURKS
闪族人
雅利安人
伊朗高原
波斯
印度
阿拉伯半岛
沙漠
黑人
西伯利亚人
蒙古人
蒙古人
中国人
日本人
喜马拉雅山
澳大利亚
土著人
印欧人(或雅利安人)和他们的邻居

印欧人和他们的邻居

称为米底亚。其中安琛部族有一个首领叫居鲁士，当他成为国王后便开始东征西伐，并且很快就成为整个西亚和埃及无可争议的统治者。

的确，凭着强有力的征服，这些波斯人在向西推进的过程中取得了节节胜利，可是不久他们就发觉自己和几百年前就迁入欧洲，并占据了希腊半岛、爱琴海岛的印欧部落陷入了严重的争端。于是直接导致了希腊和波斯之间接连不断地发生战争。战争期间，波斯的大流士王、薛西斯王等侵入了半岛的北部。他们疯狂地劫掠希腊人的土地，并想方设法地在欧洲大陆上立足下来。但是他们失败了，强大的雅典海军切断了波斯军队的供给线，希腊的海军士兵们则毫不客气地将亚洲的统治者赶回老家去。

这场战争好比是一个老教师——亚洲和一个年轻热情的学生——欧洲在互相较量。本书将在其他章节向你讲述这场持续至今的、东西之间的斗争。

第12章

爱琴海

爱琴海人民将古亚细亚的文明传入原始的欧洲

当海因里希·谢里曼还是个小孩子的时候,他的父亲就给他讲述了特洛伊的故事。与他听到过的其他故事相比较,他对这个故事相当喜欢,并且下决心将来长大到可以离开家的时候,一定要去希腊“发现特洛伊”。

虽然他只是梅克伦堡一个穷牧师的儿子,但这一点并没有使他丧失信心。他明白这工作将需要很多的钱,于是决定先积聚足够的钱,然后再去进行挖掘工作。事实上,当他在短时间内就弄到了一大笔钱,并且这笔钱已经足够他进行一次探险时,他便前往小亚细亚的西北角——可以猜测得到,那里曾是特洛伊所在地。

在小亚细亚的一个偏僻角落里,一座长满庄稼的高高土匠就耸立在那里。传说这里曾是特洛伊王普里阿摩斯的故乡。热情高于学识的谢里曼,在初期的考察中没有浪费一点时间。他以高昂的热情快速地进行挖掘,以至于他的壕沟横穿过城市的中心,将他带到了另一座废嘘——一座深埋在地下,至少比特洛伊还要早1000年的城镇!

特洛伊木马

紧接着,一件很有趣的事情发生了。

位于阿尔戈利斯的迈锡尼

假设谢里曼发现的仅仅是一些磨光的石锤或者是几件简单的陶器，也就没什么好惊讶的了。但谢里曼发现的是一些精美的小雕像和价值连城的珠宝，以及一种不为希腊人所知的瓶子。

于是他大胆地猜测：在特洛伊战争之前的一千多年，爱琴海的海边居住着一支神秘的民族，他们比侵入他们的国家、摧毁他们文明的野蛮部落要优越得多。事实上也是如此，在上个世纪的70年代后期，谢里曼来到了迈锡尼废墟，它古老得令罗马的旅行者惊叹不已。在一道小小的平整石板下面，谢里曼不可思议地发现了一个神秘的地下宝藏——这就是那些神秘的民族留下的。他们还建起了被希腊人称为泰坦的杰作的围墙，坚固而且高大。泰坦就是一些古老传说里头的巨人，常常能把山峰搬来搬去，玩个不停。

剔除故事的某些浪漫主义色彩以后，再对这些大量遗迹进行认真研究时会发现，建造这些早期艺术品和这些坚固要塞者，并不是什么神秘人物，而是普通的水手或商人。他们在克里特岛和爱琴海的诸多小岛上居住，曾经都是强壮而勇敢的水手。经过他们的辛苦营造，爱琴海最后变成了一个高度文明的东方与落后的欧洲大陆之间贸易往来的商业中心。

这个岛屿帝国在一千多年的时间里，取得了极大的艺术成就。比如位于克里特岛北部海岸的大城市克诺索斯，在环境卫生和住所方面的舒适度方面都相当的先进。宫殿里不但有良好的排水系统，而且每个房间中都装备有火炉。克诺曼斯人最先使用澡盆，这在当时还是个希罕的东西。国王的宫殿以其宽敞高大的宴会厅和盘旋而上的楼梯闻名天下。宫殿里宽阔的地下室贮藏着葡萄酒、谷物和橄榄油，这给第一批来访的希腊客人留下了很深刻的印象，以至于“迷宫”的传说就流传开来了。所谓的“迷宫”，

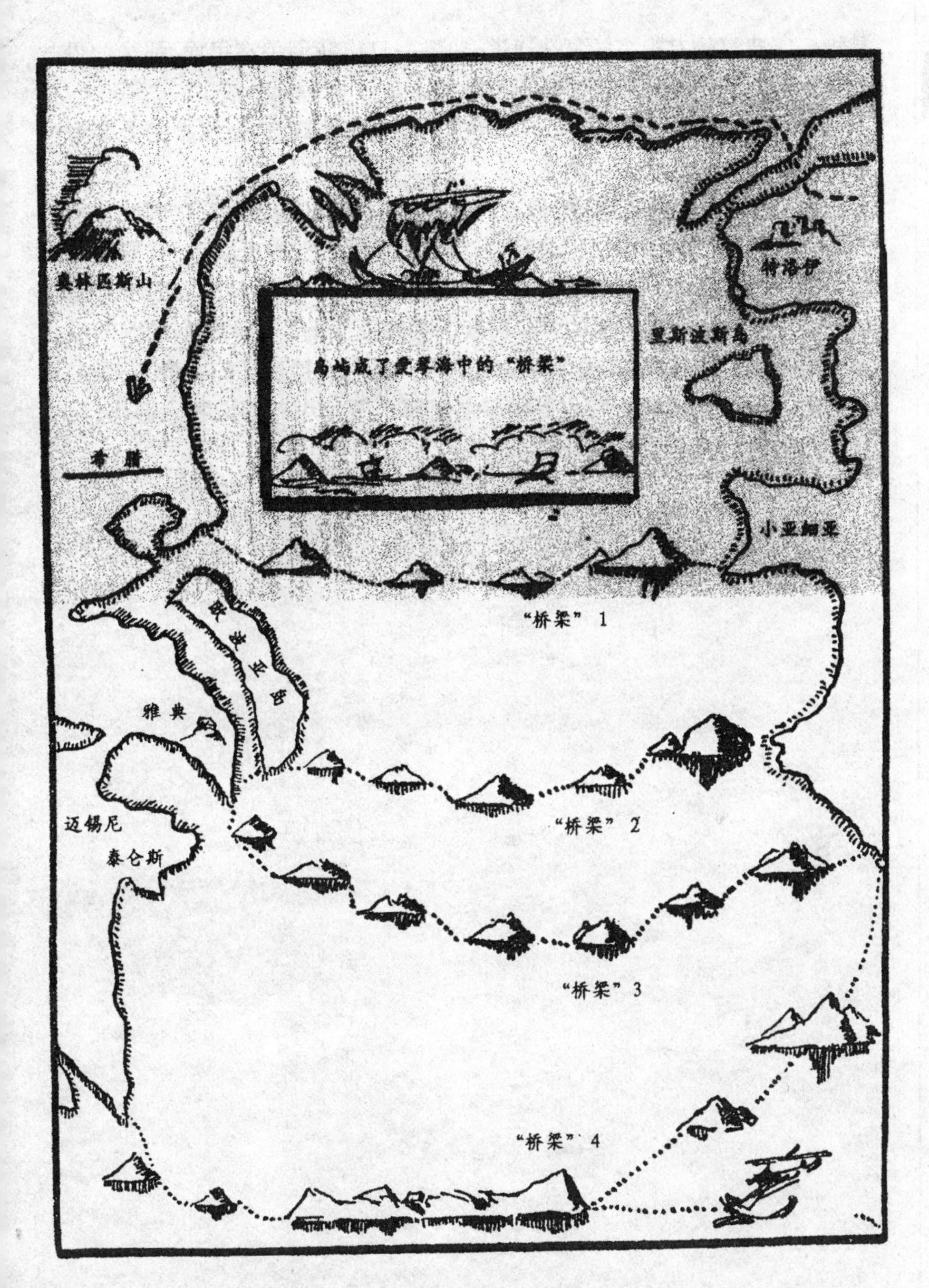
奥林匹斯山
希腊
特洛伊
里斯波斯岛
岛屿成了爱琴海中的“桥梁”
小亚细亚
“桥梁”1
雅典
迈锡尼
泰仑斯
“桥梁”2
“桥梁”3
“桥梁”4

亚欧之间的岛桥

是指一座建筑物有很多的复杂通道,如果一旦将我们关在里面,那么惊恐的我们要找到出去的路几乎是不可能的。

但是我无法说清楚的是,不知道是什么原因导致这个伟大的爱琴海帝国突然灭亡的。

克里特人精通书写艺术,但人们还是无法破译他们的碑文,因此他们的历史我们知道得很少。但是从爱琴海人遗留下来的废墟中,我们可以想像到他们往日的冒险经历。这些废墟清楚地表明,爱琴海人的世界是被一支来自欧洲北部平原的野蛮民族所突然征服的。如果我们的判断没有出错的话,对克里特和爱琴海文明的毁灭负有直接责任的野蛮人,只会是刚刚占领了亚德里亚海和爱琴海之间那个荒凉小岛的游牧人部落,而这些部落恰恰就是我们熟知的古希腊人。

第13章 希腊人

印欧语族的古希腊人部落开创了希腊历史

已经屹立了几千年的金字塔,开始显露出衰败的迹象,巴比伦国王汉穆拉比也在地下长眠了好几百年了。这时,一小群牧羊人部落开始离开多瑙河畔,顺流而下去寻找新的家园,他们称自己为赫楞人。传说很久以前,奥林匹斯山上万能的神宙斯对日渐歹毒邪恶的人类深恶痛绝,便发了一场大水把世上所有生灵都给淹没了,但只有两个人得以逃生,他们就是迪伏卡利安和皮拉。

我们对于这些早期的古希腊人一无所知。雅典的历史学家修昔底德在描述他们的祖先时说,他们"微不足道"。也许事实上就是这样:他们举止十分粗鲁,不懂得生活,常常把敌人的尸体拿去喂狗。他们从不把其他民族的权利放在眼里,并且大肆屠杀希腊半岛上的土著人,抢占农场,掳走牲口,迫使他们的妻女为奴。不仅如此,还写了无数

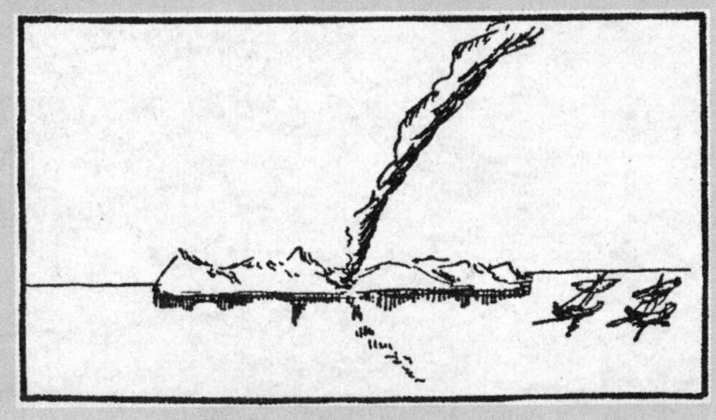
亚该亚人攻占爱琴人城市

的赞歌来颂扬亚该亚人的英勇。

但是他们站在高高的岩石顶上,看见了爱琴海人的城堡。他们不敢贸然去袭击那些人,因为爱琴海士兵的金属刀剑令他们使用粗糙的石斧的家伙感到害怕。

在随后的几百年中,他们继续在那里流浪。从一个山谷到另一个山谷,从山的这一侧到那一侧,从没有停止过。直到整片土地都被他们占有了,游牧生活才告结束。

古希腊文明就是从这一时期开始的。居住在爱琴海对面的希腊农民,终于在好奇心的驱使下去拜访了那些瞧不起他们的邻居。他们发现住高大石墙里头的人们,有许多有用的东西非常值得他们去学习。

他们相当的聪明,以至在很短的时间内就掌握了爱琴海人那些奇怪的铁制武器的技艺,并且逐渐了解到了航海的奥秘,开始建造小船供自己使用。

当他们学到爱琴海人所教给的一切后,便翻脸不认人了,将他们赶回了岛上。不久,他们再次冒险出海,征服了爱琴海所有的城市。终于在公元前 1500 年,劫掠并践踏了克诺索斯。就这样,在登上历史舞台 1000 年后,古希腊人成为希腊、爱琴海以及小亚细亚沿海地区惟一的统治者。公元前 11 世纪,特洛伊,这个最古老的贸易根据地,终于灰飞烟灭。于是,欧洲的历史便真正地开始了。

古希腊的城市

实际上，古希腊城邦是个国家

我们现代人喜欢用“大”这个词。比如我们属于世界上“最强大的”国家、拥有“最强大的”军队、栽培出“最大的”柑橘或马铃薯等这些足以令我们自豪的事实。而且我们喜爱住在有“几百万”人口的大都市里，死后安葬在“全国最大的公墓”里等等，不一而足。

如果古希腊的人们听见我们的这番谈论，会感觉到无法理解。因为他们理想的生活状态是“凡事都要中庸”，而“庞大”这个概念是无法打动他们的内心的。他们对中庸的热爱绝不是挂在口头上的一句空话，而是把它落实到一生当中去。那是他们文学的一个重要组成部分，并且还体现在他们所修建的小巧而完美的庙宇。或者，男人身上所穿的衣服，女人所戴的戒指和手镯，也体现了这一精神。甚至连老百姓去戏院看戏，也恪守这一精神：他们会将任何低级趣味的剧作家轰下台来。

古希腊人甚至坚持他们的政治家或者运动员也应具备这种“中庸”的品质。如果一个强壮有力的赛跑者来到斯巴达，夸耀自己比其他希腊人厉害时，人们就会把他赶出城去，因为任何一个平庸的人都看不起他的雕虫小技。

“这很好啊，谦和与中庸无疑是一种美德，但为什么古代只有希腊人具备这种品质呢？”你会这样说。为了给你一个明确的答案，我将向你展示古希腊人的生活方式。

众神居住的奥林匹斯山

埃及或美索不达米亚的人民，其实都是一位令人敬而远之的、神秘的至高统治者的“臣民”。而另一方面，古希腊人则是众多独立小“城市”里的“自由公民”。当乌尔城的一个农民说他是巴比伦人时，他的意思是说，他是向国王纳税的成百万人中的一员；如果一位希腊人骄傲地说他是一个雅典人时，其实他想表达的是，他是一座自由小城镇里的一员。

对古希腊人来说，祖国就是他出生的地方，就是他在乱石堆中捉迷藏的地方，就是他与童年伙伴一起成长的地方。他的祖国就是他父母长眠于此的神圣土地；是他一家老少安然生活的小屋；是面积不超过五英亩的一小块土地。你看不出这些环境会对一个人的言行思想产生重大影响吧？巴比伦、亚述人和埃及人都曾是芸芸众生的一员，但他们已经消失在茫茫时空之中。可古希腊人从未失去过与周围环境的密切接触，他们从来都是属于小城镇的一部分，并且能够感觉得到聪明的邻居正在关注着他们。他们无论做什么事，不管是写戏剧、雕刻石像还是谱写歌曲，都将受到天性自由、深谙此道的公民们的评判。基于此，不得不力求十全十美，而完美，恰恰是需要谦逊的态度才有可能达到的一种境界。

在这个严格的环境里，希腊人无论做什么事情都能获得优异的成绩。他们在面积很小的小乡村里创造了很多奇迹，比如创造了我们迄今还无法超越的新的政府形式、新的文学形式和新的完美艺术形式。

接下来的情形发生了很大的变化。

公元前4世纪，亚历山大大帝征服了世界以后，便决心将真正的希腊精神传向所有的人类。他将这一精神从小城市、小乡村中带走，试图使它

在辽阔的帝国土地上开花结果。可是古希腊人一旦离开了自己所熟悉的神殿,离开了自己家乡的气息,便立即失去了灵感、喜悦和以往的谦和之心。他们满足于粗制滥造,变成了庸俗的工匠。古希腊的小城邦自从被迫成为一个国家的一部分时,就丧失了自己的独立性。于是,古老的希腊精神便永远不复存在了。

第15章

古希腊人的自治

艰难的民主自治试验最早是从希腊人开始的

刚开始时,全体的希腊人都拥有一定数量的牛羊,没有富翁和穷光蛋。他自己的城堡就是土坯房,平常凭自己的意愿自由行事。一旦需要协商讨论公共事务时,所有的人都会到广场上聚集。被选出来主持会议的人是村子里的年长者,他的职责就是保证每个公民都有发表自己看法的机会。战争时,被选为最高统帅的人往往是精力充沛、充满自信的,但是危机过去后,自愿给予这个人领导权的人们,也同样有权把这个人的职务免去。

可是村庄渐渐地发展成了一个城市。一些人在勤奋地工作,另一些人则懒惰成性,游手好闲;一些人命运坎坷,一些人通过坑蒙拐骗聚敛起了巨额的财富。结果,城市不再是由一批同样富足、平等的人组成的了。相反,它居住着由少数人组成的富裕阶层和由多数人组成的贫困阶层。

情况还在进一步发生变化。曾经率领民众夺取胜利而被拥立为“族长”的最高统帅从现实中消失了,取而代之的是贵族,一个在短时间内获取了大量土地和金钱的富人阶层。

相对于普通自由民众来说,这些贵族享有许多特权,他们能够购买到最好的武器,能够有足够的时间进行操练。他们在建筑坚固的房子里居住着,并且能够雇佣为他们卖命的士兵。他们相互之间常常你争我斗,目的是争夺统治城市的权力。获胜的贵族便担任王位,管理城市并凌驾于所有人之上，直至他被另外一个野心勃勃的贵族赶下台或杀死为止。

有为虎作伥的士兵撑腰的国王，就被人们称为“专制君主”。公元前7世纪到6世纪之间，每一座希腊城市都被这样的专制君主所统治。他们中的许多人确实是比较有才华的，可是到了最后，一些令人难以容忍的事情出现了。于是，他们便做出种种努力想改变现状，就是这些变革，最终发展形成了有文字记载的世界上的第一个民主政体。

公元前7世纪，雅典人早就决定要革旧迎新，并决定再一次给予政府中占多数的自由者以发言权，就像他们的祖先在原始时代所拥有的权利一样。他们请德拉古制定出一套严格的法律，以保障穷人不被富人所侵犯。德拉古开始工作了，不幸的是，他是位法律学者，不懂得人情世故。在他的眼中，犯罪就是犯罪，违法必究，执法必严。当他完成了这个法典之后，雅典人发现这部法典太严酷了，以至不可能付诸实施。甚至，有人偷几个苹果也会被定为死罪，如果完全推行这一套新法律，那么用来绞死所有罪犯的绳索还不够用呢。

于是雅典人到处去寻找比较有人情味的改革者。终于，他们找到了一个名叫梭伦的人，他比任何人更能胜任这个工作。他出身在贵族家庭，曾游遍全世界，研究过很多国家的政府形式。梭伦经过细致的研究后，给雅典制订了一套新的法律，把雅典人的中庸精神变成这一法律的基本原则。他力图改变农民的状况，但又不对贵族们的富足生活产生影响。这些贵族对国家还是有很大贡献的。为了保护较贫困的阶层不受有权力的人侵犯，

古希腊城邦

梭伦制订了这样的一项条款:受冤屈的公民有权在由 30 个同胞组成的陪审团面前陈述冤情。

最重要的是,梭伦让普通的自由民参与到城市的事务中去。他们不能推脱说:“我太忙了!”或“天正在下雨,我还是待在家里好。”他们要去参加市镇议会的会议,并为国家的安全、繁荣担负起责任。

但是,这又导致人民的政府无法很好地进行管理,因为毫无意义的夸夸其谈太多,有太多的执政者为争名逐利而相互算计。但这种形式教育了希腊的人民要独立,并依靠自己来拯救自己,而这无疑是一件很好的事情。

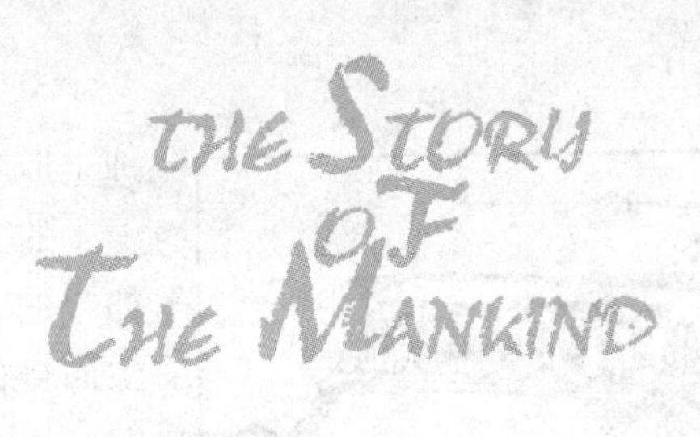

古希腊人的生活

探讨古希腊人的生活

你可能会问，古希腊人如果总是跑到市场去讨论国家大事，那他们哪里有时间去照顾自己的家庭，或者处理日常事务呢？我可以在这一章里告诉你们这个详情。

每一个希腊城市都由少数自由的公民、外国人和大量的奴隶所组成。在所有的政府事务中，希腊的民主政治只认可自由民这阶层的公民。

在极少的时间里，希腊人才愿意把公民权授给那些外国人——他们一贯称之为“野蛮人”。不过，这种情形一般很少见。公民权其实就是一个人的出身问题：比如你是雅典人，那是因为你的父亲和祖父就是雅典人。即使你是一名商人或者士兵，有很大的本事和了不起的价值，只要你的父母不是雅典人，那你永远是一名“外国人”。

因此，希腊城市只要不是由独裁者所统治，它就是由自由者管理并为自由者服务的。如果没有比自由者多了5或6倍的一大群奴隶养着，做到这一点是不可想像的。比如我们养家活口就不得不耗费绝大多数的时间和精力。而这些，就是奴隶所承担的工作。

这些奴隶担负了整个城市的所有工作，如烹饪、烘烤和制作烛台等。他们是裁缝、木匠、学校教师、记账员、泥匠，而当主人前去参加讨论战争与和平的大会，或去戏院观赏最新的戏剧，或去旁听一场有关敢于向伟大的神——宙斯的无上权力表示怀疑的革命性思想的讨论时，他们还要管

庙宇

理工厂和商店。

的确，古代的雅典就像如今的一个俱乐部。所有生而自由的市民都是世袭的会员，而所有奴隶的子女永远是奴才，随时得听候他们主人的使唤。

我们这里所谈到的奴隶，并不是《汤姆叔叔的小屋》一书中所描绘的那种人，那些在农田里耕作的奴隶确实很悲惨。但没落的或被迫做佃农的一般自由民也好不到哪里去，日子同样是窘迫不堪。不仅如此，城市里的许多奴隶甚至比贫困的自由民还富有。因为在所有事情上都恪守“中庸”的希腊人，并不会以恶劣的方式对待自己的奴隶。在古罗马，奴隶就像现代工厂里的一台机器那样，毫无权力可言，还会因微不足道的借口被喂了野兽。

希腊人把奴隶制当做一种必要的制度接受下来。他们认为，如没有奴隶，任何城市都无法成为一个真正的、文明的民族家园。

这里的奴隶们所从事的工作，跟如今的商人或专业人员所从事的工作性质是一样的。至于那些占据了你父母很多时间、使你父母感到烦恼的家务琐事，闲逸的希腊人会尽可能把它减少到最低限度。

首先，他们的家朴素而简单。甚至连富有的贵族也会躲在谷仓中消磨他们的时间，那时还缺乏一个现代工人所拥有的舒适。一个希腊人的家往往由四面墙和一个房顶构成，有通向大街的门，但没有窗户。厨房、起居室和卧室围着一个庭院而建，庭院里有一座雕像或一个小喷水池，甚至有的人家还养着一些花木，以便让庭院充满生气。没有雨或不太冷的时候，一家人就在庭院里生活。在庭院的一角，厨师准备着美味佳肴，而在另一个角落里，教师在教孩子们学乘法表。这里的厨师和老师，肯定都是奴隶。至于另一个角落里，则是一些难得离开自己家的家庭主妇正和女缝纫师们正在缝补丈夫的衣裳。这里的已婚女人是不允许上街的，那样会被认为有失检点。而门边的一间小办公室里，一家之主正在检查农场监工所送来的账目。

正餐准备好了，饭菜十分简单，全家人聚拢来没有花多长时间就吃完了。希腊人似乎认为饮食是一件无法避免的罪恶，而不是一种消遣。他们认为，娱乐消遣虽然可以打发走无聊的时光，但最后使人一辈子碌碌无为。他们以面包和葡萄酒为主，有时添加一点儿肉类和绿色菜蔬。他们除非在没东西吃的时候才喝水，因为他们认为喝水对健康不利。喜爱互相在一起用餐，但他们并不是来大吃特吃的，而是聚在桌边一边海阔天空地聊天，一边愉快地畅饮。他们很有节制，经常瞧不起那些贪杯的瘾君子。

他们在衣物选择方面就像跟居室和饮食一样，也崇尚简朴自然。他们喜爱整齐、清洁的修饰，头发、胡子都修剪得很利落。而且经常通过游泳、跑步等使自己身体更加强壮，但是从不追逐时髦，从不穿戴色彩鲜艳、图案奇特的服装。他们穿一件白色长袍，并设法使自己看上去仪表非凡就可以了。

他们喜爱看自己的妻子穿戴得漂亮一些，但却认为公开炫耀自己的财富是粗俗的，而且妇女们到外面去的时候，尽可能不招摇过市。

总之，希腊人的生活不但中庸、谦和，而且衣着相当的简朴整洁。诸如会占去其主人大量时间的桌子、椅子、书籍、房屋以及马车等物品，必然会使主人成为其奴隶，因为要给它们打磨、擦拭和上油漆。在其他一切事物面前，希腊人首先想要的是身心两方面都要获得“自由”。为了自己的自由，并在精神上也得到真正的自由，他们通常会把自己的日常生活需求减少到最低的限度。

古希腊的戏剧

戏剧起源的最早形式是公共娱乐

在希腊历史的初始阶段,古希腊人就已着手收集为纪念他们的英勇祖先们而写的诗歌.正是他们的先人将皮拉斯基人赶出古希腊并摧毁了强大的特洛伊势力。他们当众朗诵那些动人的诗篇,听者云集。但是,戏剧这一几乎成为今天人们生活中的必需的娱乐形式,并不是从这些人们争相传诵的英雄史诗发展而来。它的起源颇为奇特,以至于我不得不单辟一章来加以阐述。

一向热衷游行的希腊人,他们每年都为纪念酒神狄俄尼索斯举行声势浩大的游行活动。因为希腊人个个好酒善饮(古希腊人认为水只在航行和游泳时有用),故而酒神就像汽水桶在我们自己的国家里那样受欢迎。

古希腊人认为,酒神是生活在葡萄园里的,他的伙伴是一伙快乐的萨蒂罗(一种半人半羊的奇怪生物),因而他们在参加游行时常常穿着山羊皮,并"咩咩咩"的模仿公山羊发出叫声。在希腊语里,山羊一词是"tragos",而歌手一词是"oidos"。所以,像山羊一样咩咩叫的歌手便被希腊人称为"tragos-oidos",或"山羊歌手"。这个奇怪的名称演变成了今天的"悲剧"(tragedy)一词,就戏剧意义来说,悲剧指的是一出结局悲惨的戏,正如喜剧〔它的真正意义为歌唱"喜"(comos)事或快乐之事了。〕是给予一出有着快乐结局的戏的名称一样。

你也许可能会问:这捶胸跺脚像野山羊一样的化装者们的嘈杂合唱,是如何演变成占据世界各剧院近20个世纪的高尚悲剧的?

山羊歌手与哈姆雷特王子之间的关系其实并不复杂，而我将用简短的描述你就能明白。

一开始，山羊歌手们的合唱十分有趣，往往引来大批路人驻足观赏，并令他们开怀大笑。但很快的，古希腊人厌烦了这咩咩叫的把戏。他们认为，令人厌烦的东西就像丑恶与疾病一样，都是一种邪恶。他们需要比这更有趣的东西。于是，阿提卡伊卡里亚村一位年轻的天才诗人产生的一个新主意获得了意外的成功：他让走在前面的山羊合唱队的一名歌手与吹着神潘之箫走在游行队伍前面的乐队的队长对话。只有这一个歌手被允许走出行列。他一边挥动着双臂做出各种姿式（这就是说，他的同伴站在一旁歌唱他进行“表演”），一边不断提问，而乐队领队按照莎草纸上那年轻诗人在演出前写下的答案作答。这一机智而简练的对白——讲述了狄俄尼索斯或另一个神的传奇故事，立即得到群众的广泛欢迎。这之后，每一次狄俄尼索斯游行都有一番精心准备的“表演”。

很快的，这样的“表演”就被认为比游行和咩咩叫更加重要。

在古希腊所有的悲剧家里，最成功的无疑是埃斯库罗斯了。在他漫长的一生中，写下的剧本竟达八十多个，他在提议由两名歌手（“演员”）替代一个演员时，使这一表演形式大胆地向前迈出了一大步。

在又经过一代人以后，演员人数被索福克勒斯增加到了3名。到公元前5世纪中期时，伟大的悲剧家欧里庇得斯已经可以随心所欲地安排很多个演员。当阿里斯托芬写那些著名喜剧时（他在其中取笑每个人、每件事，甚至包括奥林匹斯山上诸神），合唱队甚至被排在主要表演者的后面，降格为旁观者的角色，当前台的主角犯下了忤逆众神意愿的罪孽时，后面的合唱团便齐声高唱“这是一个堕落的世界”。

这种新的娱乐形式必须有一个合适的固定表演场所，于是，很快每个城市都有了一座从近郊的岩石山上开凿出来的剧院。观众们坐在木制长凳上，面对一个宽阔的圆形舞台（今天你只需付3.3美元就可得到一个座位来欣赏乐团表演）。演员和合唱队在这个半圆的舞台上找到他们的位置。舞台后面有一顶帐篷，供演员们在里面藏住他们的面孔向观众展示演员应该欢笑或忧伤、哭泣的巨大黏土化装面具。“帐篷”一词在希腊语中为“skene”，这就是今天舞台上的“布景”（scenery）的由来。

悲剧一旦成为古希腊人生活的有机组成部分，人们便以十分认真的态度对待它，而不仅仅为了给他们的大脑放放假才去剧院。新剧目的上演成了一件与选举一样重要的大事，而社会给予一位成功的剧作家的礼遇，反而比给予一名刚刚打赢一场著名战役的将军的还要多。

第18章 波斯战争

古希腊人击退了亚洲人的入侵，将波斯人赶回爱琴海对岸，为保护欧洲的完整性作出了自己的贡献。

从腓尼基人的学生爱琴海人那里，古希腊人学会了做生意的艺术。他们不但像腓尼基人那样建立起自己的殖民地，甚至还通过与异邦顾客打交道时更普遍地使用金钱从事商业活动，对腓尼基人的经营之道加以改进。

公元前6世纪，古希腊人已经牢牢地在小亚细亚的沿岸站住了脚，并迅速地从腓尼基人那儿将生意抢走。这当然令腓尼基人感到不满。但因为腓尼基人势单力薄，不敢冒险向他们的竞争对手发动战争。他们只好耐心等待着时机。事实上，他们的等待并没有白费。

我曾在前面某一章中，告诉大家一支谦卑的波斯牧羊人部落是如何突然在战争中异军突起，并一举征服了西亚的大部分区域。

由于对归化民族优待有加，满足于一份年度的纳贡，这些波斯人被视为太过仁慈。当他们到达小亚细亚的海岸时，这些波斯人坚持要吕底亚的各个希腊殖民地向波斯国王称臣纳贡。这引起了各个希腊殖民地的坚决反对，而波斯人寸步不让。于是希腊的各殖民地纷纷向其宗主国求助，战争就此一触即发。

直言不讳地说，波斯王的确把希腊各城邦视为十分危险的政治机构，并且是其他所有本该向波斯王俯首称臣的民族的一个坏榜样。

当然，由于希腊隐蔽在水深浪高的爱琴海的那一边，希腊人享有着某种程度的安全。但在这时，腓尼基人走上前来，要帮助波斯人攻打自己的宿敌——希腊人。

腓尼基人除了献计献策之外，还允诺只要波斯王愿意出兵，他们将保证提供把军队送往欧洲的必要船只。

公元前492年，亚洲已经做好了一切准备，要摧毁正在兴起的欧洲势力。

波斯王派遣使者去希腊索要“泥土和水”作为他们投降的信物，作为最后通牒。希腊人毫不犹豫地将使者们投入了最近的井中——在那儿，他们将会很容易找到大量的“泥土和水”。

如此一来，战争当然是不可避免的了。

但是高耸的奥林匹斯山上的众神并没有忘记庇护他们的孩子们，当满载波斯军队的腓尼基船队驶到阿托斯山附近时，愤怒的风暴之神便鼓起腮帮子吹起气来，直吹得额上的血管都要爆裂了，这场可怕的飓风将这支远征的船队彻底摧毁，波斯人全部葬身汪洋之中。

两年后，波斯人重新杀来。这一次他们带了更多的人马，顺利渡过爱琴海，在马拉松村附近登陆。得到探报后，雅典人立即派出上万人的军队，防守围绕马拉松平原的山丘。同时，他们派了一个赛跑健将日夜兼程去斯巴达搬救兵。

由于嫉妒雅典的声望，斯巴达人不肯前来帮助。其他的希腊城邦也竞相效仿，拒绝出动一兵一卒，只有小小的普拉蒂亚派来1000人援兵。公元前490年的9月12日，雅典统帅米尔泰亚德以这支小小的军队迎击大群波斯人，并突破波斯人的密集防守。这群波斯人从未遇见过这样勇不可当的敌人，因而阵脚大乱，亚洲军团兵败如山倒。

波斯舰队在阿托斯山附近被击败

那天夜晚，所有雅典的人们忐忑不安地注视被燃烧着的船只的火焰而映得通红的天空，焦急地等候着消息。终于，在通往北方的那条路上出现了一小团尘土——正是那位赛跑健将费迪皮迪兹。他跌跌撞撞，气喘嘘嘘，快要累死

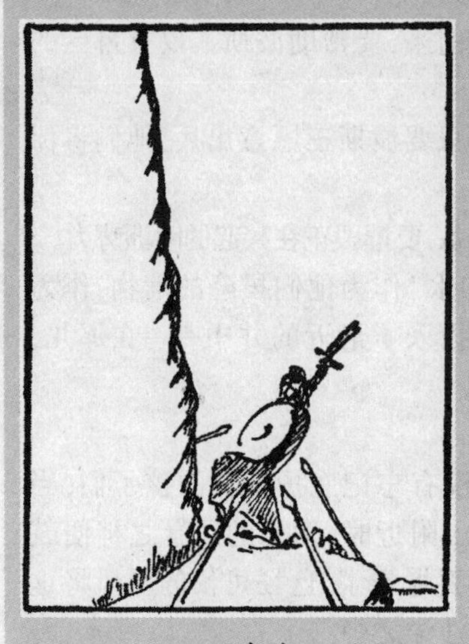

温泉关

了。仅仅几天以前，这位希腊的勇士刚刚从斯巴达求援回来，又匆忙赶去加入米尔泰亚德的军队。那天早上，他参加了马拉松战役，后来又自告奋勇，跑回来将这胜利的喜讯报告给他所热爱的城市。看见他倒了下去，人们冲上前去将他扶起。"我们胜利了"，他挣扎着说，然后便永远闭上了眼睛了。他以光荣的死，赢得了所有人的景仰。

而波斯人呢，在这次失败后，他们企图于雅典附近登陆，但由于希腊人在沿岸设有重兵把守严阵以待，只好悄然撤退。

古希腊的土地再次平静下来。

为了对付来犯之敌，古希腊人用了整整 8 年的时间来等待。雅典人在此期间并未浪费光阴，他们知道，一场决定性的袭击在所难免，但他们在避免这场危险的方法上各持己见——一些人要扩充陆军，另外一些人说一支强大的海军是胜利的保障。这两派由赞同陆军的亚里斯泰迪斯和赞同海军的泰米斯托克利为首，相互进行激烈的斗争，直到亚里斯泰迪斯被放逐时还一事无成。

最终，泰米斯托克利争取到了施展抱负的良机，并倾力建造各种舰船，将比雷埃夫斯变成了一处强大的海军基地。

公元前 481 年，一支庞大的波斯军队卷土重来，在希腊北部的塞萨利省登陆。在这生死关头，希腊重要的军事城邦斯巴达被公推为最高统帅，各城邦都期望斯巴达能振臂一呼。但斯巴达人对在希腊北部发生了什么并不太在意，只要他们自己的城邦不受侵犯，因而他们忽视了在进希腊的隘口上布防。

莱奥尼达斯受命率领一支斯巴达小部队防守从塞萨利通往南部各省的高山和大海间的羊肠小道。忠于职守的莱奥尼达斯，无比英勇地战斗着，坚守着这条小道。但是埃费亚特斯——一个熟悉马里斯的山间小路的叛徒，带着一支波斯军团穿过丘陵地带，从背后袭击莱奥尼达斯。在温泉关——即德摩比勒山隘——附近，莱奥尼达斯和他忠实的战士们与敌人进行了一场悲壮的战斗。直杀得敌人尸横遍野，当夜幕降临时，希腊的勇士们全都英勇牺牲了。

隘口的失守，导致希腊的大部国土落入了敌人的手中。波斯人杀进雅典，将守军从卫城的城墙上抛下去，并放火焚毁了这座著名的城市。失去家园的人们纷纷逃往萨拉米斯岛。希腊看来已无回天之力了。但在第二年即公元前480年的9月20日，泰米斯托克利迫使波斯舰队在阻隔萨拉米斯岛与大陆的狭窄海峡中展开决战，并在不到半天的时间里就摧毁了波斯舰队的四分之三。

这样，温泉关的胜利便化为乌有了，波斯军队的主帅薛希斯被迫撤退。他坚定地说，来年一定要和希腊人决一雌雄。他将他的部队带至塞萨利休整，并在那里等待春天的来临。

这一次，斯巴达人明白了面临的局势的严重性。他们在保萨尼阿斯的领导下，毅然放弃了他们横跨科林斯地峡修建的城墙这一安全屏障的庇护，急行军向波斯将军马多尼奥斯奔袭。来自12个不同城邦的约10万人希腊联军袭击了普拉蒂亚附近的30万敌人。这些希腊步兵突破了波斯人密集的箭网。波斯人就像在马拉松时一样，再一次被对手击败，但这次他们永远离开了。

希腊陆军在普拉蒂亚附近赢得胜利的同一天，雅典海军也在小亚细亚的麦凯尔海角附近摧毁了敌人的舰队。这真是很有趣的巧合。

亚洲和欧洲间的第一次较量就这样结束了。雅典赢得了荣耀，而斯巴达也获得了骁勇善战的美名。如果这两大城邦能够抛弃前嫌，达成一项友好协议，一个强大而统一的希腊霸主也许就此诞生了。

然而，它们却让这胜利和热情白自从身边溜走，而这样的良机也就一去不复返了。

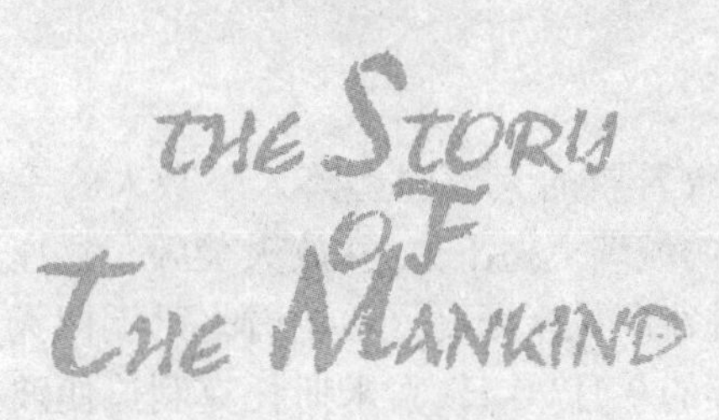

雅典和斯巴达的对抗

雅典和斯巴达为了争夺对希腊的控制权而进行了长期的战争，给人民带来了巨大的灾难。

同是古希腊的城邦，雅典和斯巴达的人民使用着同一种语言。但除此之外，则几乎没有任何共同点。屹立在平原之上的雅典是一座清风徐来的海滨城市，爱以一个快乐儿童的视角去看待外部世界。而斯巴达城则坐落于一个深谷的底部，并用环绕着的山峦作为屏障来抵御异域的思想。雅典是一个商业气息浓郁的城市。斯巴达则是一个人人希望成为勇武的战士的兵营。雅典人喜爱坐在阳光下聆听一位哲学家的智慧话语或讨论美妙的诗歌。斯巴达人则对舞文弄墨、咬文嚼字嗤之以鼻，他们只知道打仗，他们喜欢打仗，并且甘愿牺牲所有的个人情感来追求他们穷兵黩武的理想。

难怪这些缺乏烂漫情调的斯巴达人以仇视的眼光看待雅典的辉煌。这一时期的雅典人把保卫共同家园时焕发出的旺盛精力用于更具和平意义的目的：他们不仅重建了雅典卫城，将它建成供奉雅典娜女神的大理石神庙，雅典民主政体的领导人布里克力还派人跋山涉水去找来著名的雕塑家、画家和科学家，把这个城市建设得更加美丽，并使雅典的年轻一代更加热爱他们的家园。同时，布里克力对好战的斯巴达保持着高度的警惕，修建起了连接雅典与海洋的高墙，使之成为那个时代最坚固的堡垒。

最终，一次毫无意义的争吵导致了这两个古希腊城邦之间的战争。战争一打就是30年，最后以雅典蒙羞含辱而告终。

战争进行到第三年的时候,可怕的瘟疫降临到了雅典这座城市。超过一半的人和伟大的领袖布里克力都染病死去。瘟疫过后接着是政治腐败,人民怨声载道,民心大失。之后,一个聪明的年轻人亚西比德赢得了民众议会的赏识。他建议对斯巴达在西西里岛的锡拉库萨殖民地进行出其不意的袭击。万事俱备,一支远征军团整装待发,亚西比德却因卷入了一次街头斗殴被迫逃往外乡。继承他的将军是个败事有余的蠢材。先是导致海军受到重创,接着又使陆军伤亡过半。少数幸存下来的雅典士兵被驱赶到了西西里岛的采石场服苦役,在饥饿干渴中死去。

这次失败的远征使雅典所有的年轻战士全部葬身沙场。在劫难逃的雅典,经过长期的围城之后,终于在公元前 404 年向斯巴达人举起了降旗。高大的城墙被推倒。海军成为斯巴达人的囊中物。作为昔日繁荣时期所征服的强大殖民帝国中心的那个雅典城已不复存在。但是,在繁荣强盛的时期,它的人民的自由好学精神和对明天的美好渴望,并没有随着城墙和舰船一起化为灰烬。它将继续延续下去,甚至随着岁月的流逝而变得更加辉煌。

尽管,再不能对希腊国土的命运产生任何影响了,但是,作为第一所了不起的大学的发源地,雅典开始影响那些智慧的心灵——那些远在狭隘的古希腊国境以外的智慧的人们的心灵。

亚历山大大帝

来自马其顿的亚历山大建立起了一个古希腊帝国，这是野心勃勃所带来的结果。

当亚该亚人恋恋不舍地离开他们多瑙河畔的家园，到远方寻找新的牧场时，他们曾在马其顿的崇山峻岭中停留了一段日子。从此，希腊人便与这个北方国家的人民保持着千丝万缕的联系。而马其顿人对希腊人的境况也一直十分关注。

就在雅典和斯巴达为争夺古希腊领导权而进行的那一场灾难性的战争宣告结束时，腓力正统治着马其顿。这是一个聪明过人的统治者。他一方面对希腊在文学艺术上的成就怀着崇敬之心，一方面却对希腊人在政治上的缺乏自制极为不屑。看到一个优秀的民族耗费人力物力做着毫无结果的争吵，马其顿的这位统治者大为光火。于是，为了解决这一棘手的问题，他先是自立为希腊的君主，然后要求他的新臣民跟随他踏上前往波斯的征程，作为对150年前薛西斯造访希腊的回访。

不幸的是，腓力在即将开始这一准备充分的远征之前被刺身亡。这样，为雅典的毁灭报仇雪耻的重任，就落在了腓力的儿子、全希腊最睿智的教师亚里士多德的得意门生亚历山大的肩上。

公元前334年，亚历山大在春暖花开的时节告别了欧洲。7年后，他和他的远征军到达了印度。一路上，他消灭了希腊商人的老冤家腓尼基人，征服了埃及，尼罗河河谷的人民把他当做法老的儿子及继承人来崇拜。他推翻了最后一位波斯国王，颠覆了波斯帝国。

亚历山大下令重修巴比伦。他的千军万马踏入喜马拉雅山脉的心脏地带。从此，“普天之下，莫非王土”。

然后，这个骄傲的征服者放下手中的利剑，宣布了一项更加雄心勃勃的计划。

新形成的帝国必须在希腊精神的沐浴之下。人民不仅必须学习希腊语言，还必须住在模仿希腊样式建成的新城市里。亚历山大的士兵放下武器，成了学校教师。从前的兵营变成了传播希腊文明的和平中心。就在希腊礼仪和风俗像洪水一样汹涌而来之时，亚历山大突然得了热病，并于公元前323年死于巴比伦的汉穆拉比王的古老王宫。

洪水退去了，身后留下了一大片较高文明的肥沃土壤。而英年早逝的亚历山大，带着他可爱的自负和孩子气十足的雄心，完成了一项最有价值的贡献。他死后，他的帝国并没能延续多久。一些野心勃勃的将军们瓜分了国土。但他们倒依然沉溺于亚历山大的幻梦——秉乘着希腊与亚洲的思想、学识和对大同世界的幻梦。

直到罗马人将埃及与西亚吞并时，他们都保持着自己的独立。这份包括希腊、部分波斯、部分埃及和巴比伦的古希腊文明的奇特遗产落到了罗马征服者的手中。在接下来的几百年中，它一直牢固地控制着罗马世界，直至今日，在我们的生活中，我们依然能感受到它深远的影响。

回顾与概述

第1～20章的小结

至此，我们一直伫立在我们的高塔之上眺望古老的东方。但从这一刻起，埃及和美索不达米亚的历史将变得有点索然无味，而我必须带各位去探访一下西方的景致。

在我们踏上这一旅程之前，我们有必要驻足片刻，以便理清进入我们视野里的一切。

首先，我指给你看一种民风淳朴、行动力有限的人类——史前人。我告诉了你们他是游荡在五大洲早期荒原上的许多动物中最缺乏防御能力的一个，只是凭着一个较为聪慧的大脑袋，他们才得以生存下来。

后来，随着冰川时期的到来，寒冷的气候持续了若干世纪，而使生活变得格外艰难起来，以至于史前人想要继续生存，就得比过去更加努力地使用头脑。正是这种求生的愿望，促使每种生物奋力自救直至生命的最后一息。冰川期的人使出了浑身解数。结果这些吃苦耐劳的史前人不仅千方百计平安熬过了使众多猛兽灭绝的长期严寒，而且当温暖宜人的气候再次光临地球时，史前人已经掌握了不少应对灭顶之灾的方法（在人类居住于这个行星最初50万年间，非常严重的危险变成了一件极遥远的事），而这恰恰是史前人比他那些不大使用头脑的邻居更为高明的地方所在。

我们已经知道，在人类这些最早的祖先们沉重而缓慢地行进时，突然（其原因至今是一个谜），生活在尼罗河河谷的人们冲到了前面，并几乎在一夜之间就建起了第一个文明中心。

然后，我向你们提到了美索不达米亚，人类的第二所伟大学校——“两河之间的土地”，我还给大家绘制了一幅爱琴海诸岛的地图，这些小岛就像一座桥梁，古老东方的科学和思想经由这座不朽的桥梁传播到希腊人生活的年轻的西方。

接着，我讲到了名叫赫楞人的一支印欧部落，在数千年前他们从亚洲腹地离开，于公元前 11 世纪强行占据了怪石嶙峋的希腊半岛，从此，他们便被我们称为希腊人。我又给你们介绍了那些希腊小城市——实际上是城邦国家的历史，古埃及和亚洲的文明在那儿被更新改造（此词有些夸大，但你们能够理解它的含意）焕然一新，这一崭新文明比以前出现的任何东西都要更为美好和优秀。

当你们把目光投向地图时，你们不难看出，文明地区这时是怎样形成了一个有趣的半圆形状。它最早开始于埃及，经由美索不达米亚和爱琴海诸岛向西一直延伸到欧洲大陆。人类文明史的前面 4000 年，腓尼基人、巴比伦人、埃及人以及闪米特诸部落（请记住犹太人仅是闪米特诸部落中的一支）都曾经高举着照亮世界的熊熊火炬。现在，他们将它传递给了印欧语族的希腊人——希腊人又成为了另一支被称为罗马人的印欧部落的老师。但是就在同时，当希腊（或印欧）人占据地中海东部区域为自己的领地时，已经沿着非洲北部海岸向西推进的闪米特人已经用强力使自己成为地中海西半部地区的统治者。

一会儿你们就将看到，一场可怕的战争在这两个势不两立的民族之间发生了，而赢得胜利的罗马人建立了罗马帝国，它将把这埃及——美索不达米亚——希腊文明带往欧洲大陆的各个最偏远角落，我们现代社会赖以存在的基础就从那时形成了。

也许，所有这一切听起来太过复杂，但只要你们抓住这少数的几个要点，人类历史的其余部分将变得简单起来。书中的地图将使一些难以用言语表达之处一目了然。现在，经过这短暂的间歇之后，让我回到我叙述的故事上去，给你们讲一下发生在迦太基与古罗马之间的那场著名战争。

罗马与迦太基

迦太基是非洲海岸闪米特人的殖民地，为了争夺地中海西海岸的所有权和意大利城市——罗马，结果却导致了自身的灭亡。

卡特·哈斯哈特矗立在一座小山岗上，是腓尼基人的一个小小的集市，它俯瞰把欧洲与非洲隔开的宽度为90英里的阿非利加海。作为一个商业中心的理想地点，它几乎是无可挑剔的。它发展的速度极快，很快就富甲一方。在公元前7世纪时，巴比伦国王尼布甲尼撒摧毁了提尔后，迦太基遂与母国断绝了一切进一步的联系，宣布独立，它也就成为闪米特各民族在西部的重要要塞。

很不幸的，作为一座历史悠久的城市，一个大型商业机构，迦太基继承了1000年来作为腓尼基人的许多特性。一支强大的海军保卫着这个大商行。这座城市和周围的乡村以及遥远的殖民地的统治权掌握在少数极有权势的富人阶层。“富”在希腊语里是“plouts”，希腊人称“富人”执政的政府为财阀政府“plutocracy”。迦太基就是这样一个财阀政府国家，12个大船主和大矿主及大商人掌握着国家的实权。这些财阀对于生活上优美文雅的事情漠不关心，而是躲在官府后面的秘密会议室议事，把国家看成一个商业机构，理应给他们带来合理的利润。所以，他们精力旺盛，头脑清醒，努力工作。

随着时间一年年过去，迦太基的影响越来越大，直至非洲沿岸的大部分地区、法兰西的部分地区和西班牙全境都成了迦太基人的殖民地，都要向这座阿非利加海上的强大城市缴纳税贡和红利。

不可否认,这样的一个“财阀政府”只能依赖群众的仁慈而存在下去。只要能充分就业,丰衣足食,大多数公民也就满足了,认可那些“精英分子”的统治,并且不让统治者们太难堪。可是一旦遇上没有船只驶出海港,没有矿石投进冶炼炉,装卸工人和码头工人就被迫失业,就像在过去的时代迦太基还是个自治共和国时所做的那样,就会民怨鼎沸,并要求召开民众大会。

为了不发生这种情况,财阀政府被迫保持城镇商业的高速发展。他们将此种局面维持了近500年。后来,从意大利西海岸传来的某些谣言令他们深感不安。据说台伯河畔一座名叫罗马的小村庄突然崛起为强大的国家,并正在争取成为意大利中部所有拉丁部落的公认盟主,他们并且在打造舰船,寻求同法兰西南部和西西里的海岸发展贸易。

迦太基怎么能容忍这样的竞争——这个新兴的对手必须被铲除,以免动摇迦太基作为西部地中海绝对统治者的地位。于是他们及时派人前去调查。

调查的结果是谣言不攻自破。以下便是事情的“本来面目”。

长期以来,意大利的西海岸一直是被文明所遗忘的角落。几乎所有的希腊优良港口都朝向东方,放眼望去是爱琴海繁忙岛屿的全部图景。而在意大利的西海岸所看到的远不如地中海的凄凉海浪更激动人心。这里土地贫瘠,因此难得有外国商人来此造访,而当地百姓得以过着在自己那遍布山丘和沼泽的平原不受外界打扰的平静生活。

迦太基

这片土地所受的第一次严重侵略,其年代已无从考证。来自北方的一些印欧部落设法找到了穿过阿尔卑斯山脉隘口的道路,并大踏步向南推进到他们著名的意大利长筒靴的足迹和羊群所达之

罗马城的诞生

处。我们今天对于这些早期征服者可以说是一无所知。倘若不是那位名叫荷马的盲诗人歌唱过他们的辉煌,他们自己关于罗马建立经过的描述(写于800年后,当这座小城摇身变为一个帝国的中心之时)就不过只是神话传说,难以令人信服。

罗慕路斯和雷穆斯跳过对方墙头的事可以写成饶有情趣的读物(我实在搞不清到底是谁跳过了谁的墙),但是相比之下罗马城的建立就是件乏味的事了。刚开始的时候,罗马城和千百个美国城市没有什么区别。它位于意大利平原的中心,是一个便利的贸易商场。台伯河就是人海口,是一个常年都可使用的津渡。沿河的7座山峰是一道天然的屏障,能够为居民们抵御外来的敌人。该地的民族是萨宾人,行为粗野,性好打劫,十分原始落后,仍然在使用石斧和木盾等。有人说他们是埃特鲁斯坎人,但到现在仍然解不开这个历史之谜。没有人知道他们来自哪里,又是什么原因迫使他们离开自己的家园。在意大利沿岸,我们已发现他们的城镇、墓地和水利工程等遗址。另外还能够见到他们的铭文。但由于从来无人能破译埃特鲁斯坎人的字母表,以至于他们所描述的东西也许根本就派不上什么用场。

我们也许可以这样猜测:他们起源于小亚细亚,由于发生了一场战争或瘟疫,他们就被迫离开家园去其他地方寻找新家了。不管他们出于什么目的来到这里,埃特鲁斯坎人在历史上曾经扮演过重要的角色。他们像蜜蜂一样,把古代文明的花粉从东方带到了西方:他们把建筑、修建街道、作战、艺术、烹饪、医药和天文等最初的基本原理教给了来自北方的罗马人。

但是,正如古希腊人并不喜欢他们爱琴海的老师一样,罗马人也同样讨厌他们的埃特鲁斯坎人师傅。当古希腊商人发现可与意大利通商,并在古希腊的第一批船队抵达罗马后,机遇终于来了。希腊人是做生意来的,但他们却被尊为老师留了下来。他们发现,那些生活在罗马农村的拉丁族很乐意学习那些有实用价值的东西。罗马人马上就明白了文字可以带来极大的好处,于是他们便模仿古希腊的文字;此外,他们还认识到一套合理的货币和度量衡制度有利于商业发展,于是古罗马人终于把古希腊文明统统吸收了过来。他们甚至把希腊的天神也迎请到自己的国度来,宙斯就是以朱庇特而闻名于罗马的,于是其他诸神也紧跟着而来。但是,罗马的神并不轻松自在,他们都是国家的官吏,以睿智和公正来管理自己的部门。但是他们也严格要求崇拜者俯首帖耳,因此罗马人都小心翼翼地听从安排。

罗马人和诸神之间从没有建立起诚挚的神人关系和美好的友谊,这

速度很快的罗马战船

一点就不如古希腊人，因为古希腊人和奥林匹斯山上的诸神关系非常好。罗马人没有完全模仿希腊人的政府体制，但是由于同古希腊人民一样同属于印欧族系，罗马的早期历史便和雅典的历史十分相似。他们很轻松地就摆脱了他们的国王——一位古代部落酋长的后裔。可是国王不在了，罗马人不得不面对贵族势力，并且得想办法控制他们。在花费了好几百年的时间后，他们才建立了让每个罗马人都有机会参政、议政的政体。

此后，罗马人比希腊人更具优势。他们不是靠雄辩来处理国家事务，也不像希腊人那般富有幻想，而是注重行动不喜欢空谈。他们深知平民议会通常会浪费掉宝贵的时间，因此便把管理城市的实际工作交给执政官，再由一个被称为元老院的老年人委员会进行辅佐。遵照惯例和实际情况，元老选自贵族，但他们的权力通常会受到比较严格的限制。

公元前5世纪，罗马发生了一起律法之争，这同时也是一场富人与穷人之间的较量。结果，自由民获得了一部成文法典，通过护民官的设置来保护他们不受贵族的专制迫害。保民官由自由民选举产生，有权保护每一个公民，反对政府官员不公正的行为。执政官虽然拥有生杀大权，但是在缺乏有力证据的情况下，保民官可以进行干涉，从而挽救那个可怜的家伙。

我们通常会以为“罗马”似乎是指一个拥有几千居民的小城罢了。其实罗马的真正影响力已经扩散到世界各地了。而且，早期的罗马具备有非凡的管理能力和殖民扩张能力。

很早很早以前，罗马一直是意大利中部的一座坚固的城市，但它能够热情地为处于危险中的拉丁部落提供避难所。这些拉丁邻居认识到同这样一个强大的朋友团结在一起有很大的好处，于是力图与罗马人结为同盟。其他的民族，如埃及人、巴比伦人、腓尼基人、希腊人等，只能作为“愚昧”的那一方与罗马人订立不平等条约。但是罗马人并没有这样做，而是给“外来者”一个机会，使他们能够成为共同治理国家的伙伴。

“你们如果想加入我们的国家，那就来吧。我们将把你们当做正式的罗马公民对待。作为获得这一特权的回报，我们希望你们在必要的时候为保卫我们共同的家园——养育我们的祖国母亲而战！”他们说。

“外来者”当然很感激这种慷慨，于是通过坚定不渝的忠诚来表达他的感激之情。每当希腊城市遭受袭击的时候，所有的外国居民都会逃命而去。他们没有理由捍卫这一切，因为这里是他们花钱租下的临时住所。但是当敌人来到罗马的大门前时，所有的拉丁人都赶来保卫他们处于危险中的母亲。这里是他们真正的“家园”，尽管他们住在百里之外，从来没有看见过神圣的议会厅，但是任何的失败和灾难都无法改变他们的这种感情。公元前4世纪初，野蛮的高卢人强行闯入了意大利。在阿里亚河附近把罗马军队给击败了，然后团团围住了罗马城。他们希望罗马人能够乖乖地投降，可是等了又等，没有任何动静。不久，高卢人发现自己被充满敌意的全体罗马人民所包围，以至于他们被断了粮草。不到7个月，由于饥饿难忍，他们于是被迫撤退。罗马对待“外国人”的平等政策终于大获成功，并变得比以前的任何时候都强大。

汉尼拔翻越阿尔卑斯山

从上面对早期的罗马史简单的叙述中可以看出，罗马人如何使一个国家强大的理想，与古代其他民族之间的理想存在着巨大差异。罗马人同“平等公民”之间的合作相当愉快和真诚，迦太基人却仿效埃及人和西亚国家，坚持其“臣属”必须无条件地服从他们。而当这样做不成功时，他们便对他们发动战争。

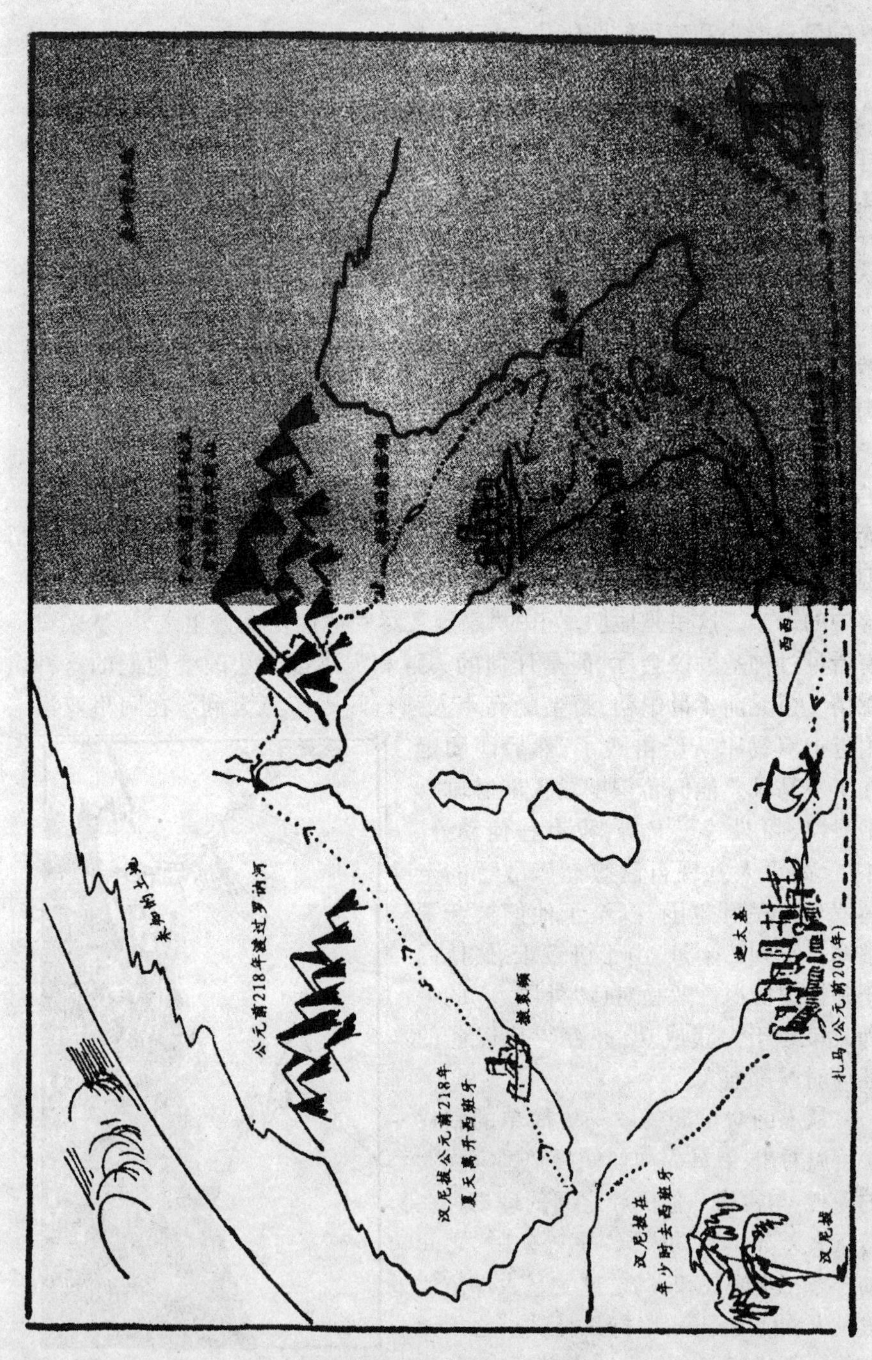

汉尼拔与迦太基军队的足迹

现在你们应该明白了，迦太基人为什么害怕这个精明强大的敌人，为什么迦太基富人统治集团一心要挑起争端进而消灭这个危险的对手，以免被对手钳制。

但是工于心计的迦太基人，知道仓促行事肯定要失败的道理。于是他们首先向罗马人建议，在地图上划好各自的“势力范围”，并保证互不侵犯。很快，这个协议就签订下来了，但旋即又被撕毁。双方都认为，把西西里岛纳入自己的版图是英明之举。那里的政府无能，土地肥沃，于是两个国家同时参与了对西西里岛的争夺。

这场在公海上展开的战争持续了 24 年。开始时，富有经验的迦太基海军似乎能够把罗马新建的舰队打败。迦太基海军沿用他们古老的战术，不是猛撞敌船就是通过从侧翼进行猛烈的进攻，打断划桨还不够，还接着用箭杀死手无寸铁的水手。但是，罗马的工程师发明了一种带有吊桥的新型战舰，有了这种战舰，罗马士兵可以更有效地攻击敌舰了。

不断获得胜利的迦太基终于被击败了。最后，遭受惨败的迦太基舰队被迫求和，西西里岛于是被纳入罗马人的版图。

23 年后，争端又起。为找铜矿的罗马人侵占了撒丁岛。迦太基人为寻银矿也占领了西班牙的整个南部地区。就这样，迦太基成为了罗马人的邻居。然而罗马人一点也都不喜欢这个邻居，于是派遣军队翻过比利牛斯山，监视着迦太基人。

历史已经为这两个老对手进行第二次较量准备好了舞台。希腊的殖民地再一次成为发动战争的借口，迦太基人包围了西班牙东海岸的沙贡特城。沙贡特向罗马人求救，而罗马也跟往常一样愿意伸出救援之手。元老院承诺让拉丁部队前往援助，但筹备这次远征需要时间。沙贡特不久就沦陷了，遭到了毁灭性的打击。这一行为违背了罗马人的意志。于是元老院决定派一支罗马军队渡过阿非利加海，并在迦太基本土登陆。第二支部队将在西班牙阻击迦太基的军队，防止他们赶回援助家园。该计划十分完善，人人都盼望能够获得全胜。但上天却作了另外一种安排。

公元前 218 年秋，攻击西班牙迦太基人的罗马军队已经离开了意大利。在人们急切等待他们凯旋的消息时，可怕的谣言传遍了台伯河平原。野蛮的山地人恐惧得连嘴唇都在颤抖，说每个棕色人都带着一只房子般巨大的怪兽，突然从云端出现。几千年之前，赫尔克里斯赶着可尔扬的牛群就是通过这条关口从西班牙到希腊去的。不久，沾满污泥的难民象洪水一样涌到罗马城下，带来了更为详细的消息。原来米尔卡的儿子汉尼拔带领 5 万名步兵、990 名骑兵和 37 匹战象，已翻越过比利牛斯山脉，并在罗

汉尼拔之死

纳河沿岸打败了西庇阿率领的罗马军队。尽管是10月份的天气，但路上却覆盖着厚厚的冰雪；他仍然领着军队安全地穿过了阿尔卑斯山的各个隘口，并与高卢军队一起合力击败了正准备跨过特拉比亚河的第二支罗马军队，然后将罗马与阿尔卑斯相连的北端城市普拉森西亚城围困起来。

元老院感到十分的震惊，但很快又恢复了往日的镇静。元老院把许多失败的消息隐瞒了起来，同时派出两支新军去阻截侵略者。汉尼拔设计奇袭了罗马军队，把所有的罗马军官和大部分的士兵都杀死了。这一次惨败，使得罗马人民开始恐慌起来，但是元老院不但不害怕，而且越战越勇。紧接着任命昆图斯·法比乌斯·马克面穆斯大将为第三支军队的总指挥，并授予他最大限度的权力，一切都是为了“挽救国家”这个需要。

法比乌斯清醒地认识到，他必须谨慎行事，否则会满盘皆输。他手下是最后一批毫无经验、未经训练的新兵，根本不是汉尼拔手下老兵的对手。于是他尽量避免正面交锋，但一直紧跟着汉尼拔不放，毁掉可食用的一切，毁掉道路，袭击小股部队，运用一种令他们苦恼不堪的游击战术进行骚扰，来削弱迦太基军队兵士的锐气。

但是这种方法无法让躲在家里的老百姓满意。他们希望“行动”起来，并且要尽快采取行动。于是一个名叫瓦罗的人，在城里到处向人游说自己比那位慢吞吞的、被人戏称为“蜗牛”的法比乌斯要出色得多，于是在众人的欢呼声中他被拥戴为总司令。

在公元前216年的康奈战役中，他遭受到了罗马历史上最为惨重的失败。7万多将士全被消灭，汉尼拔因而征服了意大利。汉尼拔在全国奔走，宣称自己是“罗马人的救星”，并且要求各省加入他对母亲城发动的战争。此时，罗马的明智政策再次结出可贵的果实。除卡普亚、叙拉古之外，所有罗马城市忠贞依旧。人民反对汉尼拔这位虚伪的“救世主”。因为他远离祖国，所以非常讨厌这种情况的存在。他派使者前去迦太基要求补充给养和新的兵力，但遗憾的是迦太基什么都没有给他。

罗马凭借着他们的登船吊桥，成为海上的霸主。奋起自救的汉尼拔连续击败了与之对抗的罗马军队，但自己的人马也在迅速减少，意大利的农民对这位自封为“救世主”的人都敬而远之。

在接连不断的胜利之后，汉尼拔发觉自己已经被刚刚征服的国家的人民所围困住了。

有一小段时间，运气似乎好转了一点。他的弟弟哈士得路巴尔已在西班牙击败了罗马军队，并且跨越了阿尔卑斯山脉前来增援汉尼拔。他派遣信使去南方通知他的到来，并决定和另一支军队在台伯河平原会师。不幸的是，信使落入罗马人手里，而汉尼拔还在傻呵呵地等着好消息，直到他兄弟的头颅被装在一只篮子里滚进他的营帐后，他这才明白迦太基军队彻底完蛋了。

哈士得路巴尔被清除掉了以后，年轻的帕布留斯·西庇阿不费吹灰之力重新攻克了西班牙。4 年之后，罗马人做好了对迦太基人进行最后攻击的准备。此时汉尼拔已被召回，他渡过阿非利加海，并试图在故乡进行防御。

公元前 202 年，在扎马战役中迦太基人被击败。汉尼拔逃到推罗。从这里他来到了小亚细亚，煽动叙利亚人和马其顿人联合起来共同反抗罗马人，但收效甚微。但他在这些亚洲国家中间的活动给了罗马人一个借口，罗马军队便乘机把战火烧向东方，吞并了爱琴海的大部分地区。

从一个城市被驱逐到另一个城市，汉尼拔成了一个无家可归的逃亡者，最后他终于明白：野心勃勃的美梦已不可能实现。他所热爱的迦太基城被战争毁灭了。他被迫签订了苛刻的和平条约，军舰也被沉人了海底。没有罗马的许可，他不能随便走动。同时他又得在未来漫长的时间里支付给罗马几百万的战争赔款，于是他的生活便变得毫无转机。公元前 190 年，希望彻底破灭的汉尼拔服毒自尽了。

40 年后，罗马人对迦太基强行发动了最后一次战争。殖民地上的人民奋起反击新生的共和国政权，时间长达 30 年之久，最后终因饥荒被迫投降。在围困中幸存下来的少数几个男人和女人被卖作了奴隶，城市被付之一炬。库房、宫殿以及大型军械库等被彻底烧毁，大火连绵了半个多月。罗马军队恶狠狠地咒骂着脚下的这片焦土，然后志满意得地回到意大利享受去了。

在接下来的 1000 年里，地中海一直被欧洲人所控制。罗马帝国刚刚灭亡之后，亚洲人立即再次试图控制这个诱人的内陆之海。

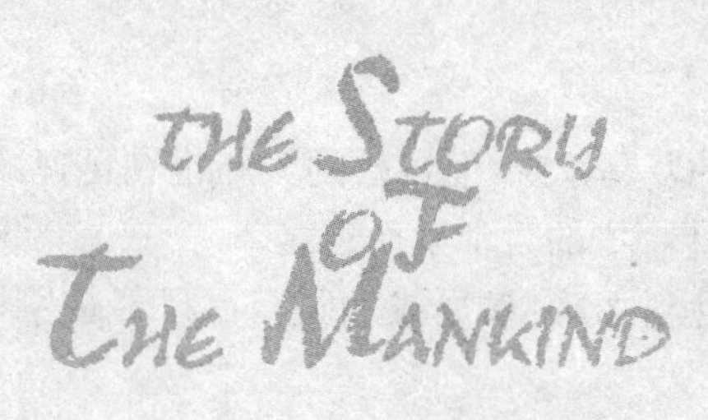

罗马帝国的兴起

罗马帝国是如何在偶然中产生的

罗马帝国的产生实很意外，没有人刻意安排，它自己碰巧就产生了。没有任何一个著名的将军、政治家或土匪曾经站起来说道：“朋友们，罗马的各位公民们，我们必须建立一个帝国。跟我来吧，我们一起去征服赫丘利峡谷到托罗斯山脉之间的所有土地！”

罗马曾经诞生过著名的将军、伟大的政治家甚至刺客，罗马军队一度称雄世界，但是罗马帝国的建立却不是事先计划好的。普通的罗马人都是脚踏实地的公民，他们不喜欢空头理论。如果有人开始发表演讲说：“罗马帝国的将来会怎样怎样……”人们就会马上离开广场。罗马人之所以占领越来越多的土地，只不过是为环境所迫，而不是因为野心或者贪婪的驱使才这样的。就罗马人的本性而言，他们是农民，乐意呆在家里。但当他们遭到攻击时，就会起来自卫。而当敌人漂洋过海去攻打一个遥远的国家时，坚强的罗马人便不远千里去击败那个危险的敌人，待这一切完成之后，就留下来治理刚刚被征服的省份，以免它们落入野蛮人的手中，重新对罗马构成威胁。这话在当时听起来似乎挺复杂的，但对于当代人来说却又是很简单的。

公元前203年，西庇阿渡过阿非利加海进军非洲。迦太基已召回汉尼拔。由于其雇佣兵支持不力，汉尼拔在扎马附近遭受惨败。罗马人要求汉尼拔投降，他却逃走了，去寻求马其顿及叙利亚国王的帮助。

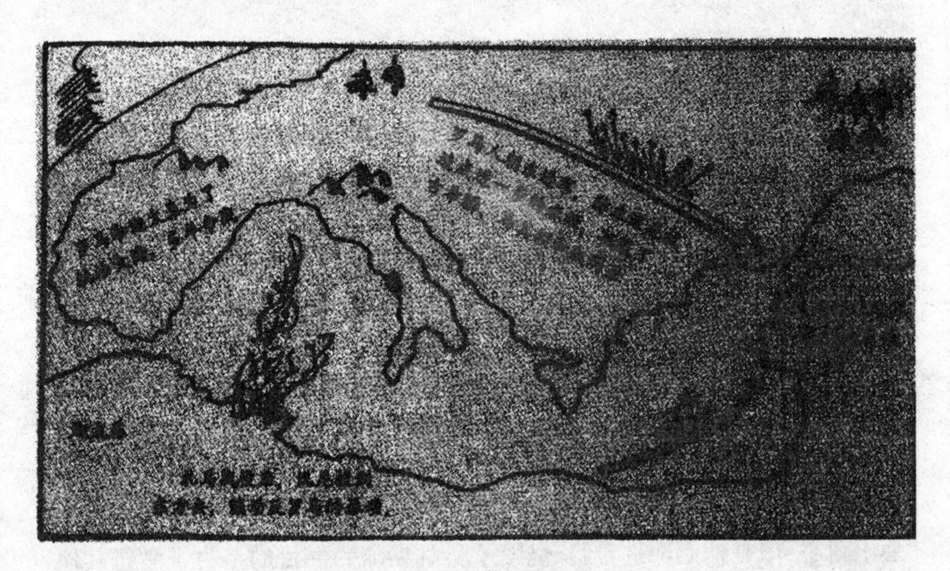

罗马是怎样崛起的

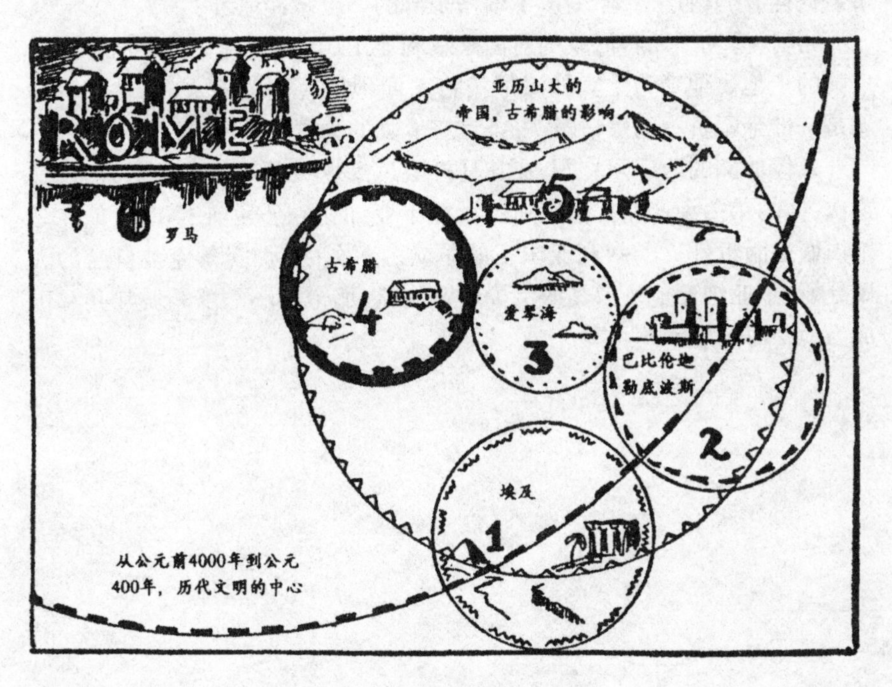

文明西进

这两个国家(其实是亚历山大帝国的残余部分)的统治者当时正在谋划远征埃及。他们希望拥有富饶的尼罗河河谷。埃及国王听到风声,请求罗马前来增援,一出非常有趣的历史戏剧就这样拉开了序幕。可是罗马人缺乏想像力,他们在戏还没开演就已经降下了帷幕。马其顿人被罗马人打得丢盔弃甲,这场战役发生在公元前197年,地点在色萨利中心的库诺恩法利平原的“狗头”上。

然后罗马人进军到南面的阿提卡,他们通知希腊人说,他们已把“希腊人从马其顿的奴役中解救出来了。”这些希腊人长年来处于半奴隶状态,却一点也没有变得乖巧。他们竟然用最不幸的方式来挥霍他们刚刚获得的自由:就像在很久以前一样,各小城市之间又再次陷入了永无休止的争吵。对于一个被人们瞧不起的民族而言,罗马人对这个令人讨厌的、愚蠢的民族却表现出了极大的耐心。但是无休止的纷争终于使罗马人失去了耐心,于是他们冲进希腊,烧毁了科林斯城——目的是为了激怒其他的希腊人。与此同时还派了一名罗马长官到雅典来治理这个骚乱的城市。这样,马其顿和希腊变成了罗马东部的一个缓冲地带。

当时,海勒斯朋特海峡的对面是叙利亚王国,安条克三世统治着那片广阔的土地。他奉为上宾的汉尼拔将军向他解释侵略意大利、攻克罗马城是一件毫不费力的事情时,安条克三世真的为之热血沸腾。

入侵非洲的西庇阿将军,在扎马打败过汉尼拔领导的迦太基人军队。这次,他的弟弟卢修斯·西庇阿被派往小亚细亚。公元前190年,他在马格内西亚附近歼灭了叙利亚国王的军队。不久之后,安条克被自己的人民处死,小亚细亚成了罗马的保护地。从此,那个小小的罗马城邦共和国成为地中海的主宰。

罗马共和国在经历几百年的动荡后变成了一个帝国。

取得了诸多战役胜利的罗马军队凯旋而归,受到了盛大的欢迎。然而可悲可叹的是,这种突如其来的荣耀并没有给整个国家带来更多的幸福!相反,无尽的战争迫使农民付出了惨重的代价,大量的农田被抛荒。那些归来的将领拥有过多的权力,以至于他们利用战争的机会进行大肆掠夺。

旧罗马帝国的贤达之士都以简朴的生活为荣,新的共和国则为祖父们那不体面的衣着和崇高的道德感到羞耻。一个国家一旦变成了由富人统治、为了富人谋利的国家时,这样的国家便注定要走向灾难性的深渊。我现在就要告诉你们这一点。

在不到150年的时间里,罗马事实上已变成地中海沿岸所有土地的主人。在古代,战俘不但失去了自由而且变成了奴隶。罗马人把战争看成是件非常严肃的事情,对被征服的敌人毫无怜悯之心。

迦太基陷落之后,迦太基的妇女和儿童与他们自己的奴隶一起被卖为奴隶。如果他们敢于反抗罗马势力的话,那些希腊、马其顿、西班牙和叙利亚的桀骜不驯的居民将面临着一个相同的命运。

2000年以前,一个奴隶简直就是一台机器的某个零件。今天,富人们投资开办工厂,罗马的富人(即元老、将军和一些在战争中发财的人)把钱投资在土地和奴隶的身上。土地是他们从新占领的地区买来或抢得的,奴隶则是他们在自由市场上买到的最便宜的东西。公元前3世纪和公元前2

世纪时,奴隶的供应量极大,以致地主们在回家的途中打死奴隶后,还可以就近购买从科林斯或迦太基掳来的新奴隶。

那么现在看看自由民的命运吧!

他们对罗马尽了自己的义务,毫无怨言地为罗马进行的战争付出一切。但他们到晚年的时候,早已家破人亡,田园荒芜。好在这些男人相当坚强,愿意重新开始生活,播种、种植,并等待着收获。等到他们把谷物、牲口和家禽拿到集市上去卖的时候才发现,地主们利用奴隶干活所得的农产品价格远比他们的要低得多。他们苦苦支撑了几年,终于绝望地离开了农村到城市中去。在城市里,他们也照样得饿着肚子,但他们可以和成千上万失去自由的人们同甘共苦。他们在大城市郊区的贫民窟里蜷缩成一团,容易感染疾病,常常被可怕的流行病夺去生命。他们感到十分的不满,他们曾经为保卫国家而战,而这就是对他们的回报。他们总是很愿意倾听演说家们天花乱坠、引人入胜的演说。这些演说家的周围聚集着饱受社会不公待遇的、像饥饿的秃鹰一样的群众。很快,他们对国家的安全形成了重大威胁。

但是,那些新生的富有阶级对此不以为然:“我们拥有军队和警察,他们会维护好社会秩序的”。随后他们躲在舒适的别墅里头摆弄自己的花草去了,或阅读由希腊奴隶翻译的荷马史诗。

然而,在一些家庭中,为国家献身的传统依旧存在着。科内莉亚,被称为阿非利加努斯的西庇阿的女儿,嫁给了一位名叫格拉古的罗马人。提比略和盖约是她的两个儿子。这两个男孩长大后都进入了政界,并试图进行紧迫的改革。据一项调查表明,意大利半岛绝大部分的土地掌握在两千户贵族的手中。提比略当选为保民官之后,试图帮助自由民。他恢复了两项限制富人拥有太多土地的法律。他希望通过这种方法恢复具有独立性的、自由的有产阶层。那些暴发户称他为强盗,国家的敌人。于是街头发生了骚乱。一群市井无赖被雇佣来谋杀这位深得民心的护民官。提比略进入集会时,他受到了袭击,被活活打死。10 年之后,他的弟弟又尝试对国家进行改革,以抵制强大的特权阶层的过分要求。他通过了一项“济贫法”,以便帮助破产农民,但最终却导致了大部分罗马公民变为行乞者。

他在帝国的边远地区开辟了一处贫困者聚居地,但这里对正人君子没有什么吸引力。后来,作恶多端的盖约·格拉古被人谋杀了,他的追随者不是被杀就是被流放。这两位最早的改革家是贵族绅士,他们身后的又两位改革家却是另一类人——即职业军人。一位叫苏拉,另一位叫马略。他们都有大批的追随者。

苏拉是奴隶主们的领袖。马略作为一场伟大战役的胜利者，在阿尔卑斯山脚下歼灭了条顿人和辛布里人，因此他是被剥夺了基本人权的自由民所拥戴的英雄。

公元前 88 年，罗马元老院对从亚洲传来的谣言感到非常吃惊。据说黑海沿岸有个国家，国王名叫米特拉达特斯，他的母亲是希腊人。国王觉得可能会建立起第二个亚历山大帝国，于是就决定开始为征服全世界做准备——他屠杀了小亚细亚的罗马公民，无论是男人、女人还是小孩。以此作为他称霸世界战争的开始，这样的行动当然意味着战争。元老院武装了一支军队，向这个国家进军，以声讨他的罪行。但是谁最适合做三军统帅呢？"苏拉，因为他是执政官。"元老院说。但平民却说："应当是马略，因为他已连任五届的执政官了，而且是维护我们利益的战士。"

财富决定着法律。苏拉实际上拥有兵权，于是就率兵东进，击败了米特拉达特斯。马略则逃往非洲，并在那里等到苏拉渡海进军亚洲时，才趁机返回意大利，纠集了一帮对现状不满的乌合之众，向罗马进军，并同那些职业的拦路抢劫者一起进入罗马城市，整整五天五夜，他将元老院成员中的敌人全部杀死。自己便自立为执政官，但好景不长，两周后因过度兴奋而猝死。

接下来天下大乱了 4 年。苏拉击败了米特拉达斯特后宣布，他做好了回罗马复仇的准备。他言出必行，下令手下把那些赞成民主的同胞统统杀死。一天，他们抓住一位经常看到和马略在一起的年轻人，正准备要杀死他的时候，有人出面阻止了。"这个孩子太小了，不要杀他。"他说，于是他们放了他。这个人就是凯撒，我们会在下面谈到他。

凯撒西征

至于苏拉，理所当然地成为了“独裁官”，那意思就是说他成了罗马至高无上的统治者。他为政4年，在他生命的最后岁月里，不再进行疯狂的厮杀了，而是呆在自己的家里细心地伺弄几分菜地，安度晚年。

但是国内的情况并没有好转，反而越来越糟糕。这时苏拉的一位亲密朋友——格流斯·庞培将军率军东伐，再次征讨不断制造麻烦的米特拉达特斯。他将这个穷兵黩武的君主赶进深山，米特拉达特斯深知作为罗马俘虏将是什么样的命运，只好服毒自杀了。接下来，庞培在叙利亚重建罗马统治，毁灭了耶路撒冷，横扫了西亚，试图复兴亚历山大大帝的“神话”。

公元前62年，庞培返回罗马的时候，带回来了12艘战败国的大船，船上挤满了被俘虏的国王、王子和将军，他们将被强迫与凯旋队伍一起进城。这位受人拥护的罗马将军从别的国家掠夺来了将近4000万美元的财产。

罗马政府必须由一个铁腕人物来治理。但是就在几个月以前，这座城市差一点就落在了一个名叫卡特林的年轻贵族手中。他因赌博而一无所有，希望掠夺一点东西来弥补自己的损失。一位正义的律师西塞罗发现了他的阴谋并向元老院举报，卡特林只好逃跑。但是还有怀有同样野心的年轻人，这里就不再多费口舌了。

庞培组织了“三人帮”来处理政务，他成为这个特别的“三人帮”的领导。位居第二的是西班牙总督佳誉的盖约·裘利斯·凯撒。第三位是克拉苏，没有什么威望。他的当选是因为他富可敌国，是一个大发战争财的人。没过多久他便征伐安息人去了，并战死沙场。

凯撒是三人之中最有能力的。他认为他还需要加强自己的地位，以使自己成为大众心目中的英雄，但前提是要有赫赫战功才行。于是他翻过阿尔卑斯山，征服了现在属于法国的那一部分土地；然后他在莱茵河上建起了一座木桥，并占领了条顿人的土地；最后他乘船渡海攻打英格兰。如果他不是被迫返回意大利，鬼知道他的战斗会到什么时候结束。这时，他获悉庞培被立为终身独裁官。这意味着凯撒的名字将被列入“退休官”的行列。这当然令他不满意。他无法忘记他追随马略左右的岁月，于是他决心教训一下元老院及其“独裁官”。他马上率军渡过了将高卢与意大利分隔开来的鲁比康河，所到之处，他都作为“人民的朋友”受到热烈欢迎。凯撒不费吹灰之力就进入了罗马，庞培只好仓皇逃往希腊。凯撒一路追击，在法尔萨拉附近将其击败。没办法，庞培渡过地中海逃往埃及。不幸的是，他还没有站稳脚跟，就被埃及年轻的国王下令刺杀。几天之后，凯撒追到，却发现自己中了埋伏——埃及人和忠于庞培的罗马军队联合起来对他发起

进攻。

幸运之神十分青睐凯撒。他成功地用火烧毁了埃及的舰队，飞溅的火星居然也把亚历山大最著名的图书馆付之一炬！随后，他攻击埃及军队，把他们赶进尼罗河，淹死了托勒密。他在埃及建立了一个新政府，让已故国王的姐姐克娄佩特拉来担任首脑。正在这时，米特拉达特斯的儿子和其继承人法纳西斯卷土重来，已经率军来到边境。

凯撒立刻向北方进军，疯狂厮杀了五天后击败了法纳西斯。于是凯撒向罗马传去了他获胜的消息。这句著名的话是“veni, vidi, vici.”拉丁文的原意是“我来了，我看见了，我胜利了”。他返回埃及，并疯狂地爱上了克娄佩特拉。公元前46年，凯撒携她返回罗马执政。凯撒赢得了4次战役的胜利，同时也举行了4次大规模的凯旋仪式。

凯撒回到元老院，述说他的历险经历，感激不尽的元老院任命他为“独裁官”，任期为10年，但对凯撒来说，回到元老院就被了结了性命。

这位新的独裁者开始致力于罗马的国体改革。比如，他让自由民有机会成为元老院的成员；他让边远社区的居民拥有公民权——这在罗马的早期历史上曾经有过。

他允许“外国人”对政府提出建议；他对那些被部分贵族家族看是自己私有财产的边远省份进行了改革。总之，他维护了大多数人民的利益，但国内有权势的人却对他深恶痛绝。50位年轻的贵族策划了一个“拯救国家”的阴谋——他们在古罗马历3月15日这一天趁凯撒进入元老院的时候将他刺杀。就这样，罗马再一次失去了主宰。

罗马大帝国

曾有两个人试图继承凯撒的光荣传统，他们是安东尼和屋大维。前者是凯撒的秘书，后者是凯撒的外甥孙同时也是他的财产继承人。屋大维留在了罗马，而安东尼则前往埃及投入克娄佩特拉的怀抱，这好像成了罗马将军们的习惯了。

于是两个人之间爆发了一场战争。在亚克兴角战役中，屋大维击败了安东尼，迫使安东尼自杀，而克娄佩特拉只好与强敌作战。她试图利用美貌

来征服屋大维，但这位年轻高傲的贵族根本看不起她，克娄佩特拉只好自杀身亡。埃及于是成为罗马的一个省。

屋大维这个年轻人极为聪明，他没有再犯凯撒——即他舅公的错误，他知道说话不当也会引起惊恐。所以他回到罗马后显得十分谦逊。他说他不想当一名“独裁官”，只要有“可尊敬者”这一称号就感到完全满足了。几年之后，元老院赐给他“卓越者”这一称号，他也没有反对。过了若干年后，人们在大街上尊称他为凯撒，即皇帝；他的士兵则视屋大维为他们的总司令、首长或者是君主。总之，罗马共和国已经变成了帝国，但普通的罗马市民却没有认识到这一点。

公元 14 年，屋大维作为罗马人民的最高统治者的地位已经得到了空前的巩固，以至于他被当做了一个至今为止依然被人崇拜的偶象。至于他的继承者都成了真正的皇帝——一个世界上最伟大的帝国统治者。

说真的，一般市民开始对无政府状态和混乱的局势感到厌倦。他们不关心谁来统治，只希望这位新主人能够使他们安静地生活，听不见大街上的暴乱声就行了。屋大维对国民许诺有 40 年的和平生活，因为他对开拓疆界已经不再感兴趣了。

早在公元 9 年，他曾进行过一次针对条顿人的战争。但是他的将军瓦鲁斯和所有的士兵都在条顿堡树林里以身殉国，从此罗马人再也不去骚扰那些未开化的野蛮民族了。

他们集中力量进行国内重大问题的改革，但为时已晚，收效不大。两个世纪的革命和对外战争已经使这个国家缺乏优秀的男子汉了。战争毁灭了自由农阶层，农民缺乏竞争力，城市住满逃亡农民、乞丐和暴徒。战乱造成了一个庞大的官僚体制；工资过低的小吏通常会收受贿赂，为家人购买衣食。最糟的是，战争使人们习惯了暴力、流血，甚至对他人的灾难与痛苦无动于衷。

在这辉煌的表面之下，却生活着千百万个穷苦、疲惫的生命，他们像蚂蚁一样辛苦地劳作。他们卖命地给他人干活，却与田间的牲畜同吃同住，很多人因此在绝望中死去。

罗马建国 753 年的时候，盖约 · 裘利斯 · 屋大维 · 奥古斯都正在巴拉丁山的王宫里忙着处理国家大事的时候，叙利亚一个偏僻的小村里，木匠约瑟夫的妻子玛利亚正在照顾在马厩中诞生的儿子。

这是个神奇的世界。

此后不久，皇帝和在马厩中诞生的婴儿将在公开的较量中相遇。而这个在马厩中诞生的婴儿将迎来胜利的曙光。

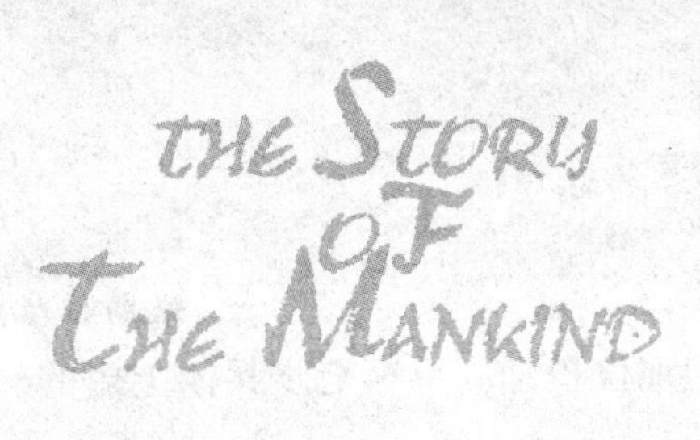

拿撒勒人约书亚

以下讲述被希腊人称做耶稣的拿撒勒人约书亚的故事

公元62年的秋天,一位罗马医生埃斯科拉庇俄斯·卡尔特拉斯曾经给他在叙利亚当兵的外甥写了一封信,信的全文如下:

亲爱的外甥:

几天之前,我被请去为一名叫保罗的病大看病。他是位犹太裔的罗马公民,彬彬有礼,受过良好的教育。有人告诉我,他来这里是和一件诉案有关,一件在我们凯撒利亚或东地中海东部某处的上诉案件。他被描述成为一个“野蛮的暴徒”,发表过反对人民、违背法律的演说。但我发觉他却十分的睿智,非常诚实可靠。

我过去在小亚细亚服兵役的时候有一个朋友,他告诉我说,他在任弗索时曾经听说过保罗在那里传教,讲的是一位从没有听说过的神明。我问我的病人,他是否宣传过要人们不要遵从我们国王的旨意。保罗回答说,他所讲的天国不属于这个世界,他还补充了很多我无法理解的奇谈怪论,这很可能是发烧时的梦话吧。

他的人格给我留下深刻的印象。我心里十分难过,听说几天前他在前往奥斯提亚的路上被杀害了。我因此写信给你。你下次去耶路撒冷的时候,希望你帮我打听一下我这位朋友的事情,以及那位做过他老师的神奇先知——犹太人。我们的奴隶们开始对于这位所谓的弥赛亚感到很激动,他们当中还有几个公开谈论这个被钉死在十字架上的人。我想了解有关

所有这些谣传的事实真相。

你忠诚的舅舅

埃斯科拉庇俄斯·卡尔特拉斯

6周之后，他那位担任高卢第七步兵团上尉的外甥回复了这样的一封信：

我亲爱的舅舅：

您的来信收到，我遵照你的指示去做了，现在就你的来信予以回复。

半个月前，我们部队被派往耶路撒冷。该城在上个世纪中历经沧桑，老城建筑物已经所剩无几。我们到此近一月，明日将前往佩德莱，几个阿拉伯部族在那里制造了些麻烦。我利用今晚来回答您的问题，但不可能很详细备致。

我和城中大多数老年人谈起过，但是几乎没有人能给我任何准确的情况。几天前一个小贩来到驻地，我买了些他的橄榄，就顺便问他是否听说过那位很年轻就被杀害的、著名的弥赛亚。他说他记忆犹新，因为他的父亲带他到了城外小山上，亲眼目睹了行刑的经过。他给了我一个弥赛亚的私人朋友即约瑟夫的地址，并告诉我如果想多了解更多的情况，最好去会会他。

今天早上我去拜访了约瑟夫，他是一位渔夫，已经垂垂老矣，但思路还相当清晰。从他的口中，我终于听到了在我出生以前的那个动荡年代里，有关于那件事的真实情况。

我们伟大的皇帝提比留，当时还在位谋政，而一位名叫本丢·彼拉多的官员则是犹太和撒马利亚的总督。约瑟夫对彼拉多不很了解，只知道他是一个诚实的总督，口碑不错。罗马历的783年或784年，彼拉多被派去耶路撒冷治理叛乱。据传，有位年轻人（拿撒勒一位木匠的儿子）正在策划一场反罗马政府的革命。奇怪的是，我们消息灵通的情报官员却对此事一无所知，他们调查了此事后，汇报说这个木匠是一个奉公守法的良民，没有丝毫理由去找他的麻烦。据约瑟夫讲，顽固的领导们非常不满

圣地

意，他们非常不喜欢看到他如此受到希伯来劳苦大众的拥戴。那个“拿撒勒人”曾公开宣称，一个试图过体面生活的希腊人、罗马人，或者是非利斯坦人，和一个皓首穷经研究摩西古老律法的犹太人同样是个善良的人。彼拉多似乎没有理睬这些争议，但圣殿周围的群众威胁说要绞死耶稣及其信徒时，彼拉多决定将其拘留起来避免被疯狂者所杀害。

彼拉多看起来并没有理解这场争议的真实性质。每当他要求犹太僧侣解释他们为什么不满时，他们都大叫着“叛逆”、“异端”，情绪相当激动。最后，约瑟夫告诉我说，彼拉多派人把约书亚即希腊人所称的耶稣押来，亲自审问。他和彼拉多询问了他在加勒利海滨布讲的“危险的学说”到底是怎么一回事，但是耶稣回答说他根本就没有谈起过政治。

彼拉多似乎非常熟悉斯多葛学派和其他希腊哲学家的理论，他并没有在耶稣的谈话中发现什么煽动性的东西。据我的朋友说，彼拉多再一次想办法去拯救这位仁慈先知的性命，因此他一直拖延着不给他定罪。此时，犹太教徒在教士的煽动下，怒不可遏，狂热已极。此前在耶路撒冷也曾经有过很多次骚乱，但通常只要少数的罗马士兵就可以平息叛乱。撒利亚的罗马当局已收到举报，指控彼拉多被拿撒勒人的教义欺骗了。全城四处都在散发着请愿书，要求将彼拉多召回，因为他是皇帝的仇敌。你知道我国是严禁总督与外国人发生冲突的。为了将国家从内战的危险中挽救出来，彼拉多最终不得不放弃拯救他的犯人，后者的人格非常伟大，他宽恕了所有那些憎恨他的人们。就这样，他在耶路撒冷暴民的狂呼和嘲笑声中被钉死在十字架上。

约瑟夫泪流满面地告诉我这件事。我在离开他的时候给了他一枚金币，但他拒不接受，并要求我将它送给一个比他更穷的人。我还向他询问了关于你的朋友保罗的事，他对他了解得不多。他好像是一个帐篷制造商，他为了传道放弃了自己的生意。他宣传的是一位可爱而仁慈的上帝，与犹太教士一直向我们讲述的耶和华完全不同的上帝。至此以后，保罗往来于小亚细亚和希腊，向奴隶们讲述，他们皆是可爱天父的儿女。不论贫富，凡是实实在在过生活的人，凡是帮助那些贫苦受难之人的人，幸福将与之同在。

我想我已经非常圆满地回答了你的问题。在我看来，整个故事对于国家的安全来讲丝毫构不成威胁。可是你要知道，我们罗马人从来就没能理解这个省的人民。我十分遗憾他们杀了您的朋友保罗，我真希望现在就能闭门思过。

永远孝顺您的外甥

格拉迪斯·伊萨

第26章 罗马帝国的衰败

日薄西山的罗马帝国

公元476年,罗马的最后一位皇帝被赶下王座。因此古代史的教科书把这一年作为罗马帝国灭亡之年。正如罗马的建立并不是一朝一夕的事,罗马的灭亡也经历了很长的时间。由于这个过程是缓慢而渐进的,以至于大多数罗马人没有意识到他们的国家已经日薄西山。他们抱怨时代的动荡,同时食物价格的飞涨和劳动者的低收入让他们牢骚不断,不但咒骂奸商垄断谷物、羊毛和金币,而且有时也起来反抗贪婪的总督。但在纪元开始的四百多年里,大多数居民大吃大喝,敢爱敢恨,经常光顾剧院去观看免费的格斗表演;但也有人饿死在贫民窟里,没有人理睬。总之,此时的罗马公民全然不理会他们的国家已经像朽木一样不可救药,并且注定要走向灭亡。

他们如何才能意识到逼近的危险呢?罗马在表面上看来依然非常的繁荣。宽阔平整的道路连接着各个省市,警察们尽忠职守,对拦路抢劫者丝毫不予以宽恕。重兵把守的边防线足以抵御欧洲其他地区的野蛮民族的侵略。全世界都要向强大的罗马帝国进贡,许多有能力的人正在勤奋地工作,以消除以前的弊端,希望重现共和国早期的幸福时光。但是,导致帝国没落的根本原因无法消除,因而改革不可能实现。在前一章中我已讲过这一点。

罗马从头到尾始终是一个城邦,就像雅典和科林斯曾经是古希腊的城邦一样。它能够统治意大利半岛,但罗马不可能统治整个世界,即使能也不可能长久。年轻人在连年的征战中死去,农田也因兵荒马乱而荒芜。农民不是沦落为职业的乞丐就是向富有的地主出卖劳力,以换取食宿,并使自己成为“农奴”——那些既不是奴隶也不是自由民的人。他们仅仅像牛和树木一样,成为这片土地上的一部分。

帝国的利益至高无上,普通市民的价值则轻于鸿毛。至于奴隶,他们听信了保罗的布道,接受了卑贱的拿撒勒木匠所传的福音;他们不反抗他们的主人,相反,他们被调教为温顺而服从命令的人。他们也因此丧失了对这个悲惨尘世的所有兴趣。他们情愿去进行可以使他们进入美好天国的战斗,也不愿意为了一个追求荣耀的、有野心的皇帝侵略安息人、努米底亚人和苏格兰人而卷入战争。

国力随着岁月的流逝而日益衰微。最初的皇帝还承袭着过去的传统,让部落头领管理好自己的族人。但此后的皇帝皆是行伍出身,身为职业军人,他们必须依赖贴身卫队的效忠才能生存。他们走马灯似地互相取代,一人上台后,马上就被另一富有的人所取代。这个富有的人因谋杀而入宫,最终又被另一个谋杀扔出宫墙。

而正在这时,野蛮的部族频频地侵犯北方的边境。由于在罗马已没有本国兵士来阻止侵略,所以只好雇佣外国军队。外国士兵发现其敌人和自己是同胞,在战斗中他们便起了怜悯之心。最终,一些部落被允许在帝国的疆域内安营扎寨。这样一来,其他部落也纷纷效法。很快,这些部落抱怨

罗马的城市被蛮族入侵之后

罗马

罗马的税吏贪得无厌,当他们得不到任何好处时,便向罗马进军,大声要求政府倾听他们的呼声。

这使罗马作为帝国之都变得很艰难。君士坦丁大帝(323—337 年在位)便准备另选一个新的城市作为首都。他看中了位于欧亚商业门户的拜占庭,并重新命名为君士坦丁堡,首都于是东迁。君士坦丁死后,他的两个儿子为了更为有效地施政管理,把帝国一分为二。弟弟住在君士坦丁堡,成为东部的主人。哥哥住在罗马,管辖西部。

公元 4 世纪,神秘的亚洲匈奴族骑兵来犯。他们占领了欧洲的北部,以杀人为职业达两个多世纪,直到公元 451 年,他们被击败于法兰西的马恩河畔的沙隆附近。匈奴人一到达多瑙河便开始紧逼哥特人,哥特人为了自救不得不攻入罗马。瓦伦斯皇帝试图阻止他们,却在公元 378 年命丧阿德里安堡战场。22 年之后,这些西哥特人在他们的国王阿拉里克的率领下西进罗马。他们没有进行掠夺,只破坏了一些宫殿。随后,汪达尔人来犯,他们无视罗马城悠久的历史;然后是勃艮第人、东哥特人,然后是阿勒曼尼人,然后是法兰克人等没完没了的侵略。罗马的命脉最终掌握在那些野心勃勃的强盗手中。

公元 402 年,罗马皇帝逃往设防坚固的海港城市拉韦纳,奥多亚克是日尔曼雇佣军的一个司令官,他企图把意大利的农田分给自己的部下。公元 475 年,他把西部罗马的最后一个皇帝罗慕路斯·奥古斯都洛斯从他的王位上赶了下来,他宣布自己为行政长官,即罗马的最高统治者。东边的罗马皇帝自顾不暇,只好承认了他,所以奥多亚克统治西部地区长达 10 年之久。

几年后,东哥特国王西奥多里克侵略了这个刚建立不久的贵族国,攻下了拉韦纳,将奥多亚克杀死在他的餐桌边,并在帝国西部的废墟上建立起了哥特王国。这个国家并没持续多久,它在公元 6 世纪的时候,被一支由伦巴第人、撒克逊人、斯拉夫人和阿瓦人等组成的杂牌军队所推翻,并建立起一个新国家,定都帕维亚。

于是,帝国的首都陷入了混乱和绝望的境地。古老的宫殿频频遭到掠夺,战火烧毁了学校,教师们被饿死。富人们被赶出自己的别墅,臭烘烘、毛茸茸的野蛮人霸占了他们的豪宅。道路和古老的桥梁全都被捣毁了,商业一片萧条。古埃及人、古巴比伦人、古希腊人和古罗马人数千年来所创造的人类文明——那个把人类推向梦想高度的文明从此在西方的大陆上永远地消失了。

在远东,君士坦丁堡这个帝国延续了将近 1000 年。但君士坦丁堡几

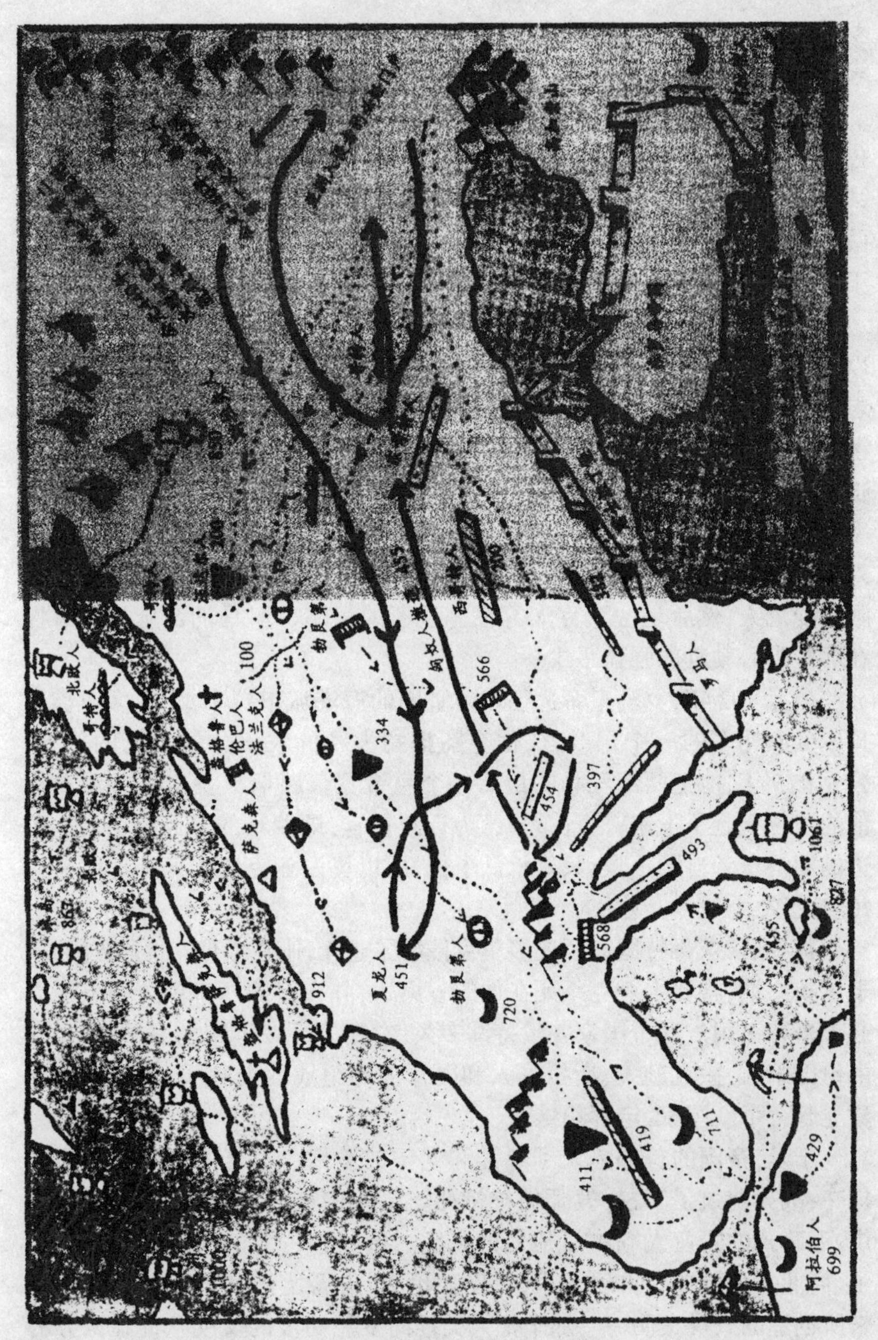

北欧人
萨克森人
勃艮第人
西哥特人
566
334
454
397
493
568
451
720
912
411
419
711
429
阿拉伯人
699

蛮族的入侵

乎不能算作是欧洲大陆的一部分。它感兴趣的是东方,并且已经开始忘记自己是源自于西方的。希腊语渐渐地取代了罗马语,罗马字母也被废除了,罗马的法律也改用希腊语来书写,并由希腊的法官进行司法解释。皇帝也变成亚洲的专制君主,像3000年以前在尼罗河谷受到上帝般膜拜的底比斯国王一样,受到人民的崇拜。当拜占庭教会的传教士为了寻找新的传教天地时,把拜占庭文明带进了幅员辽阔的俄罗斯。

而此时的西方已落入了野蛮人的手中。在几百年的时间里,谋杀、战争、纵火和掠夺成为社会的准则。这时只有一个新生事物能把欧洲人从彻底的毁灭中拯救了出来,把他们从野蛮的时代引向了文明时代。

这个新生的事物就是教会。所谓的教会,就是在以往的许多世纪里承认自己是耶稣的信徒的那一群卑微的男女,这位拿撒勒木匠之所以被钉在十字架上,是因为罗马帝国想避免一场骚乱而造成的。

崛起的教会

罗马是如何成为世界基督教中心的

在罗马帝国统治之下的普通知识分子,对他们先辈信奉的诸神并不感兴趣。他们在一年之中难得进几次庙,为了尊重世俗,不得不耐着性子参加那些严肃的宗教节日。但是他们把对朱庇特、密涅瓦、尼普顿的崇拜看做颇为可笑的东西,是共和国创建初期的一种拙劣的残存物。对于一个精通斯多葛学派、伊壁鸠鲁学派和其他伟大的雅典哲学家理论的人来说,这根本不值得去关注。

这种态度使得罗马人变得很宽容,政府坚持要求所有人,不论是罗马人、希腊人、巴比伦人、犹太人还是其他的外国人,都应对庙中竖立的皇帝像致以敬意,这些相片就像今日到处悬挂的美国总统像一样。但这些只是一种形式,没有任何更深的意义。一般说来,任何一个人都可以根据自己的爱好敬拜任何神。结果导致了罗马到处都是崇拜埃及、非洲和亚洲诸神的小庙和犹太教堂。

当第一批耶稣的信徒们到达罗马并开始传播他们的新教义时,没有人反对。这种教义主张普天之下的人都是兄弟姐妹,都是平等的。街上的行人被深深地吸引了,不禁停下脚步来聆听。从此有"世界之都"之称的罗马,大街上全是周游四方的传教士,他们在各自宣讲自己的教义。大多数自封的传教士过于感性了,以至于向追随他们的教徒承诺有绝对的好处和无穷的欢乐。很快,街上的人群注意到所谓的"基督"的追随者,却在宣讲着一种不同的论调。他们看上去无意追求财富和高贵的地位,反而将贫穷、谦卑和恭顺当作美德来颂扬。事实上,罗马成为世界霸主靠的并不是这些品德。那些生活在盛世的人们听到这种教义感觉到很有意思,因为教义说,世俗性的成功并不能给人们带来永久的幸福和快乐。

此外,基督教的传教士们还大讲特讲到,你如果拒绝听从真神安排将面临可怕的厄运,甚至你想碰碰运气也不行。当然,古罗马的诸神依然存在至今,但他们是否有足够的能力与来自遥远亚洲的新神相抗衡呢?心存疑问的人们认真地在聆听传道士对新教义的进一步解说。不大一会儿,他们发觉这些宣扬耶稣精神的男女传教士,和罗马的普通教士有着本质的差别。他们身无分文对奴隶和动物很友好,不会见钱眼开,反而会尽其所能帮助别人。他们毫不自私的生活榜样令许多罗马人放弃了以往的信仰,转而加入了基督教,经常在私人的密室中或是在露天的野外聚会,而不再去教堂了。

过了一年又一年,基督徒的人数在不断地增多。长老或神甫被选举出来护卫小教堂的利益,主教则担任一个省中所有社团的首脑。彼得是继保罗之后来到罗马的第一位主教,后来,他的后继者们便称之为教皇。

后来的教会发展成为罗马帝国内一个权势很大的机构。基督教的教义不但对陷入绝境的人富有感染力,而且对那些有能力但没办法在政府中谋职的人,同样具有吸引力,因为他们如果对拿撒勒教主必恭必敬的话,将会获得施展领导才能的机会。终于,政府不得不加以关注了。此前的罗马帝国对此并不加理睬,表现得相当宽容。它允许每一个人根据自己的方式去寻求拯救灵魂的途径,但要求各教各派和平共处,并遵从"我存在也允许你存在"的原则。

过后不久,基督教会拒绝任何形式的宽容。

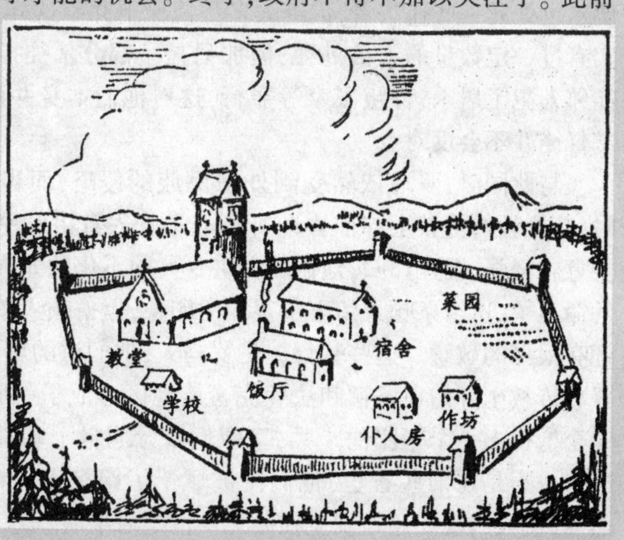

修道院

哥特人来了

他们公开声称:他们的上帝,而且只有他们的上帝,才是天地间的真正主宰,所有其他的神都是骗人的。这种说法对其他派别显然有失公道,因此警察对这种言行进行了劝阻,但基督徒们却冥顽不化。问题很快就出现了。基督徒拒绝向皇帝表示敬意,拒绝应征入伍。罗马的地方长官威胁说要惩罚他们,但他们没有丝毫畏惧,反而回答说,这个痛苦的世界仅是通向极乐天堂的前站而已,他们宁愿以身殉道。对此大惑不解的罗马人偶尔也处死一些违法者,但绝大多数情况下并不这样。在教会的初期,确实有过一定数量的人被处死,但那只是一部分暴徒指控他们温顺的基督徒邻人犯了屠杀、背叛国家等罪行,这对他们本身并没有什么害处,因此基督徒并不会反对。

与此同时,罗马依然受到外来民族的侵略,而当他的军队溃不成军时,基督教的传教士却前去向野蛮的条顿人宣讲和平的福音。这些传教士意志坚强、视死如归,他们的宣讲令冥顽不化的罪人开始担心自己未来的命运了,这给条顿人留下了很深的印象,但条顿人依然对古罗马的先哲怀有很深的敬意。这些基督徒是罗马人,他们讲的可能是真理。很快,基督教传教士开始在条顿和法兰克蛮族地区形成了一股势力。6 个传教士完全抵得上一个军团的士兵,皇帝们开始明白了基督徒完全可以被利用起来。于是在某些省里,他们便被赋予了跟忠于旧神的人一样的权力。然而,重大的改变还是发生在公元 4 世纪后半期。

这时的皇帝是君士坦丁,也有人称为君士坦了大帝(我并不知道这种称呼是怎么来的)。这个皇帝是一个十足的恶棍,在那个残酷的战争年代,善良的人们是无法生存下去的。在君士坦丁漫长的生涯中,他经历了很多次的兴衰。有一次他几乎被敌人击败,他想试一试被传得神乎其神的、这个亚洲新神的力量。于是他许诺说,如果自己在即将到来的战斗中获胜,他就归顺基督教。神奇的是,他居然赢得了胜利,于是他不得不相信基督教上帝的威力,并使自己接受了洗礼。

从那以后,基督教得到官方承认,大大加强了这个新宗教的地位。但是,在所有的人民中,基督徒只约占总人数的百分之五六。为了获得民心,他们不得不拒绝一切的妥协而把旧神摧毁。在一小段的时间里,热爱希腊文化的朱利安皇帝设法挽救异教神祇,以免遭到进一步的破坏。后来朱利安在波斯的一场战争中战死,而他的继承人约维安重建起了教会全部的荣耀,把古老神庙的大门一个接着一个地关闭了。查士丁尼皇帝继位后(他在君士坦丁堡建造了圣索菲亚大教堂),把柏拉图创立的雅典哲学院解散了。

那个可以自由地思想、随时拥有自己梦想的古希腊时代终于结束了。当以往的真理法则被野蛮和无知的洪水冲刷之后,闪烁其词的哲学家就像一架不合格的罗盘,根本不可能指引人们的生活航向。人们需要某些积极的、非常明确的东西,而这些东西恰恰是教会所能提供的。

在那个动荡不安的年代里,教会像岩石一样强硬,坚守住了真理的阵地。这种坚定不移的勇气令大众十分敬仰,罗马教会因此安全地度过了难关,避免了跟随罗马帝国一同毁灭。

不过,基督教获得最后的胜利存在一定的侥幸因素。公元 5 世纪,西奥多里克的罗马哥特王国灭亡之后,意大利总算喘了一口气,不再受到外来侵略了。继哥特人而来的伦巴第人、撒克逊人和斯拉夫人等都比较软弱、落后。在这种形势下,罗马的主教们便能够维护罗马城的独立。很快,整个半岛上的帝国遗老只好承认罗马大公(即主教)是他们政治上和精神上的统治者。

历史的舞台为一位强人的出场拉开了帷幕。公元 590 年,出现了一个强人,他名叫格利高里,出身于古罗马的统治阶级,曾任古罗马城邦的“行政长官”,并做过僧侣和主教。最后,他很不情愿地被拉到了圣彼得大教堂,被任命为教皇(他原来只是想做一名传教士,以便向英格兰的异教徒讲授基督教)。他的统治维系了 14 年,但到他去世的时候,西欧的基督教界已正式承认了罗马的大主教,即教皇为整个教会的首脑。

然而,教皇势力并没有伸展到东方。在君士坦丁堡,皇帝继续循守旧

例，承认提比留和奥古斯都的继承者既是政府首脑，又是国教大祭祀。

1453年，东罗马帝国被土耳其征服，君士坦丁堡陷落，罗马的最后一位皇帝——帕利奥洛格在圣索菲亚大教堂的台阶上被处死。

此前的几年，他的侄女佐伊嫁给了俄罗斯的伊凡三世。这样，莫斯科的大公成了君士坦丁堡的继承人。于是，旧拜占庭的双鹰（东西罗马时代的纪念物）成了现代俄国的国徽。原来是俄罗斯最高贵的沙皇，现在摆起了一副罗马皇帝那高傲的模样。仿佛在沙皇面前，所有的臣民不论地位高低，都是无足轻重的奴隶。

沙皇的王宫参照东罗马帝国从亚洲和埃及引进的东方式样重新修建，建成以后他们就自吹说跟亚历山大大帝的王宫没有什么区别。垂死的拜占庭帝国所遗留下的奇特逻辑，居然会以强大的生命力在俄罗斯辽阔的平原上存在了六百多年。最后一位头戴君士坦丁堡双鹰皇冠的人是沙皇尼古拉，据说他被谋杀以后，尸体被扔进了水井，他的子女全部被杀害，以往的一切特权均被废除，教会的地位也降低到君士坦丁大帝之前的状态。

第28章

查理大帝

国王查理曼是法兰克人,他加冕为皇帝后试图重温世界帝国的美梦。

罗马国家消亡后社会极端混乱,内部敌人依然存在。诚然,北欧最近皈依基督教的信徒们对显赫的罗马教皇依然怀有深深的敬意。但是这位可怜的主教在登高远眺时却丝毫没有感到有任何的安全感。天知道哪个新崛起的部落又准备翻越阿尔卑斯山,开始对罗马进行新的进攻。这位世界精神的领袖非常有必要去寻找一位身配利剑、手握铁拳、在危险时愿意保卫教皇的神圣同盟者。

于是,这位神圣、实际的教皇开始到处寻找起朋友来了。他不久便向最有希望成为朋友的日耳曼部落提出了建议,这个部落在罗马覆灭之后一直占据着欧洲西北部,他们是法兰克人,最早的国王墨洛温曾于公元451年在加泰罗尼亚战役中帮助罗马人战胜匈奴人。他的后裔墨洛温不断地蚕食罗马帝国的领土,直至公元486年,国王"路易"认为自己强大到足以和罗马人抗衡了,但他的后代都是些懦弱无能的人,把国家事务交给他们的首相,即"朝廷大管家"。

矮子丕平是著名的查理·马特之子,继其父之后为首相,但他根本不知怎样处理这种情况,而国君则是位虔敬的神学家,对政治毫无兴趣。丕平向教皇请教,教皇是个实在人,回答道:"国家权力应当属于实际拥有它的人。"丕平心领神会。他力劝希尔德里克这位墨洛温王朝的最后一位国王出家,并在其他日耳曼首领的拥戴之下自封为国王,但他并没有满足于当一个部落的首领。于是,他费尽心思策划了一个加冕典礼,让欧洲西北

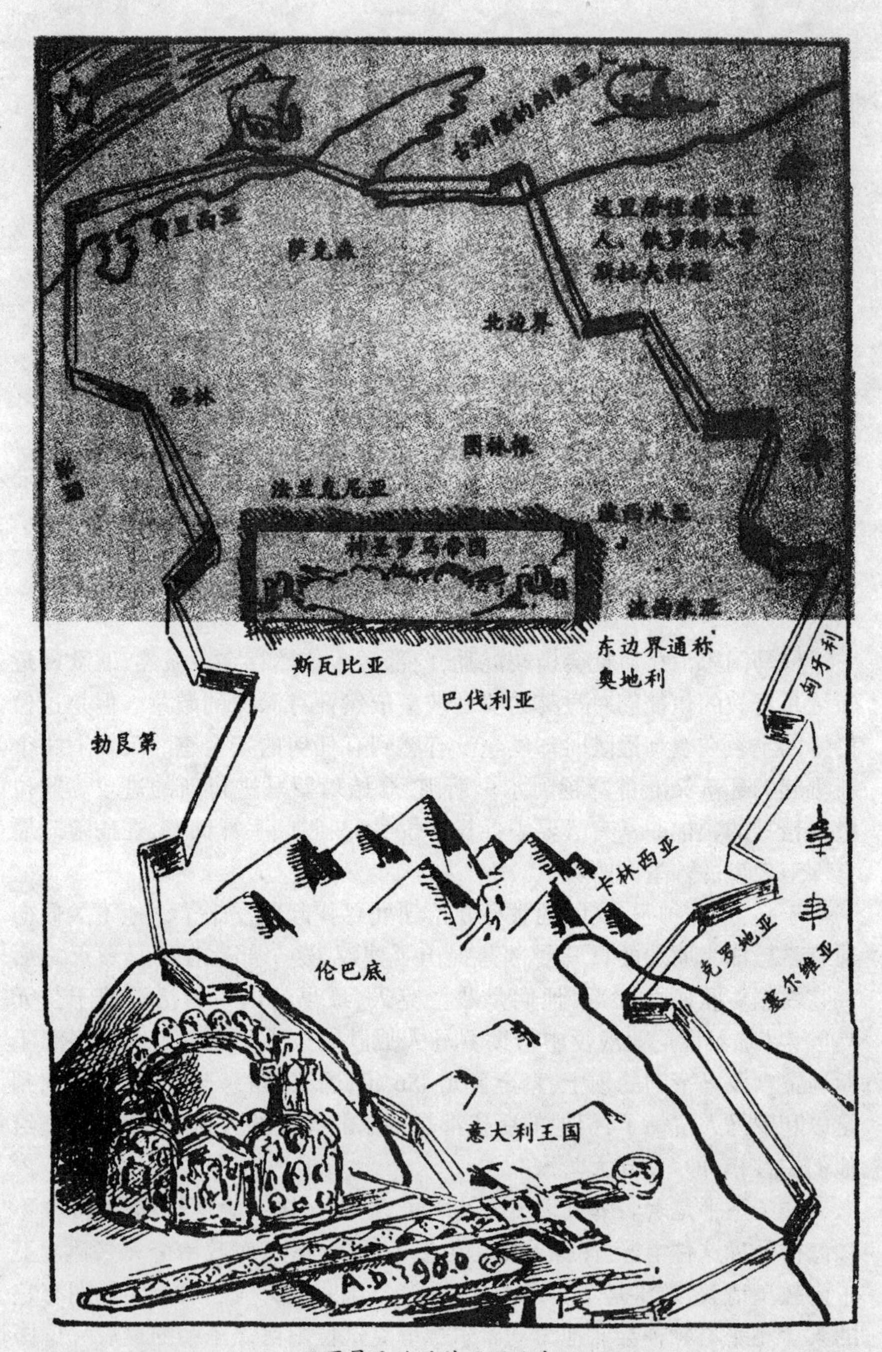

日耳曼民族的神圣罗马帝国

部的伟大传教士卜尼法斯为其涂脂抹粉，封他为“上帝恩赐的国王”。“上帝的恩赐”这几个词溜进加冕典礼是件轻而易举的事，然而要把它们再次赶出去却花了将近1500年的时间。

丕平对于教会的好意心存感激。为了保卫教皇，打击敌人，他曾两次远征意大利。他把从伦巴第人手中夺回的几个城市献给了教皇，教皇把这些城市并入了教皇的管辖地——直到半个世纪之前，它一直是个独立的国家。

丕平死后，罗马同艾克斯拉沙佩斯、尼姆威根或英格海姆之间的关系变得越来越亲密（法兰克国王没有一个正式的行宫，而是同所有的官员从一地迁往另一个地方）。最后，教皇与法兰克国王联合行动，这对欧洲的历史产生了深远影响。

查理，通常称为卡罗来斯·马格努斯或查理曼（查理大帝），于公元768年继承了丕平的王位。他征服了德意志东部的撒克逊人，并在北欧洲大部分地区建立起了城镇和修道院。应阿卜杜勒·拉赫曼某些敌人的请求，他侵入了西班牙攻击摩尔人。但是在比利斯山，他被野蛮的芭思克人袭击，被迫撤退。在这关键时刻，步列塔泥伟大的罗兰早些时候曾经宣誓过要效忠国王，为了保护国家军队的撤退献出了自己宝贵生命的同时，也献出了部下的生命。正是在这一危急的时刻，才显现出他作为一位法兰克首领“有诺必行”的伟大人格。

在公元8世纪的最后10年里，查理不得不集中全部的精力投身在南部地区的事务上。利奥三世教皇在罗马被一帮暴徒袭击，并抛尸大街之上。但他并没有死亡，一些好心的人就救起了他，替他包扎好伤口，并帮他逃到查理曼的军营寻求庇护。一支法兰克的部队摆平了这件事，并将利奥三世送回了教皇在拉特兰宫的家。这些事发生在799年的冬天，次年的圣诞节，滞留在罗马的查理曼在圣彼得大教堂做礼拜。当他祈祷完站起来的时候，教皇把一顶王冠戴在了他的头上，尊称他为罗马皇帝，并启用了几百年来从未听说过的“奥古斯都”这一尊称。

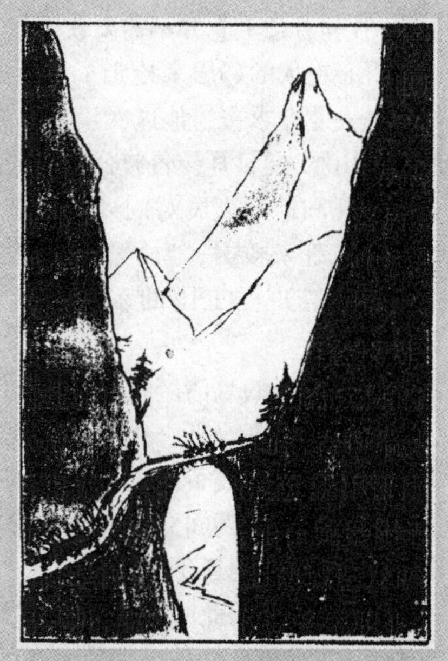

山口

北部欧洲又一次成为了罗马帝国的一部分。但占据这一尊位的人却是一位大字不识的日耳曼首领，然而他能征善战，没过多久，把国内治理得井然有序，最后连君士坦丁堡的对手——威严的皇帝也跟他称兄道弟。

不幸的是，这位杰出的老人在公元814年逝世。他的儿孙们为了争夺帝国的巨额遗产手足相残，互相开战。加罗林王朝的国土依据843年的《凡尔登条约》和870年的《默兹河上梅尔森条约》，曾经被瓜分过两次。后一条约把整个法兰克王国一分为二，勇敢的查理获得了西半部，它包括人民的语言被彻底罗马化了的旧省高卢。法兰克人很快掌握了这种语言，这也就是法兰西作为纯粹的日耳曼人为什么会讲拉丁语的原因所在。

另外一个孙子成为了东部的主人，即罗马人称为日耳曼尼亚的那片土地。这些荒凉的地区从来不属于旧罗马帝国，奥古斯都试图征服这块"远东"之地，但他的军队于公元9年在条顿山林被歼灭。因此，当地居民从未受到高度的罗马文明之影响，所用的语言依然是通俗的日耳曼语。

"人民"一词在条顿语中是"thiot"。基督教传教士因此称日耳曼语为"lingua teutiseea"或"lingua teutisea"，即"大众方言"，后来把"teutisa"一词改成"Deutsh"，这就是"Deutschland"（德意志）这一名称的来历。

至于那个有名的帝国皇冠，不久之后就从加罗林王朝的继承者头上滑落，回到了意大利平原。在那里，皇冠变成了小权贵的玩物，他们互相争夺王冠，胜利者戴上它并不需要获得教皇的许可。最后，这个皇冠很可能就被某个野心更大的邻居来抢走了。教皇又一次遭受敌人的围攻，痛苦不已只好派人去北方求援。他这次没有求助于西法兰克王国，而是派信徒越过阿尔卑斯山脉，向日耳曼各族公认的最高首领——撒克逊亲王奥托求救。

奥托和他的人民对同处在湛蓝天空下的意大利人民颇有好感，便急忙派军队赶来救援。为了报答奥托的帮助，教皇利奥八世为奥托加冕"皇帝"，从此查理曼王国的东部便以"日耳曼民族的神圣罗马帝国"而闻名了。

这一奇怪的政治产物，在历经了839年的风风雨雨后终于寿终正寝。公元1801年（托马斯·杰斐逊当政时代），它才被无情地扫进了历史的垃圾堆。毁灭日耳曼帝国的家伙是科西嘉岛一位公证员的儿子，他曾在法兰西共和国服役期间立下了显赫战功。他在警卫军团的拥戴下成为了欧洲的统治者，但他还不满足于现状。他派人去把罗马的教皇请来，教皇来了却站在一旁，而此时此刻，拿破仑将军却亲自把帝国的皇冠戴在了自己的头上，并宣布自己是查理曼大帝的当然继承人。世事沧桑多变，却逃不脱历史的轮回。

THE STORY OF THE MANKIND

古代斯堪的纳维亚人

10世纪的人们为什么在祈求上帝保佑他们不受纳维亚人疯狂的蹂躏？

公元3世纪到4世纪之间，中欧的日耳曼部族突破了罗马帝国的防御，随后抢劫了罗马城，并在这片肥沃的土地之上休养生息。公元8世纪，轮到日耳曼人被抢劫了。他们对敌人恨之入骨，即使他们的敌人是自己的堂兄弟——居住在丹麦、瑞典和挪威的纳维亚人。

我们无从知晓这些吃苦耐劳的水手为什么会成为海盗。也许是他们发现了海盗的生涯会带给他们好处和乐趣后，也就不愿再回头了，人们也无法劝阻他们。他们经常会突然袭击坐落在河口旁平静的村庄(通常居住的是法兰克人或弗里西亚人)。他们杀死所有男人，劫走所有女人，然后迅速逃窜。当国王的士兵赶往现场时，强盗们早已无影无踪。村里除了几根木头还在冒着青烟外，已经一无所有了。

北欧人的故乡

在查理曼死后的混

北欧人前往俄罗斯

北欧人眺望海峡

格陵兰
冰岛
公元980年
公元1000年
公元850年
羊岛
设德兰群岛
爱尔兰
伦敦
英格兰
诺曼底
这是美洲沿海，是在
11世纪第一次被看到的

北欧人的世界

乱时代里，北欧的海盗十分猖獗。他们的舰队经常突袭沿海的国家，他们的水手在荷兰、法兰西、英格兰、德意志的海岸边建立了大大小小的独立王国，甚至设法进入意大利。北欧的海盗比较聪明，他们能够很快学会了被打劫对象的语言，摒弃了早期海盗个性突出、不讲卫生、生性极端残忍的不文明生活方式。

10世纪早期，有位叫罗洛的维京人，一次又一次地袭击法兰西海岸。软弱无能、无力抵抗这些北方强盗的法兰西国王，试图通过贿赂使他们的表现变得好一些，于是把诺曼底省拱手送给海盗，条件是要他们保证停止骚扰他的其他领土。

罗洛接受了这笔交易，摇身变成了"诺曼底大公"。但是，他子孙的血液里依然含有强烈的征服欲望。在海峡对岸，在距离欧洲大陆仅几个小时路程的地方，他们能看到英格兰银灰色的悬崖和翠绿的田野。可怜的英格兰不知还要经历多少的艰难岁月，在漫长的两百年里，它曾经是罗马的殖民地。罗马人走后，它又被来自石勒苏益格的两个日耳曼部落——撒克逊和盎格鲁人所征服。随后，丹麦人占领了大部分的领土，建立起了克努特王国。丹麦人被赶走之后，另一位撒克逊国王，即忏悔者爱德华在公元11世纪早期登上了宝座。但爱德华短命，没有留下子女。这种状况对野心勃勃的诺曼底大公十分有利。

公元1066年，爱德华去世。诺曼底大公威廉立即横渡海峡，在黑斯廷斯战役中击败并杀死了刚继承王位的韦塞克斯的哈洛德，自立为英格兰国王。

在其他的章节中我已讲过，公元800年时，一位日耳曼部族首领当上了罗马帝国的皇帝。现在，公元1066年的时候，一位北欧海盗的孙子居然成为英格兰的国王。

历史上的真实事件其实比神话还有趣，还能够令人开心，那么我们为什么还要去读一些神话故事呢？

第30章

封建制度

三面受敌的中欧变成了一个战场,如果没有那些职业士兵和封建制度的行政官员,欧洲早已消亡了。

下面我要讲的便是公元1000年时欧洲的基本状况。当时绝大多数的人民都生活在水深火热之中,痛苦不已,以至于相信某种世界末日即将到来的预言。他们争先恐后地涌进修道院,以便在末日审判到来的时候被发现正在忙于虔诚的祷告。

在一个无法考证的年代,日耳曼诸部落离开了他们在亚洲的老家,向西迁徙进入欧洲。他们凭借着人多势众,强行闯入了罗马帝国,并且很快就摧毁了伟大的西罗马帝国。而东罗马帝国由于不在大迁徙的范围之内而幸免于难,但是它同时也没有能力发扬罗马引以为荣的传统。

在接下来的动乱日子里(公元6、7世纪是历史上非常黑暗的年代),日耳曼各个部落被劝说后成为了基督教徒,并承认罗马的主教为教皇,即基督教世界的精神领袖。公元9世纪,查理曼大帝以卓绝的组织天才重振了罗马帝国昔日的雄风,并统一了西欧洲的大部分土地,建立起了两个国家。到了公元10世纪的时候,这个帝国不再存在了。西部变成了一个独立的国家,即法兰西,而东部依然是日耳曼民族的罗马帝国。而这个联邦的所有加盟国的统治者,都假装成是凯撒和奥古斯都的直系后裔。

不幸的是,法兰西的每一个国王的威望有限,无法影响王宫以外的地区,德国强大的各路诸侯公然与神圣的罗马皇帝分庭抗礼,我行我素了。

北欧人来了

西欧的三角地带经常会陷入三面受敌的窘境，这无疑就加深了广大民众的痛苦；南方住着随时会带来危险的伊斯兰教徒，西部海岸不断地被北欧人蹂躏；毫无防卫能力的东部边境除了喀尔巴阡山脉之外，就任由匈奴人、斯拉夫人、匈牙利人和鞑靼人的摆布。

太平盛世的罗马时代已经一去不复返了，过去的美好时光只能在梦中重温。如今面临的问题是"不战即死"，自然地，人们只能选择战斗。被环境所迫，弥漫着火药味的欧洲这时候需要一个卓越的领导人，但是无论国王还是贵族都躲得远远的。公元 1000 年的时候，这些边远山区的人民就只能依靠自己，他们愿意成为国王的代表而被派到边陲地区去进行管理，前提是他们不受到敌人的侵犯就行了。

很快，中欧便诞生了很多的小公国，每一个都从实际情况出发由一个公爵、伯爵、男爵或主教进行管辖，同时也成立了一支支战斗部队。这些公爵、伯爵或男爵都宣誓效忠授予了他们"采邑"的国王（"采邑－feudum"，即封建一词的由来），采邑作为他们效忠以及向国王纳税的交换条件。但在那个时代，交通工具极为落后，旅行非常的缓慢。因而这些小公国的管理者们享受着很大程度的独立，而且在他们自己的疆界内获得了绝大多数原本属于国王的权力。

如果你们猜想 11 世纪的人们会反对这种行政体制，那你们就错了。他们支持封建制度是因为它是切合实际的、能够推行且十分必要的体制。他们的主人通常居住在陡峭的巨岩顶端或深壕之间的大石头房里，但属民们可以看得见。一旦遇到危险，属民们便跑到堡垒的高墙内躲藏起来。这就是为什么他们要想办法住在城堡附近的原因，同时这也说明了许多欧洲的城市都是围绕着一座封建城堡发展起来的原因。

中世纪早期的骑士不仅仅是一个职业军人，而且还兼任行政官员、法官和警察局长。他们会把拦路抢劫的强盗逮起来，以保护做小买卖的小商贩；他们保护大河的堤坝，以保证乡村不会被洪水淹没（这一点很像 4000

年前尼罗河畔的贵族所做的一切）。他们为那些云游四方的诗人讲述古代伟大的英雄传奇故事。此外，他们还守卫着自己领地内的教堂和修道院，尽管他们是个文盲（在当时的崇武时代，有文化的人会被认为缺乏男子汉大气概），但他雇佣了若干位神甫给他记账，记录发生领地内的婚丧嫁娶、生老病死等各种他们认为是很重要的事件。

过了几百年后，国王们再一次变得强大起来，足以行使那些所谓上帝赋予的特权了。于是，封建骑士失去了他们原先的特权，被迫降至乡绅的地位，因为他们已经不再符合时代的需要，并且很快就被时代所抛弃。但是，假如那个动荡的时代没有“封建体制”的话，欧洲早已不存在了。那时有许多无耻的骑士，就像今天有许多坏人一样。但总的说来，12、13世纪时的铁腕男爵总是在勤奋地工作，并且为了事业的进步付出了自己最大的努力，好歹也算是一个不错的父母官。在那个时代，曾经照亮埃及人、希腊人和罗马人世界的文化火炬，已经快要熄灭了。如果没有了骑士和僧侣的努力，文明早就被彻底扑灭，人类也将被迫回到择穴而居、茹毛饮血的时代。

骑士制度

中世纪的职业军人试图建立一个互助互利的组织，出于这种需要，骑士精神或称骑士制度就应运而生。

骑士精神是如何起源的，我们知之甚少。但随着这一制度的发展，它给这个世界送来一样迫切需要的东西——一种全新的行为准则。这一准则让那个野蛮的时代陋习变得文明起来，人们生活的水平远远超过了动荡时代的好几百倍。落后的边远地区，居民整天忙于抗击穆斯林、匈奴人和北欧人，因此要让他们迅速走向文明是一件不容易的事。他经常在早晨发誓要慈悲和宽容，可是一到了夜晚，就会疯狂地屠杀所有的俘虏。但进步总是会到来的，只不过要进行不间断的努力才行。最后，无所顾忌的骑士也就不得不遵守有关的社会规则，否则就会到处碰壁。

这些规则在欧洲的不同地区有所区别，但它们都十分强调"为人服务"和"忠于职守"这两个原则。在中世纪，为人服务是一种高贵而美好的品德，只要你在工作上毫不偷懒，即使是个仆人人们也会尊重你的。至于忠诚，当然是战士最主要的美德，尤其是在那个动荡的时代。

因此凡是年轻的骑士都必须这样宣誓：无论是作为上帝的仆人还是国王的仆人，都必须忠贞不二。不仅如此，他还要答应全力帮助那些弱者。他保证个人行为永远保持谦逊，决不骄傲自满，除了敌人以外，他必须去拯救在苦难中挣扎的老百姓。

所有这些誓词，只不过是用中世纪的人们用比较容易理解的言辞总结出来的“十诫”。但一个关于礼仪的复杂制度却在这个基础发展起来了。骑士们把亚瑟王的圆桌骑士和查理曼大帝的宫庭英雄们当作自己的偶像,并且以此来塑造自己的人生。他们尽管衣着寒酸,囊中羞涩,但希望自己能够像朗斯洛那样勇敢,像罗兰那样忠诚。他们小心地维护着自己的尊严,说话谨慎,风度优雅,因而以真正的骑士著称于世。

这样,骑士阶层就成了一所培养人们良好行为的学校,成为社会这部大机器的润滑油。骑士精神渐渐地就成为了礼貌谦恭的代名词,于是,封建公爵向外界展示了该如何穿戴、如何用餐,以及如何邀请女士跳舞等等这些能够让生活变得有趣的礼节。

和所有人类的其他制度一样,骑士精神也存在着诞生、发展、衰老、消亡的过程。

我们在下面的某个章节里将要提到到十字军。继十字军之后,商业开始复兴。城市像雨后春笋般涌现出来,城镇居民变得富裕起来,能够雇请优秀的教师了,没多久就跟骑士没有什么差别。火药的发明使威武的“武士”失去了往日的优势,雇佣军制度的诞生告别了精致优雅的战斗,骑士的存在便成了多余的东西。很快,没有实际价值的献身精神,开始变得滑稽起来。据说尊贵的堂吉诃德·德·拉·曼恰是最后一位真正的骑士。在他去世以后,他心爱的宝剑以及他的盔甲全被卖掉还债。

不知什么原因,那把剑不断地变换着主人。据说华盛顿总统最落魄的时候曾经在福奇谷佩带过它;当戈登将军为了人民而壮烈牺牲的时候,它曾是他惟一的防身武器。

我无法肯定这一切,但它确实在第一次世界大战中为赢得胜利发挥出了很大的威力。

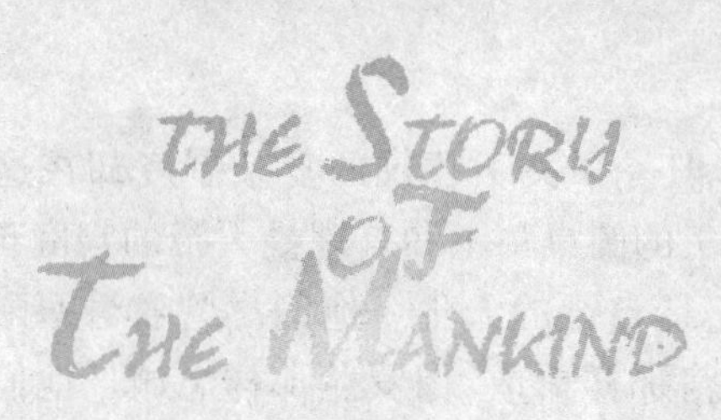

教皇与皇帝争夺权力

中世纪的人们对忠诚拥有双重标准,这导致了教皇与罗马帝国最高统治者之间产生了无穷的争执。

要理解以往人们的行为习惯是很难的。比如你的祖父就是个神秘的人物,他在思想方式、衣着打扮和行为举止方面肯定和你是不一样的。我现在告诉你们的是1000年以前你们老祖宗的故事,如果你不认真地将本章节通读几遍,那你是无法了解其中的深意的。

中世纪的人们生活非常简单质朴、平凡无奇。即使是一个自由的公民,也难得离开居住地到较远的地方去。当时没有发明印刷术,所谓的书只是一些手抄本。各地都有一些勤奋的僧侣在教人读书、写字和计算等。但有关科学、历史和地理的知识却躺在希腊和罗马的废墟下睡觉。

过去的历史,人们通常是从故事和传说中了解到的。虽然这种祖祖辈辈口耳相传的知识在细节上会有些出入,但依然具有很高的可信度。两千多年之后,印度的母亲们仍然用"伊斯坎达尔来捉你们了!"这样的话语来吓唬她们顽皮的孩子,而伊斯坎达尔不是别人,正是在公元前330年征服过印度的亚历山大大帝。因而他的故事虽然经过无数个朝代,仍然存在于人们的记忆深处。

中世纪早期的人们,从没有读过有关罗马历史的教科书。而今天三年级的小学生就比他们要博学得多。但是,"罗马帝国"这个词,对你来说或许是个抽象的概念,对他们来说却是活生生的现实。他们能够感觉到它的存在，并乐意承认教皇是他们至高的精神领袖。因为教皇住在罗马，实际上就是罗马政权的最高统治者。后来查理曼和奥托大帝重振了一个世界帝国的雄风，并创造了一个伟大的奇迹，使世界得以恢复其本来的面目。这一点令中世纪早期的人们深感自豪。

但是罗马有两个不同继承人这一传统，将中世纪忠实的自由民置于了一个尴尬的处境。中世纪政治制度赖以存在的理论依据不但合理而又十分的简单。人世间的君主照管臣民肉体上的幸福，而精神上的主人（即教皇）则看护着他们的灵魂。

然而在实践当中，这一制度简直没办法推行。因为皇帝总是要干涉教会的事务，而教皇往往又不予以买账，反而告诉皇帝应该如何治理国家。然后他们都没好气地告诉对方管好自己的事，于是可以预见的结局便是战争。

在这样的情况下，人民该怎么办呢？一个真正虔诚的基督徒既要服从教皇又要服从国王，但是教皇和国王却反目成仇，那么，身兼双重角色的国民，该效忠哪一方呢？

要给出正确的答案简直是太困难了。如果皇帝很有本事且势力又很强大的话，那么他可以花钱去组织一支军队，然后翻过阿尔卑斯山，向罗马进军，将教皇围困在他自己的宫殿里，并下令教皇要无条件地服从帝国的指令，否则后果自负。

城堡

不过，在大多数情况下，教皇的势力要比国王更强大一些，于是，国王及其所有的臣民都可能会被开除教籍。这意味着所有的教堂都要关门大吉，没有人再接受洗礼，行将就木的人也就不可能参加忏悔仪式。

总之，中世纪政府的一半职能无法发挥作用了。不仅如此，教皇还赦免人民，并让其对教皇的宣誓效忠，以便共同起来反抗他们的国王。但是他们加入了教皇的阵营，一旦被逮捕了，那他们也会被绞死，这个结局实在不是很好。

确实，这些可怜的家伙处境困

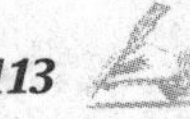

亨利四世在卡诺萨

难,还没有人碰到过如此糟糕的情况,这一点不会比11世纪的人们好到哪里去。当时,德意志皇帝亨利四世同教皇格列高利七世打了两场不分胜负的仗,搅得欧洲50年来不得安宁。

11世纪中期,一场激烈的改革运动在教会中展开了。直到那时,教皇做事还是很不正规,他让一位性情很好的神甫当选教皇的职位,这对神圣的罗马皇帝是有利的。于是那些皇帝经常在选举期间光临罗马,利用他们的影响力为自己的某个朋友谋取私利。

公元1059年,这种选举方式终于得到了改变。教皇尼古拉二世的一纸命令,把罗马城内及周围的主要神甫、执事等组织起来,成立了所谓的红衣主教团,而这一显要的教会集团有直接选举未来教皇的特权。

公元1073年,红衣主教团选神甫希尔德布兰德为教皇,号称格列高利七世。此人出身于托斯卡纳的一个普通家庭,精力充沛,对自己神圣的公职和无上权力的信仰,有着花岗岩一般坚定的信念。在格列高利的心中,教皇不但是基督教会的绝对领袖,也是世俗世界的最高法官。教皇可以将让普通的德意志亲王做到皇帝的宝座上,也可以让他们滚下来。他可以否决公爵、国王等通过的任何法律,但任何人要是对教皇的某一条教令略感不满,那他就得当心了,因为无情的惩罚将迅速到来。格列高利七世派使者前往所有的欧洲宫廷,把他新颁布的法律下发给各个诸侯国的君主,并要求他们对其内容稍提一些建议。被征服者威廉许诺照办,但是从6岁起就开始参加童子军的亨利四世,无意服从教皇的意愿。于是他召集了德意志主教团,指控格列高利所犯的罪过,然后在沃尔姆斯会议上把他废黜了。教皇则以牙还牙,在开除了亨利四世教籍的同时,要求德意志的王公们把这个不中用的君主轰下台来。德意志的王公们巴不得摆脱亨利的统治,于是将教皇邀请到奥格斯堡,帮他们重新选一位皇帝。

格列高利于是离开罗马,前往北方。聪明的亨利意识到自己处境已经十分的危险,便立即决定不惜一切代价同教皇重修旧好。他说到做到,马上翻过阿尔卑斯山,急匆匆地赶到教皇半路上休息的卡诺莎城堡。从公元

1077年1月25日到28日整整3天的时间里,亨利的穿着就像一个悔罪的朝圣者(他在僧侣式的外衣下穿了一件温暖的毛衣),在卡诺莎城堡的大门外面等候着被召见。然后他被恩准进入城堡,并获得了教皇的宽恕。但是悔改并没有持续多久,亨利一回到德意志老毛病又发作了。他再次被革除教籍,德国主教会议同时也把格列高利教皇给废黜了。但亨利再一次翻越阿尔卑斯山时,他带领着一支庞大的军队把罗马给包围了,迫使格列高利退位,同时还将他流放到萨勒诺,直到死去。这次暴力行动没有解决什么问题,亨利返回德意志的时候,教皇与皇帝之间的斗争又开始了。

霍亨斯陶芬家族刚刚获得德意志帝国皇位后,独立性比他们的前任要强多了。格列高利声称教皇的地位要高于所有的国王之上,因为教皇们将要在末日的审判中,为他羊群里所有羊的行为负责,而在上帝的眼中,国王只能算是一个忠心的牧羊人罢了。

霍亨斯陶芬家族的弗里德里希,以红胡子巴尔巴萨罗而闻名。他反驳到:神圣的罗马帝国之王位是上帝"亲自"授予他的先辈的,其帝国的领土包括了意大利和罗马。他便发动了一场旨在将那些"丢失的省份"收回本国的战争。不料十字军在第二次东征小亚细亚的时候,巴尔巴罗萨却意外地被水淹死。他的儿子弗里德里希二世,继承了父业,继续领导了这场战争。这位才华横溢的青年少年时代在西西里曾经受到伊斯兰教文明的陶冶。教皇指控他犯了罪,是个异教徒。确实,弗里德里希痛恨和蔑视粗俗的日耳曼骑士、北方庸俗的基督教世界以及狡诈的意大利神甫。但保持沉默的他参加了十字军东征,并从异教徒手中夺回了耶路撒冷,于是他被正式加冕为圣城的国王。即使这样的行动也没能获得教皇们的理解,弗里德里希二世还是被废黜了,并把他的意大利领土授给了安如的查理。查理是以圣路易而闻名的法兰西路易王的弟弟。这一来导致了更大的冲突。霍亨斯陶芬王朝的末代皇帝康拉德四世之子康拉德五世试图复辟帝国,重新获取王位,可是他失败了并在那不勒斯被砍头。20年之后,西西里岛上所有的法国人,在一次所谓的西西里晚祷事件中全部被杀害了。而这样的事还在不断地发生着。

教皇与皇帝之间的争吵无法平息下来,这样过了好长一段时间后,教皇与皇帝谁也不管谁了。

1273年,哈布斯堡王朝的鲁道夫当选为皇帝。他嫌麻烦,没有去罗马接受加冕,教皇不但没有表示反对,反而对德意志敬而远之,这就意味双方和平共处,没有什么大不了的事。可是在这之前本可用于发展国内经济的整整两百多年,就给无谓的战争给白白地浪费掉了。

有弊必有利。在意大利的一些小城市中，各种力量在小心翼翼地寻求突破口，设法牺牲皇帝与教皇的利益来加强了自身的自主权与独立性。当狂热的人群涌向圣地时，这些小城市便能够解决数以千计的朝圣者的交通问题。在十字军东征结束时，他们已经耗巨资为自己筑起了一道非常坚固的围墙，以至于他们敢公开蔑视教皇和皇帝，对他们表示深深的不满。

教会与国家之间的相互斗法，给第三者——中世纪的城市发展带来了好处。

第33章 十字军

土耳其人攻陷了圣城，亵渎了圣地，严重阻挠了东西方的贸易往来时，以往所有的争执全都被教皇和皇帝给淡忘了。于是欧洲开始了十字军东征。

公元3世纪，除了在西班牙和东罗马帝国守卫着欧洲的门户以外，基督徒和穆斯林之间保持了将近300年友好关系，和平相处没有什么大的争端。伊斯兰教徒在7世纪征服了叙利亚。但是他们还是尊耶稣为一位伟大的先知(虽然他们认为穆罕默德更伟大一些)，并且不干涉朝圣者到教堂去做祈祷，这个教堂是君士坦丁皇帝的母亲圣海伦娜在圣墓修建的。11世纪早期，来自亚洲荒野的鞑靼部落(塞尔柱人或突厥人)，成为了西亚伊斯兰国家的统治者，从此宽容、忍让结束了。突厥人夺走了原本属于东罗马帝国的小亚细亚，切断了东西贸易之路。平常与基督徒互不来往的罗马皇帝亚历克西斯，这时只好向他们求救，并指出：如果突厥人占领君士坦丁堡，必然会对欧洲造成严重的威胁。

第一支十字军

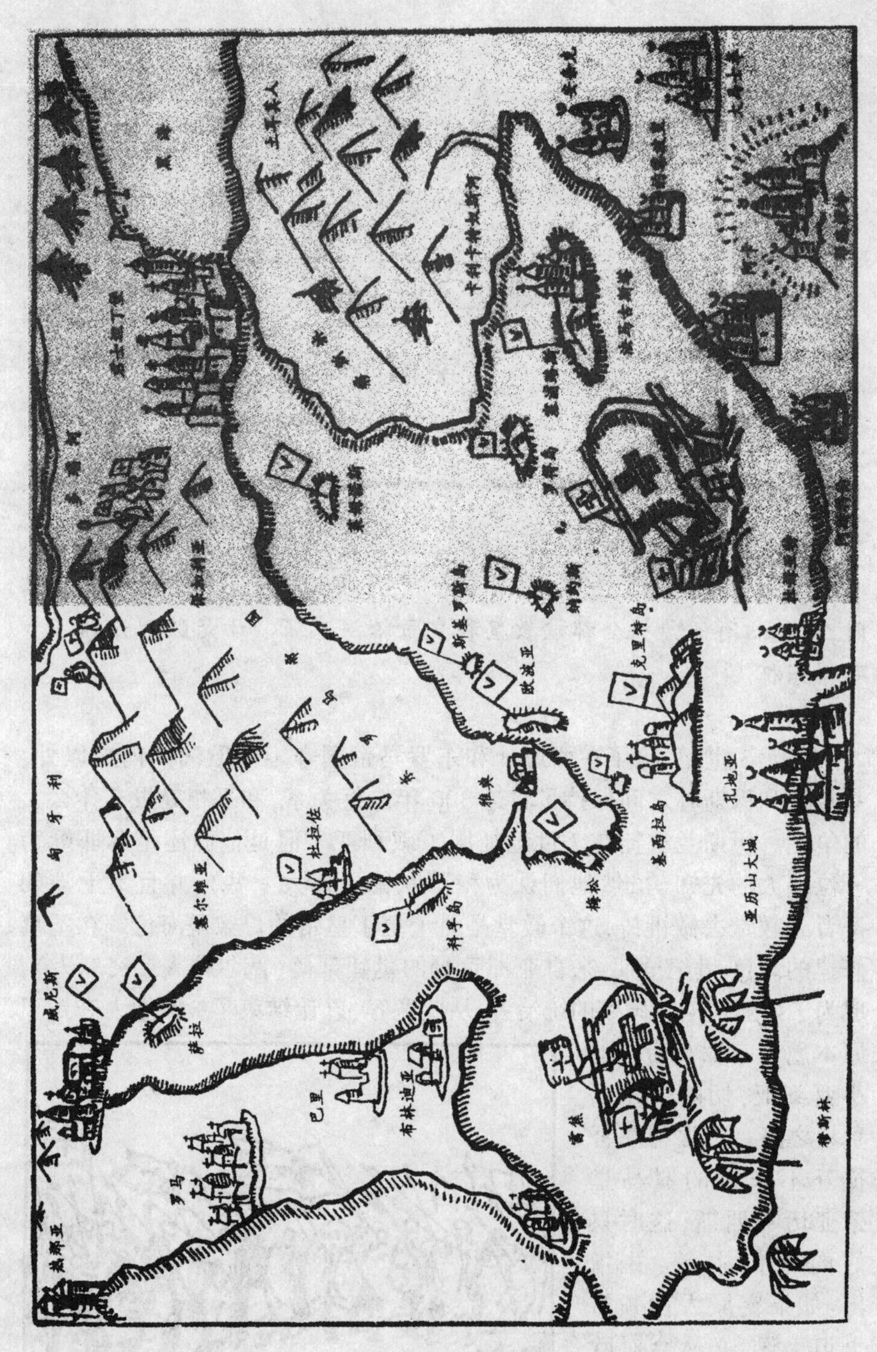

十字军骑士的世界

在小亚细亚和巴勒斯坦沿岸拥有殖民地的意大利城邦，担心自己的财产受到损失，便报告说，土耳其人凶残的暴行让基督徒蒙受巨大灾难的骇人消息，这使整个欧洲都非常震惊，以至群情激昂。

教皇乌尔班二世来自法国的里姆斯，曾经在克吕尼修道院受过教育，他与格列高利七世同是校友，他认为行动的时机已成熟。当时欧洲的普遍情况无法令人满意，原始的农业耕作方法（从罗马时代以来就没有改进过）经常导致粮食严重匮乏。于是失业和饥饿引起了人们的不满，开始出现暴乱的苗头。以往这里曾经养育了几百万人，是人们向往的好地方。

因此在公元1095年的法国克莱蒙会议上，拍案而起的教皇沉痛地描述了异教徒给圣地带来的可怕灾难，同时又描画了一幅自摩西时代以来该国家盛产牛奶和蜂蜜的美妙景象，并力劝法国的骑士以及欧洲广大的人民舍弃儿女情长，把巴勒斯坦从土耳其人手里拯救出来。

于是宗教狂热的浪潮席卷了整个欧洲大陆。所有人似乎都失去了理性，男子们会扔下手中的锄头和锯子，走出作坊，抄近路前往东方去跟土耳其人厮杀。孩子们也会离开家乡"前往巴勒斯坦"，他们年轻狂热，凭借着对基督教的虔诚，使得土耳其人不得不屈服。但是狂热的人们十个有九个到达不了圣地，他们口袋空空，不得不沿途乞讨或去偷些东西活下去。他们对沿途的村庄构成了威胁，因而被愤怒的乡下人杀死。

第一批十字军由虔诚的基督徒、欠债的破产者、落魄的贵族和逃犯组成，这群疯狂的乌合之众在疯疯颠颠的隐士彼得和无产者瓦尔特的领导下，杀死了在路上遇到的所有犹太人，开始全面讨伐异教徒。他们中走得最远的人到了匈牙利，但是没有人能够生还。

十字军攻陷耶路撒冷

这一事件给了教会一个深刻的教训：仅仅靠热情是无法实现解放圣地的。良好的组织、良好的愿望和勇气同等重要。于是，他们用一年的时间训练和装备了一支20万人的军队，于1096年在久经沙场、能征善战的戈弗雷、诺曼底公爵罗勃特、佛兰德伯爵罗勃特以及其他若干贵族的领导下，开始了十字军第二次漫长的征程。在君士坦丁堡，骑士们向皇帝宣誓效忠——尽管罗马皇帝穷困潦倒，无权无势，仍然

十字军骑士的坟墓

受到极大的尊敬。这说明传统的势力实在难以消除。然后，骑士们横渡海峡攻入亚洲，杀死路上遇到的所有穆斯林。攻下耶路撒冷后，又将全部的伊斯兰教徒斩尽杀绝，接着又向圣地进军。他们热泪盈眶，不断地在赞美和感谢上帝。但是不久，由于援军的到来，土耳其人反败为胜，不但夺回了耶路撒冷，而且反过来把所有的基督徒全部歼灭。

在这之后的两百年里，十字军又东征了7次。渐渐地，十字军学乖了。陆上行军既危险又乏味，他们宁愿翻越阿尔卑斯山前往热那亚或威尼斯，再从那儿乘船前往东方，因而热那亚人和威尼斯人从中狠赚了一把。

但是他们的收费太过于昂贵了，以至于十字军的战士无法承受。这时，狡猾的意大利商人就让他们"以工代费"的方式过海。为了支付从威尼斯到阿卡的船费，十字军战士承诺为他们的船主夺取土地。威尼斯就是以这种方式攫取了亚得里亚沿岸、希腊、塞浦路斯、克里特和罗得岛的大量土地。

然而，所有这一切都无济于事，根本解决不了圣地的问题。最初的宗教热情消退之后，十字军东征的旅程很好地教育了一大批自由的青年，使他们都变得很有教养。而前往巴勒斯坦服役的应征者从不缺乏，但是过去的狂热已经烟消云散，不复存在了。战争初期，十字军对东罗马帝国和亚美尼亚的基督徒热爱有加，对伊斯兰教徒则怀有不共戴天之仇。如今，这种情形发生了很大的变化，人们完全回心转意了。渐渐地，他们开始蔑视拜占廷的希腊人、亚美尼亚人以及地中海东部地区的所有民族，因为他们经常欺骗他们并且背弃了基督的事业。现在他们开始欣赏起对手来了，因为事实证明，他们的敌人拥有慷慨、公平的美德。

当然，这些话只能藏在心中，不能随便乱说。当十字军的战士返回家中的时候，尽可能模仿敌人的优雅举止。因为和他们相比起来，普通的西方骑士简直是个十足的乡巴佬。他们还带回了桃子和菠菜等新品种，种植在自己的花园里，为自己带来了很大的好处。他们不再穿戴沉重的盔甲，一改以往的野蛮习俗而穿起了用丝绸或棉花做的宽松的长袍。历史上，最早穿这种长袍的人是土耳其人和先知的信徒们。以惩罚异教徒为目的的十字军东征,的确变成了数百万欧洲青年的一次文明普及教育课程。

从军事、政治的观点来衡量,十字军东征无疑是失败的。耶路撒冷和许多城市得而复失,十几个小王国在叙利亚、巴勒斯坦和小亚细亚相续成立,但它们又重新落入土耳其人的手中。公元 1244 年之后,圣地的状况和 1095 年之前没有什么差别(耶路撒冷从这以后就完全属于土耳其人所有了)。

这时候的欧洲正面临着一场翻天覆地的巨变。西方人对辉煌灿烂的东方垂涎三尺,寂寞的西方城堡已经无法满足他们的欲望了,他们想拥有更广阔的生活。但是教会和国家都无法满足他们的这个愿望。

最后,还是他们自己在城市里找到了它。

第34章 中世纪的城市

中世纪的人们为什么这样说:“城市的空气是自由的”?

中世纪的早期是一个开拓、定居的时代。这时有一个民族强行闯入了西欧平原,并占据了这里的大部分土地。这个民族以前一直居住在罗马帝国东北部的边境外,那里全是森林、山脉和沼泽地。像所有的拓荒者一样,这个民族的人民生性好动,居无定所,在不断砍伐树木的同时也以同样旺盛的精力互相残杀。他们性好自由,讨厌住在城市里;他们喜欢放牧,这样就能够感受到大自然的新鲜空气是多么的沁人心脾!当他们在一个地方呆久了,就拔营起寨,去寻找新的家园。

自然的法则是优胜劣汰。勇敢的战士和跟随其男人挺进荒原的女人得以生存下来。这样,他们逐渐成为了一个强壮的民族。他们根本就不在意生活是否优雅舒适,忙忙碌碌的他们没有时间去抚琴吟诗,也不喜欢闲谈瞎扯。村子里“有学问的人”通常是僧侣,因此人们自然地就期待着僧侣来解决不实用的问题(13世纪中期以前,一个能写会算的普通信徒通常会被人们戏称为“娘娘腔”)。

在这个时候,日耳曼首领、法兰克男爵和北欧公爵(不论他们的名字或头衔)占据了原本属于伟大的罗马帝国的一部分土地,并在过去曾经辉煌的废墟中重建自己的世界,这令他们志满意得,并认为是非常完美的。

他们竭尽全力地管理着自己的城堡和周围的村庄。他们像所有的弱小者一样,是虔诚的宗教徒,默守着教会的清规戒律。他们对国王忠心耿耿,小心地与那些遥远却总是危险的君主保持着良好的关系。总而言之,他们在公平对待自己的左邻右舍时,又能保证自己的利益不受损害。

有一天,他们发现自己的处境并非十全十美。大多数人还是农奴或"佃农",尤其是那些雇农,他们和畜生同住在一起,成为他们赖以生存的土地的一部分。他们的命运很糟糕,但不是特别的不幸。做为一个人又能怎么样呢?主宰着中世纪世界的上帝,肯定是想把一切事情都安排得尽善尽美。以天主的智慧,如果他决定了必须同时存在着骑士和农奴,那么对这种安排的质疑就不是门徒们的职责了。所以,农奴们并不埋怨这一切,只有当他们因劳累而倒下时,他们就会像牲畜一样死去。于是,封建主们便不得不改善一下环境。但是,如果世界的进程由农奴和封建主决定的话,我们还可能在 12 世纪的模式下生活。比如,牙痛的时候念念咒语,对于牙医的科学治疗方法反而持蔑视的态度,他们会认为源于穆罕默德的东西是邪恶的、无用的。

当你们长大成人后,你会发现许多人不相信"进步"之说,他们将用我们这时代某些人的恶劣行径向你们证明"世界并没有变化"。但我希望你们不要对这种论调给予太多的关注。你应该明白,我们的祖先几乎用了 100 万年的时间才学会直立行走。又不知过了多少年,他们动物般的嗷嗷声才进化成一种可以互相理解的语言。至于书写艺术——这有益于后世并能够把我们的思想保留下来的文字书写艺术,是在 4000 年前才发明的。但如果没有这一点,世界就无进步可言。把自然的力量转变为人类仆人的这一观念,在我们祖父的那个时代还是不敢想像的。因此在我看来,我们正在以闻所未闻的速度向前发展。或许我们太在意物质生活的享受了,但随着时间的流逝,这种情况肯定会得到改变的。那时,我们将根本解决和健康、工资、管道、机械设备等无关的种种问题。

城堡和城市

请不要太怀念过去的美好时光。那些只看到中世纪留下来的宏伟教堂和伟大艺术品的人们,当他们把我们这个匆忙、喧嚣和充满汽车

中世纪的城镇

尾气的城市和1000年前的城市相比时，总会激动得喋喋不休。中世纪的教堂周围布满了各类茅屋和草舍，相比之下，一幢幢现代的公寓简直就是一座奢侈豪华的宫殿了。确实，高贵的朗斯洛和那同样伟大的帕耳齐法尔，这两位前去寻找耶稣酒杯的少年英雄，就不必为汽车的汽油味而烦恼了。但是他们却处在各类难闻的气味包围之中：有街上垃圾腐烂后发出的臭味、主教别墅周围的猪圈味；还有前辈留下来的衣物、帽子等散发出的怪味，以及从未洗过澡的人发出的汗味。我实在不想努力去描绘这样一幅令人沮丧的图画。但是我们在阅读古代史时，可以知道从临窗眺望的法兰西国王，是怎样被街道上拱土的猪群所发出的恶臭熏倒的，当一部古代的手稿记录了某次鼠疫或天花流行的一些细节时，你们就会理解所谓的“进步”决不仅仅是如今广告人的时髦话语。

不过，如果城市不存在的话，那么过去600年来的进步几乎是不可能发生的事。因此，我将不得不在这一章节里多费些笔墨。因为它太重要了，无法像政治事件那样被简单地带过。

古代的埃及、巴比伦和叙利亚就是一个城市化的世界。希腊以前是一个城邦国家，腓尼基的历史就是西顿和提尔两个城市的共同历史；而罗马帝国只不过是一座“城内城”。至于文字、艺术、科学、天文学、建筑、文学和戏剧等等都是城市化的产物。

在将近4000年的时间里，蜂窝似的城镇非常的热闹，而且一直是形成世界的作坊。随后大迁徙开始了。罗马帝国四分五裂，城市被焚毁，欧洲再次变成了牧场和小村庄。在那个黑暗的时代里，曾经引以为骄傲的土地从此被闲置荒芜。

十字军东征为重新利用土地做好了准备。到了收获的季节，果实却被城市里的市民采摘走了。

我在前面说过，建有坚固围墙的城堡和修道院，是骑士们和僧侣们的家，他们保卫着人们的肉体和灵魂。你们已经见过一些工匠（如屠夫、面包师、烛台工人等）是如何住在城堡的附近随时为主人服务的，如果有危险的时候也能够受到主人的保护。有时封建主会恩准这些人在他们自己的房子周围围起栅栏，但是他们的生活完全依赖于城堡中显赫的封建领主。当主人出来四处巡视的时候，他们就得跪在主人的面前，行吻手礼。

十字军东征以后，使得许多事情发生了深刻的变化。大迁徙将人们从东北部赶往西部，十字军东征又使成百万的人从西部迁移到了东南部的文明地区。他们发现世界并不局限在小小的院子内。他们开始欣赏美丽的服饰、舒适的住房、可口的菜肴以及神秘的东方物产。他们回到自己的老家后，还对这些物品恋恋不舍，背着货筐的货郎是那个黑暗时代的惟一商人，他们将这些物品装进刚买的手推车中，并雇了几位前十字军的战士当保镖，以免遭到随这场国际战争而来的犯罪之风的侵袭。这样一来，他们的生意就越做越大。虽然如此，但生意还是充满艰辛。这是因为他们进入另一个贵族的管辖地时，都得纳税。还好，生意还是略有盈余，小商贩在继续着他们的贩卖活动。

不久，一些精力充沛的商贩发现，他们从远处运来的某些商品原来在当地也可以生产。于是他们就把自己的家改成了作坊，不再去做辛苦的商贩了，摇身一变成了制造商。他们不仅向城堡中的封建主和修道院中的教士推销产品，而且还向附近的城镇输出产品。封建主和教士用他们农场里的产品如鸡蛋、酒，以及在那个时代被当做糖使用的蜂蜜等来交换，但是边远的城镇市民就只好用现金来支付。于是工厂的老板和商人开始拥有了一部分金子，这就使得他们在中世纪早期社会中的地位获得了提高。

钟楼

你很难想像这个世界如果没有金钱的话，后果将会怎么样？在一个现代化的城市里，一个人要生存下去是离不开金钱的。比如你得带着满袋子的钱出门，乘电车时付上 1 个镍

希腊

币，吃一顿饭掏1个美元，买一份晚报花3美分，但是身处中世纪的人们从生到死都没见过一枚金属货币。希腊和罗马的金银还被埋在城市的废墟下面。继帝国之后的大迁徙世界是一个耕种为主的世界，每个农民都生产丰富的谷物、饲养成群的牛羊，以满足生活的需要。

中世纪农村里的大地主都是骑士，他们几乎不用钱就可买到物品。他的庄园生产出来的东西完全可以解决他们一家人的生计，甚至他家盖房子用的砖块都是在附近的河边烧制的；屋顶、门窗用的木头来自男爵的树林里；少数本地没有的物品则用蜂蜜、鸡蛋和木柴拿去交换。

但是十字军东征用激烈的方式破坏了以往农业生活的规律。假设希尔得斯海姆公爵要去圣地，不但要跋涉几千英里的路程，而且还要支付可观的路费和住宿费。在家里，他可以用自己农场里的物品支付开支。出门在外就不可能随身带上无数的鸡蛋、满车的火腿去和威尼斯的船主、布伦纳罗火山口的客栈老板进行交易。这些老板们只喜欢现金，讨厌火腿和鸡蛋。因此公爵不得不在旅途中带上金子，但他到哪里去找金子呢？他只好向老伦巴族人的后代、已经是职业放债人的伦巴第人那里借贷。这些人做在柜台(即后来的银行)后面，很高兴借给他几百个金币，但公爵大人必须拿自己的庄园作抵押，万一公爵阁下在路上发生意外的话，他们就可以弥补损失。

对借钱的人来说这笔交易是有风险的。最有可能的是，伦巴第人总是成为庄园的主人，而骑士们却倾家荡产，只好以战士的名义到一个更强大、更谨慎的邻居家里打工。

当然了，公爵大人也可以到城镇上犹太人的居住区去借高利贷，那里的利率通常高达50%-60%。这是注定要亏本的买卖，但是除此之外实在没有更好的办法了。据说城堡外的一些城市居民已经相当富有了，他们和公爵家族是世交，关系不错。因此他们的要求比较合理。那好，公爵阁下有一位能写会算的僧侣给那些有名的商人写了个条子,要求借一小笔钱。镇上的居民便到附近给教堂做圣餐杯的珠宝商的作坊里碰头,商讨这一要求。他们无法拒绝,索要“利息”又说不出口。因为收取利息违背了多数人的宗教原则,何况利息是农产品偿付的,但是这些东西他们自己多的是。

“我们可以把钱借给你们,但是我们也要求得到某种回报。比如我们都喜欢钓鱼,可是公爵老爷不让我们在他的小河里垂钓。如果我们借给他100元,作为交换条件,他必须允许我们在他的小河里自由垂钓。这样的话,他就可以得到100个金币了,而我们也得到了鱼,获得了乐趣,岂非两全其美?”整天静坐在桌边、多少有些深沉的裁缝说道。

原来获得100块金币就这么简单!公爵想都不想就答应了这个条件。他马上叫秘书起草了协议书,划上标记(因为他不会签名)。就这样,公爵同时也为自己的权力划上了休止符。

公爵拿到金币后就启程去东方了。两年后回到家已经身无分文的公爵,却看到市镇的居民们正在他的小河里悠然垂钓,这可把他给气坏了。于是他命令总管把这些人轰走。人们是走了,但是当天晚上就有一个商人代表团到城堡里来了。他们十分礼貌地祝贺公爵平安归来,对钓鱼的人们打搅了公爵深表遗憾。但他们又说,公爵大人应该还会记得,在小河里钓鱼是已经获得了许可的。于是拿出那份公爵亲自签署的协议书,这是一份公爵去圣地的时候就一直被保存在珠宝商保险柜里的特许状。

公爵气坏了,但是他还急需一笔钱。在意大利,他还签押了某些文件在著名银行家萨尔维斯托·德·梅迪契的手中。这些文件全是些商业期票,有效期为两个月,金额达340镑佛来芒金币。在这种情况下,再尊贵的骑士也要压住心头的怒火,不能太过于失态了。相反,他提出了另一小笔贷款,商人们便退回去讨论此事。

3天以后他们答复说同意借345金镑给公爵,他们愿意帮助公爵摆脱困境,但作为交换,公爵必须给他们一个书面许诺,许诺市镇的居民可以建立一个由商人、自由公民等选举出来的议会,而且城堡的一方无权干涉议会管理市政。

公爵怒不可遏。但是,他需要这笔钱,不得已只好同意并签署了特许证。没过几天他就后悔了,马上召集士兵赶到珠宝商的家里索回文件并付之一炬——这是他的狡猾的臣民乘人之危所诱骗去的。沉默的人们站在一旁,什么话也没有说。下一次公爵再需要钱为他的女儿置办嫁妆时,一分钱也得不到了。自从珠宝商家里发生了这一件小事情之后,他失去信誉了。现在他只好被迫赔礼道歉,并愿意赔偿损失。在公爵获得所需要的钱

款时，市民们再一次拥有了以前的协议书，并且还获得了一份新的特许状，即允许他们建造一个“市政厅”和一座坚固的塔楼用来存放所有的特许状。其用意是防备公爵大人将来可能会动用武力抢夺协议书等。

十字军东征之后的几百年里，这种情况太平常了。权力从城堡向城市移交是一个缓慢的过程。当发生了几起裁缝和珠宝商被杀、城堡被烧毁的事件后，城镇变得富有的同时，封建主却越来越穷。为了养家糊口，他们总是被迫出让市政管理权来换点现金。城市发展壮大了，为逃跑的农奴提供了一个很好的庇护所，这些人在城市的郊区住上若干年后就可获得自由。于是，那些很有活力的群体就在城市里定居了下来，他们对自己被获得重视感到自豪。几个世纪以前，在农产品交易市场的周围他们建起了高大的教堂和其他公共建筑物，这是显示他们力量的机会。他们要让自己的子孙后代拥有更好的生活和就业机会，比如雇请僧侣到城市中来任学校的教师。当他们听说有人能够在木板上画画时，就掏钱常年雇请他把《圣经》里的景象画在小礼堂和市政厅的墙壁上。

与此同时，城堡中那位住在破房子里的公爵大人目睹了这一切后，对他当初签署的让他丧失主权和特权的字据追悔莫及。但这一切都晚了。富有的城镇居民们根本就不再看他一眼，他们已经是个自由的公民了，为了保护好自己已经拥有的东西，做好了充分的准备，因为这些财富是通过十几代人的努力奋斗、流血流汗而积累起来的。

第35章

中世纪的自治

在国家的皇家议会里，城市的人民在维护自己的发言权

当人们还像“游牧部落”一样四处飘荡时，所有的人都是平等的，任何人对整个部落的福利和安宁都负有责任。

但他们一旦定居下来以后，有些人就变得贫穷了，而有些人则变得富裕了。这时候，管理政府的权利便落在了那些不必为生计操心、能够为政治投入全副身心的人的手中了。

我曾经对你说过，这种情况在埃及、希腊和罗马是如何发生过的。一旦秩序重建，这种情况在西欧的日耳曼人民中也就经常地发生了。西欧世界最先是受到这样的一个皇帝所统治的，他享有的权利比实际想像的要大得多。这位皇帝是从日耳曼民族大罗马帝国中的七八个很有影响力的国王中选出来的。这个大帝国是由几个没有实权的国王所统治的，日常的行政管理权则被大多数的封建小诸侯所拥有。当时没有几座城市，更没有中产阶级，农民或奴隶则是他们的臣民。但中产阶级却在13世纪期间在历史舞台上又一次出现了。而这一阶级的势力获得增长后，就意味着城堡中人的影响力在减弱。

统治这片领土的国王，直到这个时候，考虑的仅仅还是他的贵族和主教们的要求。但从十字军东征中成长起来的、新的商业世界，逼得他不得不承认中产阶级的存在，否则，国库的亏损将会加剧。但是现在的国王们已经无计可施了，只好吞下苦果，但并没有坐在那里等死的意思。

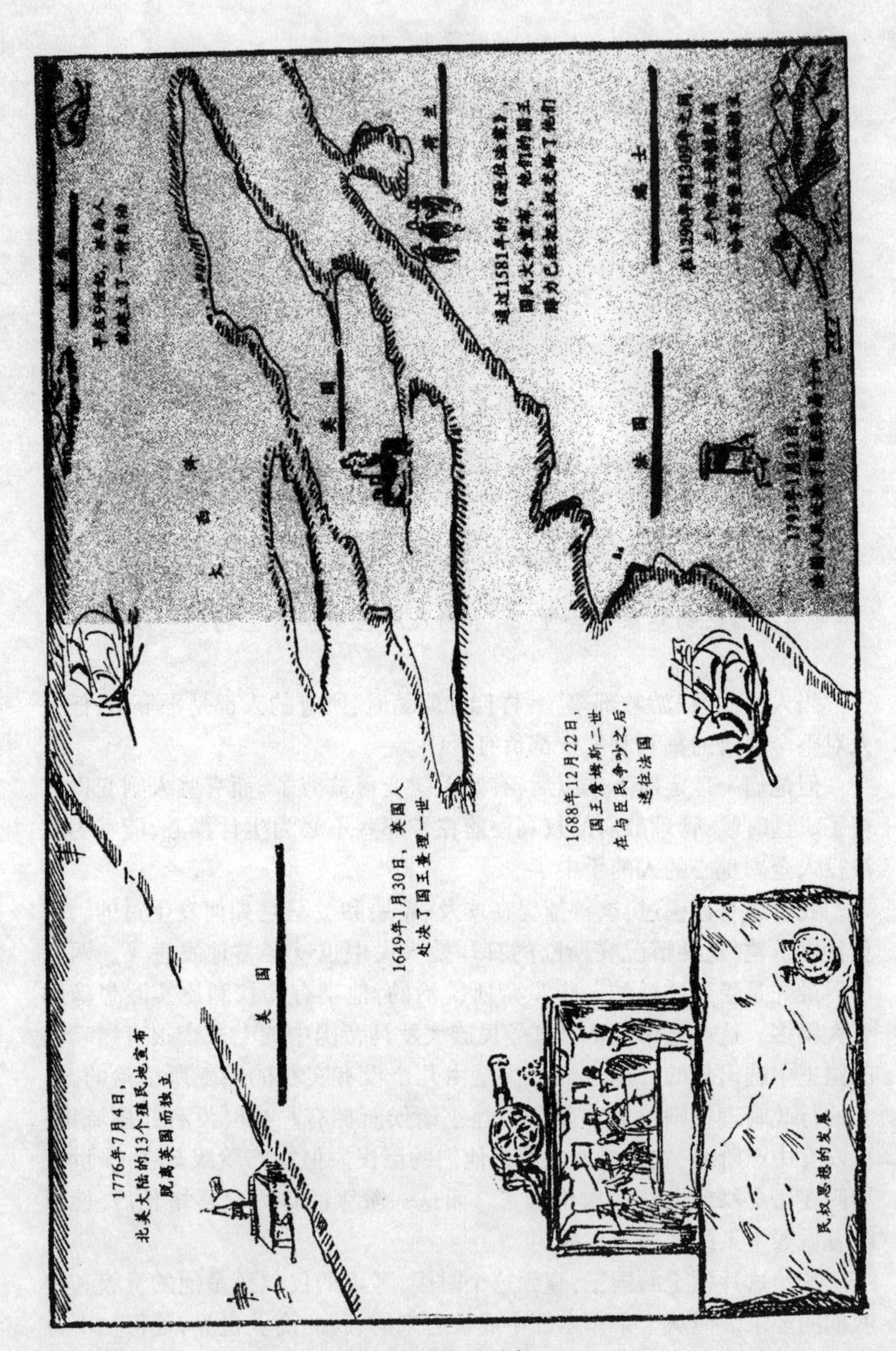
1776年7月4日，
北美大陆的13个殖民地宣布
脱离英国而独立
英国
1649年1月30日，英国人
处决了国王查理一世
1688年12月22日，
国王詹姆斯二世
在与臣民争吵之后，
逃往法国
民权思想的发展

民权思想的传播

在英格兰，当国王理查不在位的时候（他到过圣地，曾经在十字军东征之际长时间地被囚禁在奥地利的监狱里），国家的大权被他的一个弟兄约翰掌握着。约翰在打仗上不是理查的对手，但是在管理国家上，两个人都差不了多少。约翰开始他的摄政王事业时，是以丢失诺曼底以及在法国的大部分土地为代价的。接着，他又与英诺森三世教皇产生了争端——这位教皇是霍亨斯陶芬家族有名的敌人。教皇将约翰驱逐出了教会，这一点就像200年前格列高利七世将亨利四世开除出教会一样。公元1213年，约翰只好忍辱求和，正同亨利四世在1077年所做的一个样。

约翰运气不佳并没有心灰意冷，而是继续滥用自己的权利，直到被心怀不满的诸侯囚禁为止。他们迫使这位皇帝保证管好自己，不允许干涉臣民们的权利。所有这些事情都是在泰晤士河边一个叫兰尼米得的小岛上发生的，时间是公元1215年6月15日。约翰签名的那个没有什么新鲜内容的文件被称为《大宪章》，宪章中以简短而明白的词句列举了大臣们的权限和国王的权利。它对没有给予大多数农民一点点相关的权利，倒是给了商人阶级一些承诺和保护。这是一部非常重要的宪章，因为它如此严格限定国王权利的举动是以往所没有的。虽然它仍然是一个纯粹的中世纪文件，没有提及普通的人们。除非是诸侯的财产，否则就必须保护起来，以免遭受王家的剥削。这一点就好比男爵的森林或者奶牛要受到正当的保护，以防止林务官的进行过分的干预。

然而没过几年，国王的议会上就开始传出了截然相反的论调。约翰天

瑞士自由之发祥地

腓力二世被废黜

性歹毒，阴险顽劣，虽然郑重其事地承诺要遵守《大宪章》，可是没多久又故意破坏了其中的每一条款项。好在他很快就告别了人世，改由他的儿子继承皇位，即亨利三世——他终于被迫承认并遵守《大宪章》。与此同时，他的叔父查理浪费了大量的国家钱财进行十字军东征，逼着他不得不想方设法去寻求新的贷款以偿还犹太人的高利贷。作为国王顾问的地主们和主教们实在没有办法拿出多余的钱，于是国王下令召开城市代表大会，以解决这个问题。这些城市代表首次出现在议会上，但是他们只能以财政专家的身份参加会议，除了对税收问题有发言权外，是不参加讨论其他的国家大事的。

渐渐地，这些老百姓的代表开始在很多问题上出谋划策，而贵族、主教以及城市代表的会议则发展成了定期的国会。法语中国会的意思就是人民畅所欲言的地方，因为凡是重大的国事在决定之前都得在这里进行充分地讨论。

这种有一定行政权力的、类似于顾问团的机构，并不是人们普遍认为的那样是英国人发明的。你可以在欧洲各地找到一个这种由“国王和议会”构成的政府。但是在有些国家，比如法国在中世纪以后，王权的快速增长便将“议会”的影响减小到最低限度，直到消失。1302 年，城市代表被允许参加法国似的“议会”，但过了五百多年后，这个“议会”才击垮了国王的势力，终于能够维护中产阶级的利益了——即所谓的第三等级的权利。然后他们在法国大革命期间废除了国王、贵族和教士，使平民百姓的代表能够成为这个国家的统治阶级。在西班牙，早在12世纪国会就向平民开放了；在德国，一些重要城市就获得了“帝国城市”的级别，帝国议会必须倾听和采纳代表的意见。

1359年，瑞典的平民代表出席了瑞典历史上的第一次议会；在1314年就建立起了的丹麦国民大会，虽然贵族们掌握着控制国家的权力，但城市代表所拥有的权利并没有完全被剥夺掉。

在有些国家，有关代议制政府的情况比较有趣。在冰岛，公元9世纪的时候就开始举行定期会议以讨论国家大事，这种状况前后持续了将近一千多年。在瑞士，不同县市的人民都非常成功地保住了属于他们自己的议会，避免了被一些封建主所控制。在低海拔国家荷兰，早在13世纪的时候就已经有第三等级的代表出席郡县的议会；16世纪，一些小省份的代表都起来反对他们的国王，在一次庄严的“三级会议”上罢免了国王，把神职人员赶出了议会，废除了贵族的特权，建立起了新的权力机构。在将近两百年的时间里，市镇议会的代表统治着国家，既没有国王、贵族，也没有主教。城市因此变得非常美好，善良的市民们实际上就是这个国家的统治者。

第36章

中世纪的世界

不知道中世纪的人们是怎样看待他们所生活的世界的？

发明日期是很有用的，我们没有它将一事无成，可是我们如果一不小心，它们便会戏弄我们，使历史变得刻板而精确。比如当我们谈到中世纪人们的思想时，不会所有的欧洲人都说："啊！现在罗马帝国已经四分五裂了，而我们却在中世纪生活着。"真是很有意思啊！在查理曼大帝的法兰克宫廷里能罗马化的人，他们在习惯、举止以及对人生的看法上都跟罗马人一样。另一方面，当你们成年以后，你们就会发现这个世界上的有些人还处在原始穴居人的水平。一切时间、一切时代都是杂然相陈的，而人们的思想也总是世代相传的。如果在研究中世纪许多代表人物思想的基础上，给出一个平常人如何对待生活、如何对待生活难题的概念，还是可以的。

首先，中世纪的人从来没有想到自己是生来就是自由的，他们认为命运是可以根据自己的意愿、能力、精力和运气加以塑造的。相反，他们都把自己看成是周围所有事物的总的一部分，不论皇帝还是农奴、教皇还是异教徒、英雄还是暴徒、富人还是穷人、乞丐还是窃贼，全都包括在内。他们接受上帝的这一切安排而绝不试图去问些什么。当然，在这一点上，他们与拒不相信命运、永远想升官、发财的现代人有着本质上的差别。

对于中世纪的相信命运的男女来说，来生的世界——神奇、愉快的天堂或充满苦难的地狱，所意味的将是活生生的现实而非是空洞或是含糊的警示。因而中世纪的自由民和骑士们就不得不花费很多的时间为来生做准备。我们现代人在从容地走过一生之后，将以古希腊或罗马人特有的详和心态对待生命的轮回。在经过一生辛勤的劳作之后，我们将带着一种非常美好的感觉安然睡去。

但是在中世纪，死神如影随形地伴随着人们，甚至可以看到骷髅的微笑和听见死神的骨头在格格作响。他用令人毛骨悚然的旋律将他的受害者唤醒，和他们共进晚餐；当大人们带着自己的小孩子外出散步时，他就出现在树林里，躲在灌木丛后冲着他们微笑。如果你在童年的时候听到的不是安徒生或格林的童话，而是关于坟墓、棺材及瘟疫等令人恐怖的奇谈时，你肯定会陷入到生活在最后时刻对你进行审判的恐惧之中。这种事情经常在中世纪的儿童身上发生，他们在一个妖魔和鬼怪横行的世界生存着，但是偶尔也有天使出现。有时侯，对于生命轮回的恐惧使他们的心灵充满了虔敬和谦卑，这将使他们向另一个极端走去，于是他们的心态扭曲了，变得心狠手辣和多愁善感。他们会首先把俘虏来的所有妇女、儿童全都杀掉，然后带着满身的罪恶虔诚地来到圣地，含着悲痛的眼泪，向上帝忏悔他们是罪人，是世界上最邪恶的罪人。然而仅仅过了一个夜晚，他们又杀心再起，把俘虏来的敌人——满营的伊斯兰教徒全都给屠杀了，心中并没有丝毫的怜悯之情。

当然，身为十字军战士的骑士，奉行着一套与普通人有很大区别的行为准则。但是普通人在这方面与他们的主人没有什么区别。平常人就像一匹容易惊吓的马匹，一个身影或一张可笑的纸片就能把他们给吓一跳。他们能够忠实而有效地为你服务，并将工作做得有条不紊。但是狂热的他们在看到鬼怪时，就会立即逃之夭夭，并且会破坏一切事情。

但是我们在对这些好人进行评判的时候，应该明白他们的生活条件是相当的险恶的。事实上，他们外表文明内心野蛮。比如查理曼大帝和奥托大帝被称为“罗马皇帝”，但是他们和奥古斯都或马可·奥勒利乌斯等真正的罗马皇帝还是有着天壤之别，正如刚果的皇帝翁巴·翁巴跟受过高等教育的瑞典或丹麦的皇帝之间的差别一样。他们是生活在灿烂文明中的野蛮人，但并没有享受到传承已久的文明所带来的好处。他们粗浅鄙陋，没有什么文化。今天十来岁的孩子所知道的每一件事情，他们都一无所知。所以他们就只好从《圣经》这惟一的书中寻找所需要的全部知识。但这本书中能够对人类历史起到促进作用的，只有《新约全书》中那些教导我们博爱、仁慈、宽恕等章节。但是对于天文学、动物学、植物学、几何学和其他所有科学来说，这是一本令人尊敬又让人心生疑窦的书。第二本书在12世纪初进入了图书馆。

这是公元前4世纪希腊的哲学家亚里士多德所编纂的大百科知识全

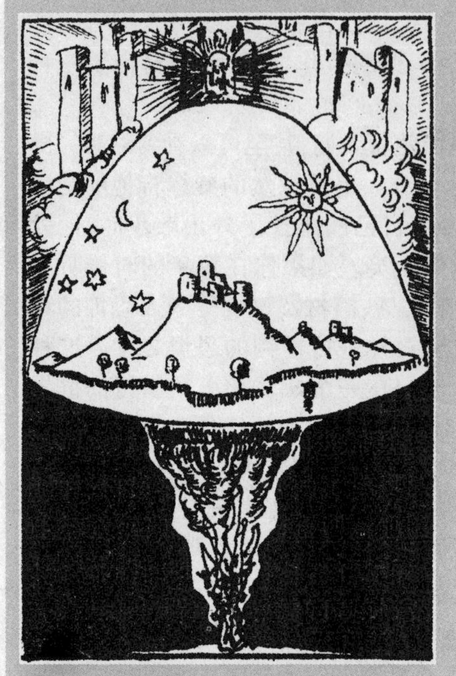

中世纪的世界

书，这比在公元元年出生的耶稣早了四百多年。基督教会为什么愿意把这份殊荣给予这位亚历山大大帝的老师呢？因为这个时候，他们一直在谴责那些异教徒的学说、谴责所有其他的希腊哲学家，对此我们无从得知。亚里士多德被认作是仅次于《圣经》的惟一可靠的教师，其著作可以放心地交在真正的基督徒手中。

他的著作是以一种辗转的方式传到欧洲的。这些著作先是从希腊传到了亚历山大，然后由伊斯兰教徒把他翻译成阿拉伯文带入西班牙的(伊斯兰军队曾在7世纪征服过埃及)。而这位伟大的斯塔吉拉人——亚里士多德的哲学便在科尔多瓦的摩尔人大学中被作为教材使用。接着，这部阿拉伯译文本又被译成了拉丁文。译者是比利牛斯山对面到这里接受自由教育的基督徒学生们。这些著名的书籍经过多次的游历后，终于成为西欧每所学校的教材被讲授起来。其确切的事实不是很清楚，但这一点很让人感兴趣。

在《圣经》和亚里士多德的帮助下，中世纪那些最杰出的人们就开始了工作，试图去探索天地间所有事物与上帝所表达的意愿之间的内在关系。这些精英人物即所谓的学者，确实是很有智慧的，他们的知识仅仅是从书本上得来的，很少从实践中获得相关的知识。他们如果想要讲授鲟鱼或毛虫的知识，就会让学生去阅读《新旧约全书》和亚里士多德的著作，并告诉学生这些书中存在着与鲟鱼和毛虫相关的一切知识，而不会出门到最近的河里逮上一条鲟鱼来让学生仔细观察一番；当然也不会离开图书馆去后院毛虫出没的地方观察、研究这些动物。即使像艾伯塔斯·马格努斯和托马斯·阿奎纳这样著名的学者，也从来没有关心一下巴勒斯坦的鲟鱼、马其顿的毛虫与西欧的鲟鱼、毛虫之间有什么区别。

偶尔地，会有一个像罗杰·培根这样喜欢打破沙锅问到底的人出现在学者们的研讨会上，并用放大镜或滑稽的小望远镜来观察鲟鱼和毛毛虫，以证明它们跟《圣经·旧约全书》、亚里士多德所描述的存在差异，但权威的学者却摇头否定了这个事实。培根太过于超前了。他敢提出这样的看法：即1个小时的实际观察，远远要比花10年的时间去研究亚里士多德的著作更有价值。而那位名人的著作由于存在着很大的差错，最好还是不要被翻译出来为好。

经典的评注者们便去警察那儿告状，说："这个人对国家的安全已经构成了威胁。他要求我们学习希腊文，不然就无法阅读亚里士多德的原著。为什么不能用拉丁—阿拉伯译文？这可是我们的人民几百年来一直喜爱和深感自豪的文字。他对鱼和昆虫的内部构造为什么会有这么深的兴趣？他无疑就是一个恶魔、一个巫师，他试图在用黑色的魔法搅乱天地间已经建立起来的秩序。"他们极力主张自己的理由，并把他说得神乎其神，以致让当局惊慌失措，竟然迫使培根在十多年的时间里不得从事研究和写作。当培根重新开始他的研究时，汲取了以前的教训。他用一种希奇古怪的符号进行研究和写作，使得他的同时代人像坠落在烟雾里一样。当教会在阻止人们研究那些会导致怀疑与背叛宗教的问题时，立场已经变得越来越顽固了，于是人们耍一些小花样就很正常了。

然而这样做并没有什么恶意。那个时代的猎手们并没有什么恶意，他们之所以热衷于搜查异教徒，原因在于他们坚持地认为，今生的生命只不过是为了来世真正美好的生活做准备的。他们深信过多的知识会破坏人们内心的宁静，使人们的头脑充满危险的念头，并很可能就此滑向地狱的深渊。一个中世纪的学者如果看到他的某个学生想独立地学习一些东西，却偏离了《圣经》和亚里士多德的权威学说时，他就像一个慈爱的母亲看到她的小孩子向一只炙热的火炉靠近一样，会感到非常的不安。她知道如果小孩一旦触摸到了它，小指头肯定就会被烫伤。于是她就试图让他离开，不然的话就采取强制手段。但她是真正地心疼这孩子的，只要他听话的话，她就会尽可能地对他好。跟这相类似的是，中世纪人类灵魂的守护者在对待信仰这一问题上，表现得相当的严格。他们夜以继日地辛勤工作，为教徒们提供尽可能好的服务。这些成千上万的善男信女们力图使众生在变化无常的命运而前，学会最大限度的忍耐。他们的影响力已经在当时的社会产生了广泛的影响。

农奴就是农奴，他们的处境是永远不会改变的。既然上帝让中世纪的农奴终生成为奴隶，并且赐予这一卑微的生物以永生的灵魂，因此，他们的权利必须受到保护，以便他们能够像一个基督徒那样从生到死。当他们年老力竭无法工作的时候，他们必须受到为之卖命的封建主的关照。因此

过着单调平庸生活的农奴,从来不会被什么新的恐惧所困扰。他们知道自己是“安全”的,至少不会被赶出门外,他们的头顶上方总会有一片屋顶(即使是一片破败的屋顶,但好歹也算是片屋顶),他们总会找到填饱肚子的食物。

这种“稳定、安全”的感觉在社会各阶层中普遍存在。在城镇中,商人、工匠们建立行业协会,以保证每一个成员都有一份固定的收入。它不鼓励那些野心勃勃的人超过他们的邻居,而是对那些“混日子”的懒汉提供了保护伞。但它们却在劳动阶层中建立起了一种普遍的、无忧无虑的满足感。这是我们这个时代所不存在的。

中世纪非常明白我们现代人称之为“垄断经营”的危险,即一个富人独自控制了所有可以囤积起来东西,如粮食、肥皂或成带鱼等,并强迫人们花高价在他那儿购买物品。因此,当局不赞同大批量的贸易,并且对商人出售的商品价格进行控制。

中世纪的市场是缺乏竞争的。为什么要竞争呢?这会使世界变得非常混乱,善良的农奴将进入黄金镶就的天堂之门,至于罪恶的骑士,则被送入地狱的深渊去接受审判和赎罪。

总之,中世纪的人们被要求安于现状,以使他们能在肉体和精神的双重贫困中享受到最大的安全感。

除了极少数的人外,他们大多数的人对此并没有反对意见,反而坚信他们只不过是这个星球上的匆匆过客而已。他们到这世上只不过是为了一个更伟大、更重要的来生做准备的。他们故意让自己背对这个充满苦难和邪恶的不公平世界。他们关上窗户,是为了避免阳光分散注意力,因为他们正在阅读《启示录》中那个散射着天堂光芒、照亮他们永生幸福的章节。在这个生存其间的世界上,他们试图对很多事情不闻不问,这样就可以享受到那在不远的将来等待着他们的欢乐。他们视生活为一种必不可少的邪恶而接受下来,并把死亡当做辉煌灿烂的开始。

希腊人和罗马人从不为未来劳心伤神,而是力图在这个世界上建立起他们快乐的天堂,并且成功地使那些有幸没有沦为奴隶的同伴们过上幸福生活。

下面,我们来看一看中世纪的另一个极端:

当人们在浩渺的云天之外为自己建造快乐天堂的时候,却把这个活生生的世界变成了芸芸众生痛苦的大海:不论是高贵的还是低贱的,富有的还是贫穷的,也不论是睿智的还是愚蠢的。在这一点上,我将要在下一章告诉你们,钟摆应该回到另一个方向了。

中世纪的商业活动

地中海地区由于十字军的东征,再一次成为繁忙的贸易区。意大利半岛上的城市由此成为与亚洲、非洲进行贸易的最大集散中心。

意大利城市在中世纪晚期之所以获得一种极其特殊的地位,有 3 个充足的原因。在很久以前,那里比欧洲的其他地方拥有更多的道路、城镇和学校。

野蛮的部落在意大利和在其他地方毫无顾忌地放火焚烧,虽然被烧掉的东西实在太多了,但仍然还有较多的东西得以幸存下来。其次,住在意大利的教皇,不但是一个拥有土地、农奴、房屋、树林和河流等庞大领地的首脑,而且还是法庭的庭长,可以不时收受大量的金钱。人们付给教皇的必须是金银,就像付钱给威尼斯和热那亚的商人一样。在给远方的教皇付钱之前,北部和西部的奶牛、鸡蛋、马匹以及其他所有的农产品,都必须事先兑换成金银才行。意大利因此成为当时世界上惟一的金银储备大国。后来,十字军东征的时候,意大利城市变成了十字军战士的金矿,每个人都以不可思议的速度暴富起来。

十字军东征结束以后,欧洲人开始从东方进口商品了,于是这些城市仍然是东方商品的集散中心。在这些城市中,威尼斯是最著名的。这是一个建在海岸边的国家。公元4 世纪的时候,野蛮人侵入欧洲,人们便从大陆逃往这里。由于四面临海,他们便靠海吃海,发展起了制盐业。中世纪的时候,食盐是非常稀有的,而且价格昂贵。威尼斯对这一不可缺少的食品

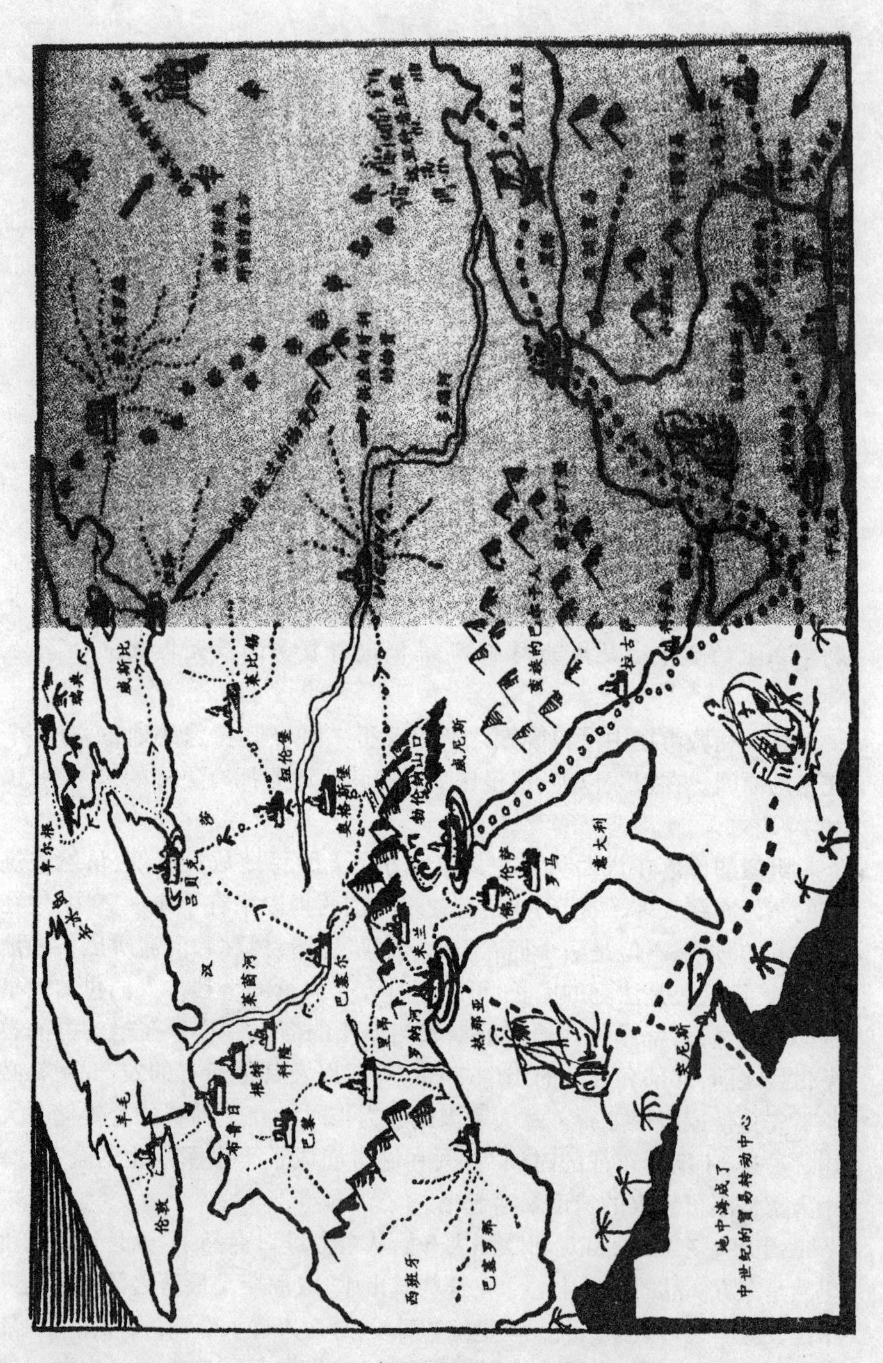
伦敦
羊毛
布鲁日
巴黎
西班牙
巴塞罗那
罗纳河
热那亚
米兰
巴塞尔
莱茵河
科隆
汉
萨
吕贝克
威斯比
纽伦堡
奥格斯堡
勃伦纳山口
威尼斯
意大利
罗马
佛罗伦萨
拉古萨
突尼斯
地中海成了
中世纪的贸易转动中心

中世纪的贸易

垄断了数百年之久(之所以说不可缺少,是因为人和羊一样,每天必须摄入一定量的盐份,否则就会生病)。于是人们利用这一垄断地位扩大他们在城市的影响,有时候甚至敢蔑视教皇的权势。城市变得富足强大后,便开始建造船只与东方进行贸易活动。十字军东征的期间,这些船只就成为了旅客们前往圣地的商船。当旅客没钱购买船票的时侯,他们就不得不帮助威尼斯人侵占别人的土地,不断在爱琴海、小亚细亚和埃及拓展他们的殖民地。

14 世纪末,威尼斯的人口发展到 20 万,成为中世纪最大的城市。而此时的政府却被少数富豪家族所控制,人们对政府毫无影响力。人们虽然成立了一个元老院,选出了一名总督,但实权却被著名的十人会议成员所掌握。他们建立了一个高度组织化的特务系统和职业杀手维持自己的统治,这些特务和杀手监视所有公民,并悄悄把那些有可能对他们专横的机构构成危胁的人除掉。

我们在佛罗伦萨能够看到另一个极端形式的政府、一种虚浮躁动的民主政治。这个城市控制着从北欧通往罗马的通道,这种有利的地理位置使得有很多外资参与到这里从事制造业。佛罗伦萨人试图像雅典人一样,贵族、僧侣和行会的会员都可以自由地参与讨论市政事务。市民之间因此发生了大骚乱,人们总是拉帮结派,制造分裂。这些派别之间相互斗争,尔虞我诈,一旦某个派别在议会中获得胜利,便驱逐他们的敌人,没收他们的财产。这种有组织的暴民统治持续了几百年之后,不可避免的事情终于

大诺夫哥罗德

发生了。一个强大的家族发展成为了这个城市的主人,并以古希腊“君主专制”的方式统治着城市与乡村。

这便是梅迪契家族。最早的梅迪契是医生(medius 在拉丁文中意为医生),但是后来他们发展成为银行家。他们的银行和当铺遍布所有较为重要的贸易中心。直到今天,我们的当铺中仍摆放着三个金球,那是强大的梅迪契家族族徽的一部分。成为佛罗伦萨统治者梅迪契家族,把他们的女儿嫁给法兰西的国王们。后来,他们所建立的坟墓足以跟罗马凯撒的王陵相媲美。

另外,热亚那成为威尼斯强有力的竞争对手,这里的商人专门在非洲突尼斯和黑海之间从事贩卖谷物的生意。除此之外,还有两百多个大大小小的城市都形成了一个个独立、完整的商业单位,与自己的邻居之间进行残酷的竞争以夺取丰厚的利润。这些邻居们互相仇视,各自为阵,并且不停息地争斗下去。

东方和非洲的产品一旦到达了这些集散中心,它们就必须为此做好准备,以便运往西方和北方的国家。

热那亚的货物通过水路运往马赛,在那儿被重新装船运往塞纳河沿岸的各大城市。反过来,这些城市又成为法国北部和西部的商贸市场。

威尼斯则有陆路与北欧连接。这条古老的道路经过了勃伦纳山口,这是一条野蛮人侵略意大利的古老通道。货物经过因斯布鲁克被转运到巴塞尔,再从那里顺莱茵河而下,直达北海和英格兰,或者前往奥格斯堡。在这里,通过剥削工人发家致富、同时又是银行家和制造商的富格尔家族,将货物进一步分发到纽伦堡、莱比锡、波罗的海等城市,以满足波罗的海北部的需要。与此同时,还直接与诺夫哥罗德共和国的威斯比(在哥得兰岛上)直接交易。这里曾经是俄罗斯古老的商业中心,在 16 世纪中期被伊凡雷帝所毁。

欧洲西北部的很多小城市都有着许多有趣的传说。中世纪的人们喜欢食用大量的鱼,这是因为当时的斋戒日是不允许吃肉的。对于那些远离海岸和河流的人们,这意味着要么什么都不吃,要么就只能吃鸡蛋。

早在 13 世纪,一个荷兰的渔民发明了一种储存鲜鱼的技术,因此就可以把鱼运送到远处了,于是北海鲜鱼的捕捞业就变得非常重要。但是在 13 世纪的某个阶段,这种很有用处的小鱼由北海迁移到了波罗的海(原因可能在于它们自身),于是内海的各个城市开始参与到捕鱼的行列中去。就这样,整个世界的人都不远千里到波罗的海来捕捞鲜鱼,但是在一年当中只有那么几个月可以捕捞到这种小鱼(其他的时间它则躲在深水里培育大量的后代)。那些船在捕捞淡季就会闲置不用,除非派上其他用场。于是闲不住的船主们就将俄罗斯北部和中部的小麦,运往欧洲的南部和西部。返回时,它们从威尼斯和热那亚将香料、丝绸、地毯以及东方毛毯运往布鲁日、汉堡和不来梅。

就这样,一个国际贸易的重要体系就这样从无到有地建立起来了,并将这个体系从布鲁日和根特的制造业城市扩大到俄罗斯北部的诺夫哥罗德共和国(在这里,神通广大的行会与法兰西、英格兰的国王们进行了非常激烈的斗争,并建立起了一个劳工暴政,这个暴政把雇主和工人彻底给毁掉了)。

对所有商人怀有疑心的沙皇伊凡占据了整个城市,并在不到 30 天的时间里杀死了 6 万多人,而其他的幸存者则沦落为乞丐。

为了保护自己免遭海盗、苛捐杂税和苛刻法规的伤害,北方的商人们建立起了"汉萨联盟",这是一个自我保护性质的联盟,总部设在卢卑克的汉萨,由一百多个城市自愿结合而成的组织。拥有自己海军的"汉萨联盟"经常在海上巡逻,一旦英格兰和丹麦国王敢于干涉商人们的权利和特权时,他们就奋起反抗并取得了胜利。

我真希望能有更多的篇幅,把更多的关于这个奇特贸易的精彩故事告诉你们。贸易通常是在历经重重艰难险阻中完成的,以至于每次航程的成功都是一次惊心动魄的冒险,这需要长编累牍地进行描绘,因此在这里就不再啰唆了。此外,我已经告诉了你们足够多的关于中世纪的情况,希望能激发起你们的好奇心,从而去阅读更多的好书。

正如我已试图向你们展示的那样,这是一个进步十分缓慢的时期。掌握实权的人们相信"进步"是魔鬼的一项发明,极其令人讨厌,应该劝阻。正是由于他们身居高位,掌握权柄,因此很容易将他们的意志强加于逆来顺受的农奴和一介武夫的骑士头上。在各处,到处都有人勇敢地闯入了科学的禁区,虽然他们的遭遇相当的悲惨,如果能够逃脱 20 年的牢狱之

汉萨船只

灾并且能活着逃出魔掌,那就被认为是幸运的了。

12、13 世纪的西欧,席卷而来的国际贸易浪潮就像尼罗河水一样,淹没了西欧大地,留下了一片肥沃的土地。繁荣意味着空闲时间的增加,而这些闲暇时光使得人们有机会去购买书籍,从而培养对文学、艺术和音乐的兴趣。

于是神圣的世界又一次充满了好奇心。正是在这种好奇心的驱使下,人类从此告别了低级阶段,逐渐上升到一个很高的层次。我在前一章已告诉了你们,自从有了城市以后,它就在为那些敢于打破旧框框、敢为天下先的人们提供了一个安全的庇护场所。

他们终于开始行动了。他们打开了紧闭的小窗户,阳光顿时就像瀑布一样直泻进这落满灰尘的房间,在半黑暗中集聚起来的蜘蛛网立即呈现在他们面前。他们将房间和后花园清理完毕后就来到了广袤的原野上。在日益破败的城墙之外,他们感慨地说:"多美好的一个世界啊!你看我们生活在其中是多么的幸福!"

在这一时刻,一个崭新的世界开始了,中世纪则宣告结束。

第38章 伟大的文艺复兴

人们再一次为活着而感到高兴。他们试图抢救古老的、令人愉快的罗马文明和希腊文明的遗迹、遗风等等。以至于他们在谈论起一种文明“复兴”的时候,就为自己的成就感到自豪。

文艺复兴不是一场宗教或政治运动,而是一种精神状态。文艺复兴时期的人们依然顺从于教会,就像儿子顺从于母亲一样。他们作为国王、皇帝和公爵的臣民没有丝毫怨言,但是,人们的生活观点已经改变了。开始穿不同的衣服,说不同的语言,在不同的房子里过着不一样的生活。

他们不再把全部的思想与精力用在等待永生幸福的降临,转而集中精力在地球上建立起自己的天堂。说实在话,他们获得了前所未有的成功。

我不止一次地对你们说过,对历史时期的确立是很危险的。人们常常把历史时期分得太明确了,比如把中世纪看做是一段黑暗、愚昧的时期。滴滴答答的钟表声在讲述着历史,文艺复兴开始了,城市以及宫殿都沐浴在热切的、好奇的、灿烂的阳光之下。

事实上,不可能划出一条清晰的界线。13世纪肯定是属于中世纪的,对此,所有的历史学家都没有异议。但是,它是否仅仅是一个黑暗的、停滞不前的时期呢?当然不是。这时期的人民是非常活跃的,他们不但建立了伟大的国家,而且发展了规模宏大的贸易中心。在城堡的塔楼和市政厅尖尖的屋顶之上,高高地竖起了哥特式的教堂塔尖。世界到处充满了活力,

中世纪的实验室

市政厅里那些位高权重的绅士们，由于意识到财富即是力量后，便开始为获得更多的权力而与封建主进行不断的斗争。行会的成员们由于刚刚觉察到“团结才能产生力量”这一重要事实，正在和那些当权者进行较量。国王和他狡猾的顾问们便趁机浑水摸鱼，他们果然逮着了许多鲜活的“鲈鱼”，当着吃惊失望的议员和行会兄弟们的面，把它们给烤熟吃掉了。

当昏暗的街灯不再招徕更多关于政治、经济等问题的争论时，为了让漫长的夜晚时光过得更有意义些，歌手和诗人们便开始来讲述他们的故事，演唱他们的歌谣，借以歌颂浪漫的冒险经历、英雄行为和表达对忠贞美丽淑女的爱慕。与此同时，不满足于现状的年轻人对缓慢的社会进步深感不耐烦，于是纷纷涌入大学的校门，在那里又发生了很多有趣的故事。

中世纪的“国际精神”颇令人费解，我这就解释给你们听。我们现代人的“民族精神”依然存在，比如我们是美国人、英国人、法国人或是意大利人，并且说着法语、英语或意大利语，我们在英国、法国、意大利等国家上大学。如果我们想专攻某种技艺，而这种技艺只能在其他地方才能学到的时候，我们就必须要学习另外一种语言，并前往慕尼黑、马德里或莫斯科去深造。但是13、14世纪的人们难得谈论他们是英国人、法国人还是意大利人。他们会说：“我是一个波尔多、谢菲尔德或热那亚公民”。因为他们同属于一个教会，因而能够感觉到亲情般的凝聚力。既然所有受过教育的人都能够使用拉丁语，他们便拥有一种国际性的语言，从而能够消除所有的语言障碍。然而现代欧洲已经形成了这种语言障碍，并使得一些少数民族处于劣势的地位。

举个例子，说说那个充满着宽容与欢笑的传教士伊拉斯谟在16世纪的创作情况。他住在荷兰的一个小村庄里，用拉丁文写作，读者遍布全世界。如果他今天仍然在世的话，他就会用荷兰文写作，那么能够读懂他的书的人就那么几百万人。为了要让欧洲和美洲人都能够看到他的书，出版商将不得不把他的著作翻译成二十多种文字。但这样做会浪费很多的钱，出版商们永远不会去冒这个风险。

600年前发生这种状况是不可能的。大多数的人们仍然愚昧，根本不懂得读书写字。但那些能够进行创作的人则属于整个知识王国的，这个王国没有边界，遍及全球，没有任何语言和国籍的局限。大学就是这个王国的堡垒，不像现代的防御工程，它们并不依边境而建。只要一个教师和几个学生走到了一起，就算建立起了大学。这再次说明了中世纪的文艺复兴时代与我们现今社会的区别是多么的大啊！

如今，要建立起一所新的大学，其动机几乎是一成不变的：即某个富翁想为社会做些好事；或者一个特别的教派想建造一所学校，以便让他们的善男信女能够接受规范的管理；或者一个州需要培养教师、医生和律师方面的人才等。大学建校之初都有一大笔钱存在某一家的银行里，以便用来建造教室、实验室和宿舍。最后，聘请专门的教师们，举行入学考试，就这样，一所大学就办起来了。

但是中世纪的做法与此不同。一个睿智人士对自己说："我发现了一个伟大的真理，我必须将我的知识毫不保留地传授给他人。"于是他开始传讲他的真理，无论何时何地，只要有几个人前来洗耳恭听就行。这很像现代街头的即兴演说，如果他的演讲是很有趣的话，那么就会吸引很多的人驻足留神。如果他的演讲很乏味，人们便耸耸肩，继续走自己的路，不再关注他。渐渐地，某些年轻人开始按时来听这位教师的伟大真理。他们带上习字本、墨水和

文艺复兴

鹅毛笔,以便随时能够把他们觉得重要的东西记录下来。假如某一天下起了雨,教师和他的学生们便找一个空旷的房间,或者就在“教授”的家里继续他们的课程。这位有学问的人站住讲台前面,学生们则席地而坐,专注地听讲。这就是中世纪最早的大学(unive rsitas),一个教授和学生混合体的简称。那时,“教师”就意味着一切,而他在其中讲课的场所就显得不是很重要。

9世纪时发生的一件事就是一个很好的例子。在靠近那不勒斯的萨莱诺小镇上,有许多医术高明的医生。那些渴望学习医学的人们对他们很是敬仰,于是就有了将近千年历史的萨莱诺大学。到1817年的时候,这所大学讲授的课程还是古希腊的名医希波克拉底的医学理论。

然后还有阿伯拉尔的神学和逻辑学。这位来自布列塔尼的年轻神父早在12世纪就开始在巴黎开设教程了,并且吸引着数以千计热切的年轻人涌向这个法国城市,倾听他的精彩学说。其他持不同观点的神甫也前来阐述他们的立场。很快,巴黎满大街都是英国、德国、意大利、瑞典和匈牙利的学生,吵吵嚷嚷的很是热闹。于是,一所著名的巴黎大学就在塞纳河岛上一座古老的大教堂周围成长起来了。

在意大利的博洛尼亚,有个名叫格拉希安的僧侣编写了一本教科书,主要是给那些应该懂得教会法律的人们看的。年轻的神父以及众多的普通信徒便从欧洲各地赶来,他们希望能够从格拉希安的思想中吸取有益的营养。为了保护自己不受该城市中的地主、商店老板和房东的欺诈,他们成立一个互助会,这就是博洛尼亚大学的源起。接下来,巴黎大学发生了一场争论。我们不知道是因为什么原因,只见许多愤愤不平的教师和学生一起横渡了英吉利海峡,并在泰晤士河畔的一个小村庄里建立起了仁慈友善的家园,这就是著名的牛津大学。1220年,同样的情况在博洛尼亚大学也发生了,不满的教师和学生都迁移到了帕多瓦,于是这个城市因为拥有了一所属于自己的大学而深感骄傲。

从遥远波兰的克拉科夫到西班牙的巴利阿多利德,从德国的罗斯托克到法国的普瓦捷,这种情况在不断地发生着。

确实,这些教授在早期所讲授的很多东西,在我们今天看来是相当荒谬的,因为我们的脑子里全都是对数和几何的定理。但是我想说明的是:13世纪并不是一个世界完全静止的历史时期。年轻的一代热情洋溢,富有朝气,虽然他们所学的东西非常有限,但有一股寻根究底的认真劲儿。就这样,中世纪的文艺便在这片喧闹声中开始复兴了。

但就在中世纪世界的最后一块帷幕降落之前,一个寂寞的身影走上了历史舞台。这个人就是赫赫有名的但丁,他来自阿利基尔利家族,父亲佛罗伦萨是一位律师。对于他,你应该知道更多的情况,而不能满足于知道他的大名。但丁生于1265年,并在城市中长大成人。这一年,乔托正在把他阿西西的圣方济各的生平故事,描绘在十字架教堂的墙壁上。在他上学的路上,他常常会因为看到一滩滩的鲜血而瞪大了惊恐的眼睛——那是皇帝的支持者吉柏林派与教皇的追随者归尔夫派之间发生可怕的冲突后留下的。

但丁长大后加入了追随教皇的归尔夫派,这是因为他的父亲早就是归尔夫派了。这一点好比一个美国男孩之所以会成为一个民主党或共和党党员,那是因为他的父亲恰好也是属于某个党派。但是没过几年,但丁看到意大利除非是团结在一个惟一的领袖之下,否则这个国家将因为连续的内乱而走向灭亡。于是,他离开教皇派转而加入了保皇派——吉柏林派。

他翻越过阿尔卑斯山去寻找新的支持者。他希望一个铁腕皇帝能够重整河山,统一全国。可惜他的希望破灭了,——1302年吉柏林派被驱逐出佛罗伦萨。可怜的但丁从那时起,直至1321年他在拉韦纳的废墟中凄凉死去为止,一直是一个无家可归的流浪者。他靠富人的施舍而活了下来,如果这些富人不是因为他是个落魄诗人而大发善心的话,他们早就被历史所遗忘了。在但丁被放逐的年代里,但丁感到自己作为一个政治上的领袖人物,很有必要为自己和自己的行为进行有力的辩护。无数个日子里,他整天都在阿诺河畔徘徊,希望能够看上一眼美丽的比阿特丽斯·波提那利。作为另一个男人妻子的她,早在十多年前就因为吉柏林的灾难而香消玉殒了。但丁雄心勃勃的事业终于失败了。他一直在为自己的家乡效劳,可是腐败的法庭却诬陷他偷盗了公款,如果他敢回到佛罗伦萨的势力范围之内,将会被处以死刑。

为了对得起自己的良心和向同时代人证明自己是清白的,但丁于是花费了心机营造了一个幻想中的世界,尽可能详尽地描述了以往被命运击败的情况,还同时刻画了美丽可爱的意大利变成了暴君的战场后,贪婪、欲望和仇恨交织在一起的绝望状况。

他向我们叙述了一个冒险故事。公元1300年的复活节前的一个星期四,他在一个密林中迷了路,更可怕的是 一只豹子、一只狮子和一只狼把他给团团地围住了。正当他在绝望中准备等死的时候,罗马诗人及哲学家维吉尔身着白色衣服从天而降。他是受圣母玛利亚和比阿特丽斯·波提那利的派遣来拯救但丁的,因为比阿特丽斯在天堂里一直关注着这位忠于

但丁

她的人的命运。维吉尔随即领着但丁穿过了炼狱和地狱，抵达深渊世界。魔鬼撒旦被冻成了永恒的冰块站在那里，四周围都是些罪孽极其深重的罪人、叛徒和说谎者，还有那些通过卑鄙手段捞取功名利禄的人。但在这两个游历者到达最可怕的地狱之前，但丁遇到了各种人物，这些人曾经在他所热爱的城市中起过一定的历史作用。他们包括皇帝、教皇、勇敢的骑士和怨声载道的高利贷者，他们在那里注定要受到永恒的惩罚，只有在获得解救之后才能离开炼狱而进入天堂。

这是一个离奇怪诞的故事。与此同时，它还是13世纪的一本包罗万象的手册，充分体现了那时候的人们所做、所想、所怕和所希望的心态。一个孤独的被放逐者佛罗伦萨的绝望阴影从头到尾贯穿其中，并且永远笼罩着他。

看啊！当这位中世纪不幸的诗人就要走完一生的旅途时，作为成为文艺复兴的第一人，弗朗西斯科·彼特拉克在阿雷左小镇上诞生了。

弗朗西斯科的父亲是一位公证人，与但丁同属于一个政治党派。彼特拉克之所以不是出生在佛罗伦萨，就是因为他父亲被放逐到阿雷左的缘故。15岁的弗朗西斯科就被送往法国的蒙彼利埃学习法律，以便继承父业。但这个男孩憎恨法律，不想成为一名法学家而是想成为一个学者和诗人。由于他强烈希望成为诗人和学者，于是就凭借着坚强的意志力实现了梦想。他于是开始了长途旅行，沿途抄写手稿。在佛兰德斯、在莱茵河沿岸的修道院、在巴黎和列日，以及罗马都留下了他的身影和足迹。最后，他在沃克吕兹的一个人迹罕至的峡谷中住了下来，并在那里勤奋学习和写作。很快，他的诗歌和学识就闻名于世，以至于巴黎大学和那不勒斯国王都邀请他去给他们的学生和臣民授课。在前往任教的路上，他必须路过罗马。那里的人们早就听说了他的大名，因为他把那些快要被遗忘了的罗马作家的著作整理并抢救了下来。于是罗马人决定在帝国首都最古老的论坛上，把诗人的桂冠这一荣誉授予他。

从那时起，他的一生便享有着无数的荣誉，赢得了无数的喝彩。他写出了人们最需要的东西,因为人们已经开始对神学感到厌倦了。可怜的但丁可以尽情地在地狱中游荡,但是彼特拉克描写爱情、自然和太阳,从来不提那些令人提不起精神的陈辞滥调。当彼特拉克抵达这个城市的时候,所有的人都涌上街头迎接他,视他为凯旋归来的英雄。如果他碰巧带上说书人薄沙丘——他年轻的朋友,那就再好不过了。他们都是那个时代的典型人物,好奇心强烈,愿意博览群书,愿意在被人遗忘的图书馆里挖掘发霉的古迹,希望能找到一份维吉尔、奥维德、卢克莱修等等古代拉丁诗人的手稿。他们中的每个人都是善良的基督徒,没有必要因为人生的虚无而愁眉苦脸、衣冠不整。

生命是美好的,作为人应该随时拥有快乐。你想要获得证明吗?那好,拿把铲子挖土吧。你会从地下找到美丽的古代塑像、花瓶和古代建筑的遗址。所有的这些东西都是罗马帝国伟大的人民创造的,他们主宰了世界长达千年之久。他们强壮、富有、英俊——你看看奥古斯都皇帝的半身塑像就会明白了。当然了,他们不是基督徒,无法进入天堂。他们最多是呆在炼狱中打发时光,但丁不是曾经拜访过他们了吗?

但是没有人在乎这一切。生活在古罗马时代,对于终究要死的人们来说,活在世上就好比在天堂了,让我们为幸福地活着而来快乐吧!

简而言之,许多意大利小城市中的狭窄街道上都充满了这种意识形态。

你们或许会明白"自行车热"或"汽车热"是什么回事。自从人们发明了一辆自行车后,就不用缓慢而痛苦地从一个地方步行前往另一个地方。现在,他们为自己能够迅速、轻易地翻山越岭而欣喜若狂。后来一个聪明的机械师制造了第一辆汽车后,人们就再也没必要费劲地骑自行车上路了。你只要坐下,让一滴滴的汽油就能把你带到天涯海角。于是,每个人都想拥有一辆属于自己的汽车。现在每个人都在谈论罗尔斯一罗伊斯、廉价小汽车、省油器、路程和石油了。勘探者们开始深入到土地的深处,目的是为了能够找到新的油源。至于苏门达腊和刚果则为我们提供大量的橡胶,那里有大片的橡胶林。于是橡胶和石油变成稀有物资,以至于人们为了控制这些宝贵的资源而刀枪相见。你看,整个世界都为汽车而疯狂了,连小孩在呀呀学语喊"爸爸"、"妈妈"之前,就知道"汽车"是什么东西了。

在 14 世纪,意大利人为发现被深埋在地下的古罗马遗迹而疯狂,那是一个美丽的世界。不久,西欧的人们也开始分享他们的喜悦了。一份未知手稿的发现日被确定为城市节日加以庆祝;一位写了一本语法书的人,变得跟如今的发明家一样深受欢迎;人文主义者,则把自己的时间和精力

放在对“人”或“人类”的研究上,而不是将他的生命浪费在毫无结果的神学探索中。这些研究者认为“人”应当得到的荣誉和获得的尊敬,要比那些征服所有食人岛的英雄们要多得多。

在这个文化巨变的过程中,发生了一个事件,这非常有利于对古代哲学家和作家进行研究。土耳其对欧洲发起了又一次进攻,原罗马帝国的首都——君士坦丁堡情势顿然危急起来。1393 年,伊曼纽尔·赫里索洛拉斯受皇帝曼努埃尔·帕莱奥洛格的派遣,到西欧陈述古老拜占廷的危险境地,并请求给予援助。但人们并不把这当作一回事,因为罗马的天主教徒巴不得希腊的天主教徒受到惩罚。虽然西欧对拜占廷的命运漠不关心,但他们对古希腊人却抱有很大的兴趣。希腊的殖民者在特洛伊战争发生 500 年后,于博斯普鲁斯建立了这个城市。他们想学习希腊文,以便能够阅读亚里士多得、荷马和柏拉图的著作。他们求学心切,但苦于没行书本,不懂得语法,更缺乏老师。

佛罗伦萨的地方行政长官听说赫里索洛拉斯来访的消息后,十分欢喜。他们这些城里人“想学希腊文都快疯了”,这位学者是否愿意来当他们的老师?当然没问题,你看!第一位希腊语教授终于把 α、β、γ 教授给了数百名热切的年轻人,这些年轻人不辞辛苦地来到阿诺城,住在马厩和破烂的阁楼上,目的只是为了学会动词的变格,以便能够和索福克勒斯、荷马等为伍。

这期间,大学里的老朽们仍然在教授着那些古老的神学和过时的逻辑学,解释着《旧约圣经》里隐藏的神秘故事,对亚里士多德著作的众多版本进行讨论等等。他们开始是惊恐不安地旁观着,然后是怒火中烧,在他们看来,这事太过分了。年轻人们不再光顾正式大学的讲堂,反而去倾听某个新奇的想法和离经叛道的言论。

经院的学者跑到当局那里去抱怨。可是一个人既无法强迫一头牛去喝水,也无法强迫自己去接受不感兴趣的东西。经院的学者们很快就泄气了,虽然他们间或会赢得一些短暂的胜利。后来,他们和那些嫉妒别人幸福生活的狂热者联合起来,在佛罗伦萨——“伟大复兴”的发源地,进行了一场新旧秩序之间的激烈斗争。一个面色阴暗、强烈痛恨美好事物的僧侣萨沃纳罗拉,成为了中世纪后卫士们的领袖。他参加了一场英勇的战斗,天天在圣马利亚教堂的宽敞大厅里狂叫着,像是上帝发出的警告:“忏悔吧,你们对神的不敬,忏悔吧,你们对不神圣事物的喜悦!”他开始听到说话声,看到天空中火红的利剑在挥舞着。他向小孩子们传道,以使他们不致重蹈父辈灭亡的覆辙。他组织了大队人马的童子军,自称是上帝的先知，准备着为伟大的上帝贡献一生。当这狂想突如其来的时候，惊慌失措的人们答应抛弃邪恶的东西并进行修心赎罪。于是他们把自己所有的书、雕像和绘画作品拿到市场上，以圣歌和最庸俗的舞蹈对这个疯狂的“狂欢节”加以庆祝，而此时，萨沃纳罗拉则把火把投向堆积起来的艺术珍宝，将它们化为灰烬。

当灰烬渐渐冷却以后，人们终于渐渐意识到他们的损失太大了。这种可怕的狂热把他们最值得珍惜的东西给毁掉了，悔悟过来的人们将萨沃纳罗拉投入监狱，并施以酷刑，但他拒绝承认自己是错的。这是一个老实本分的人，他只是想过一种圣洁的生活罢了。他乐衷于把那些不同观念者摧毁掉，而且把斩除任何邪恶当作是自己的责任。对于那些喜爱圣经以外的书籍、欣赏非基督徒东西的人，在这位教会忠诚的儿子看来都是一种邪恶。与流逝的岁月相抗争的他，显得特别的孤立无援。对于他的窘境，罗马教皇却无动于衷。恰恰相反，当狂呼乱叫的暴民们将这个“忠实的佛罗伦萨人”——萨沃纳罗拉绞死并烧成灰烬的时候，教皇竟然不予以反对。

这是一个无法避免的悲惨结局。萨沃纳罗拉在11世纪是一个伟大的人物，但在15世纪，他只不过是一个事业失败的领袖。不论结局如何，当教皇变成人文主义者、梵蒂冈成为罗马、希腊文物最重要的博物馆时，中世纪便宣告结束了。

表达的时代

人们开始觉得有必要将他们的新发现、生活乐趣等表达出来。于是他们在诗歌、雕塑、建筑、绘画以及出版书籍等方面尽情地把快乐表达了出来。

1471年，一位91岁的虔诚的老人离开了人世。在他的一生当中，有72个年头是在修道院里度过的。这个修道院在伊瑟河的上游，离古老的荷兰汉萨城兹沃勒不远的圣阿格尼斯山上。人们称他为托马斯兄弟，又因为他在坎普腾村出生，因此也被称做坎普腾的托马斯。12岁的他就被送往德文特，在那儿，他与巴黎大学、科隆大学、布拉格大学的高材生格哈特·格鲁特建立了共同生活兄弟会。这个人以流浪传教为生，享有一定的声望。善良的兄弟们在从事着木匠、油漆工和石匠等工作的同时，试图过上基督徒们早期的那种俭朴生活，做一个卑微的普通信徒。他们信守着一所杰出的学校给予贫穷子弟们的教诲，这些充满着智慧的教诲来自教会的神甫们。在这所学校，小托马斯学会了运用拉丁动词的变化形式，以及如何抄写手稿等。

他为了实现自己的远大志向，就背上一小捆的书籍，开始了流浪生涯。他终于可以如释重负了，因为他可以远离这个嘈杂、骚乱和毫无吸引力的世界了。

托马斯生活的时代充满了混乱、瘟疫和死亡。在中欧的波希米亚，英国宗教的改革者约翰·威克里夫的朋友、追随者和信徒们为领袖之死发起了复仇战争。这位领袖是被烧死在火刑柱上的，据说是按照康斯坦茨议会的命令执行的。这个议会曾经许诺给他提供安全保障，前提是他要到瑞士来，给聚集一堂的改革者们讲解他的教义。这些改革者有教皇、皇帝、23位红衣主教、150位修道院长、33位大主教、100多位亲王和公爵等。

在西方，法国人为了把英国人赶出国门，已经打了100年的战争。后来还是圣女贞德的出现，才把法国从彻底失败的命运中挽救了下来。硝烟还未散尽，法国就又和勃艮第兵戎相见，卷入了一场争夺西欧霸权的战争。在南方，一位罗马的教皇正在祈求上帝不要赐富给住在法国南部阿维尼翁的另一位教皇，而这位教皇也以同样的方式在祈祷着。远东的土耳其人此时正在清剿罗马帝国的残部，而俄罗斯人则为了推翻他们的统治者发起圣战。

托马斯兄弟在他那宁静的家中从未听说过这一切，因为他对自己的著作和思想已经感到心满意足。而且，他已经把他对上帝的爱凝聚成了一本书，即《效法基督》。从那以后，这本小册子被译成了多种语言。这是一本除了《圣经》以外印数最多的书，因此阅读这本小册子的人，跟读《圣经》的人几乎是一样多的，以至于影响了千百万人的生活。

“能够拿着一本小书，坐在一个小角落里，安静地度过他的一生”。就是这本书作者的最高人生理想。

托马斯兄弟代表了中世纪最纯洁的理想。中世纪周围聚集着文艺复兴的胜利力量，人文主义者大声宣布新时代的来临，而中世纪则为最后的突围积蓄着力量。修道院经过改革之后，僧侣们远离了奢侈与不道德等恶习。朴实、率直和诚实的人们，正以他们纯洁而虔诚的生活做为榜样，试图回到正义的、对上帝唯命是从的道路上来。但一切都无济于事，因为崭新的世界在这些善良的人们面前匆匆而去，充满思想的时代一去不复返了，而以“表现”为主题的伟大时代开始了。

约翰·胡斯

让我在这里补充一句，我很遗憾我必须费这么多的词汇来陈述这个问题。我当然希望片言只语就能够写好这一段历史，但事实上是不可能的。不说起弦、三角、直角和平行六面体，

手抄本与印刷出来的书

你是无法写成一本几何教科书的。你必须明白这些名词的含义，才能学好数学。在回顾历史的全部生活当中，你必须要弄懂许多源自拉丁语和希腊语的古怪词语的意思。那为什么不马上就开始呢？

当我说文艺复兴是一个表现的时代时，我的意思是说：人们不再满足于皇帝和教皇在唱主角，而自己是一名观众。他们想登上生活的舞台，坚持要把自己个人的思想表达出来。倘若有人像佛罗伦萨的历史学家尼科洛·马基雅维利一样对政治感兴趣的话，那么他就会著书立说，通过文字"表现"自己的思想，阐述个人对于一个成功的国家和一个胜任的统治者的看法。另一个方面，如果他对绘画感兴趣的话，他就会用优美线条和美丽的颜色表现对绘画的喜爱。比如乔托、弗拉·安吉利科、拉斐尔及其他数以千计的画家就是以画作闻名天下的——人们对这些真正美丽的、永恒的艺术品非常欣赏。

如果有人在热爱色彩和线条的同时还对机械、水力学等感兴趣的话，那么这个人就是列奥那多·达·芬奇了。他在绘画的同时还做飞行器和气球的试验，为伦巴第平原的沼泽地排水，并且他对散文、绘画、雕塑深有研究，喜欢奇思妙想，能够在他所发明的发动机中表达出对天地间万事万物的喜爱和陶醉。当一个人像米开朗基罗那样力大无穷，发觉画笔和调色板对于他强壮的双手来说不足以表达思想的时候，他就转向雕刻与建筑，从沉重的大理石块中劈凿出精妙绝伦的人像，并为圣彼得大教堂绘制设计图，这是让教堂拥有荣耀的最具体的表现。

教堂

整个意大利甚至是整个欧洲的男男女女，他们生活的目的就是为了在知识、美和智慧这座宝藏里再添加些新的珠宝。约翰·谷登堡在德国的美茵茨城发明了一种新的印刷术，他研究、改良了古代的木刻后，可以把软铅制成单个字母，按需要排列组合在一起后，就构成了单词和页面。尽管他为了获得印刷术的发明权而导致倾家荡产，并且在穷困潦倒中死去，但他的伟大发明却使得他流芳百世。

很快，威尼斯的阿尔达斯、安特卫普的普拉丁、巴黎的埃提安和巴塞尔的弗洛本，就使他们精心印刷的古典著作风靡整个世界。这些著作有的用本书中使用的意大利字体印刷，有的用《谷登堡圣经》里头的哥特式字母印刷，还有的用希伯莱字母或希腊字母印刷。

于是，全世界都变成了那些有话要说的人们的热切听众。被少数特权阶层垄断的日子从此不复存在了。当哈勒姆的埃尔泽菲尔在开始印制他的那些廉价、通俗的书籍时，这个世界再也不存在为无知辩解的借口了。后来，亚里士多德、柏拉图、维吉尔、贺拉斯和普利尼，以及所有这些优秀的古代作家、哲学家和科学家们，你只要掏几个便士，便会变成你的良师益友。从此，人文主义终于使所有的人在印刷的文字面前获得自由和平等了。

第40章

伟大的地理发现

既然人们已经突破了狭隘的中世纪的束缚，他们就必须到更大的空间去漫游。对于雄心勃勃的人们来说，欧洲太小了。于是伟大的航海时代到来了。

十字军东征实际上是旅行知识的普及，但是没有多少人敢冒险超越这条从威尼斯到以色列雅法的著名路线。13世纪，威尼斯商人波罗兄弟，曾穿过蒙古大沙漠，爬过高耸的山脉之后，辗转来到了强大的中国，拜见了伟大的可汗皇帝。波罗的儿子马可·波罗，写了一本关于他们为期二十多年的历险故事，让世人震惊不已，并且对他所描写的日本岛屿上的奇异金塔感到十分的惊讶，以至目瞪口呆。许多人都想去东方寻找到这一黄金王国，实现发财的梦想。但旅程实在太遥远、太危险了，所以他们就只好呆在家中。

当然，从海上行走总是有可能的。但是航海在中世纪并不受人们的喜爱，理由十分充足。第一，当时的船太小了。麦哲伦持续了好几年所完成的著名环球旅行，所用的船只还比不上一艘现代的渡船。这样的船只能载二十个左右的人，船舱黑暗、肮脏、矮小，以至于任何人都无法站直身子；厨房的设施极差，天气一旦有变化就生不起火来，一旦如此，水手就只好吃生的东西或以干粮凑合。中世纪的人们知道如何保存鲜鱼，晒制鱼干，但却没有发明罐头食品。一旦远离陆地，就无法吃到新鲜的蔬菜了。水是用小桶装的，用不了很长的时间，而且这种水喝起来有股腐木铁锈的味道，粘乎乎的怪难受。由于中世纪的人们对细菌的认识还是一片空白（罗杰·

马可·波罗

培根,13 世纪最有学问的僧侣曾经怀疑过它们的存在,但他却对他的发现秘而不宣)。

他们经常喝不洁净的水,以至于全体船员都被伤寒夺走了性命。的确,最早期的水手其死亡率是很可怕的。比如 1519 年离开塞维利亚伴随麦哲伦进行环球旅行时的 200 名水手中,只有 18 个平安返回。到了 17 世纪,当西欧与东印度群岛之间的商业往来达到鼎盛的时候,在往返于阿姆斯特丹与巴达维亚之间的航行中,水手的死亡率通常也高达 40%。这些遇难者大部分是被坏血病夺去了生命,原因在于缺乏足够的维生素 C(主要来自新鲜蔬菜),从而引起牙床感染,血液中毒,最后导致病人体力衰竭而死亡。

在如此恶劣的条件下,你就会理解航海对杰出的人物并没有什么吸引力。像麦哲伦、哥伦布、华斯哥·达·伽马这样著名的发现者,旅行时率领着船员几乎清一色是被囚禁的罪犯、潜在犯罪者以及无职业的小偷。

我们的确钦佩这些航海家们的勇气和胆识。他们面对的那些艰辛和苦难是我们这些生活优越的人们所无法想像的,而且,他们居然完成了原本是毫无希望的任务。他们的船只装备得很简陋,经常漏水。从 13 世纪中叶开始,他们才有了指南针,这种类似罗盘的东西是通过阿拉伯人和十字军从中国传入的。虽然如此,但他们的航海地图却是漏洞百出,糟糕透顶。

他们靠着上帝的指引和经验来猜测并确定航线。如果幸运的话,能在一两年之后返回故乡。如果运气不佳的话,他们便抛尸荒凉的海滩或葬身鱼腹。但他们是真正的开拓者,用命运下赌注。人生对他们来说就是一番值得炫耀的历险,当他们看到一个新海岸的模糊轮廓或到达了一片从未被发现的海域时,所有的痛苦、磨难与饥渴全都会被忘得一干二净。他们太激动了。

我又一次希望这本书能够有 1000 页的篇幅,因为“早期发现”这一题目真是太令人着迷了。但是给你们一个关于过去时代的真实概念的历史,

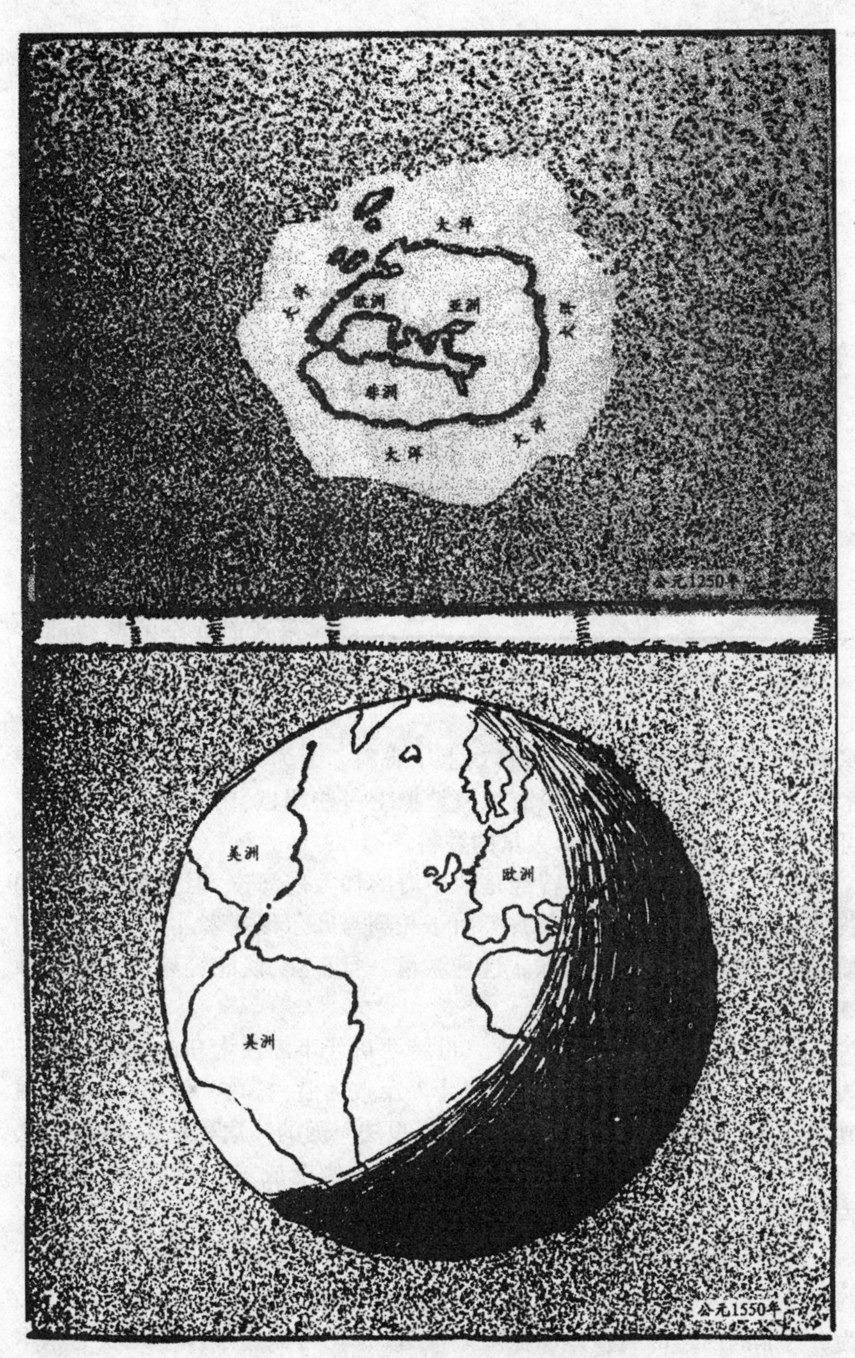

世界是怎样越变越大的

哥伦布心目中的世界

应该像伦勃朗制作的那些木刻版画那样:应该将强烈的光芒聚集在某些重要的事业上,投射在那些最好的、最伟大的事业上。其余的一切都应该被留在阴影中,或者用寥寥数笔略加表示即可。而这一章,我只能就一些重要的发现略加阐述。

记住,在中世纪将近200年的时间里,航海家们都在试图完成一件事——他们想找到一条舒适而安全的路线前往中华帝国,前往吉畔谷岛(即日本岛)。自从十字军东征时起,中世纪的人们就喜欢上了香料。因为人们没有学会冷藏技术时,肉和鱼很快会腐坏,只有慷慨地撒上一些胡椒、肉豆蔻等香料后方可食用,因此当时需要进口大量的香料。

威尼斯人和热那亚人曾经是地中海的伟大航海家,但是葡萄牙人却获得了探索大西洋沿岸的荣誉。由于长期与摩尔侵略者斗争,西班牙和葡萄牙的爱国主义激情高涨。这种激情一旦存在,便能轻易地在新的领域里激发出来。

13世纪,西班牙国王阿方索三世将西班牙半岛西南角的阿尔加维王国纳入自己的版图。14世纪,葡萄牙人反败为胜,打败了伊斯兰教徒,横渡直布罗陀海峡,占据了阿拉伯城市塔里法对面的体达和丹吉尔(塔里法一词在阿拉伯语中意为"库存品",西班牙语则变成了"关税")。其中丹吉尔是阿尔加维王国在非洲属地的首府。

他们已万事俱备,准备好了开始探险者的伟大事业。1415年,葡萄牙约翰一世与冈特约翰的外甥——以航海家亨利而著称的亨利王子,开始为进行非洲西北部的整体性探险做准备(你们可以通过莎士比亚的剧本《理查二世》了解约翰这个人)。

在这之前,腓尼基人和斯堪的纳维亚人曾到过这片炎热、拥有成片沙滩的海岸。在他们的想像中,这里是“长毛野人”的家园(其实这里所谓“野人”就是指大猩猩)。

亨利王子和他的船长们先后发现了加那利群岛。这是一个百年之前就被一艘热那亚船造访过的马德拉岛,并且留下了一张亚速尔地图,葡萄牙人和西班牙人对此有一些模糊的认识。他们把非洲西海岸推测为是尼罗河西部的塞内加尔河口,瞥了一眼就离开了。最后,到15世纪中期,他们发现了佛得角(又称绿角),以及位于非洲海岸和巴西之间的佛得角群岛。

但是亨利所做的考察并没有局限于海洋。他是基督骑士团的领袖人物。这是十字军圣殿骑士团在葡萄牙的残余影响。教皇克雷芒五世早在1312年就在法兰西美男子国王菲力的要求下,将其取缔了。菲力就是通过处死自己的圣殿骑士并剥夺其财产的。亨利王子利用宗教骑士团领土上的收入,装备了几支远征队伍,深入到撒哈拉沙漠的腹地和几内亚海岸进行探险。

但他依然还是一个中世纪十足的孝子贤孙,为了寻找神秘的“普勒斯特·约翰”,花费了大量的时间,浪费了大量的金钱。神话传说中的基督教主教普勒斯特·约翰,是东方某国的一个皇帝。关于这位君主的传奇故事在欧洲流传甚广,最早可追溯到12世纪中期。300年来,人们试图找到这位普勒斯特·约翰以及他的后裔。亨利参加了寻找,但在他死后30年,这个谜才被彻底解开。

1486年,巴塞落庙·地亚斯试图从海上找到普勒斯特·约翰之国,于是他来到了非洲的最南端。因为狂风大作,他无法继续前进,就将这个位置称为风暴角。但是里斯本的领航员们却明白,这一发现对他们通往印度的水路进行探索是很重要的,于是就把它的名字改为了好望角。

一年后,佩德罗·德·科维汉带着梅迪契家族信用证,开始了一次陆上寻找。他跨越地中海,前往埃及之后向南旅行抵达了亚丁,然后又从那儿穿过波斯湾。那里的人们自800年前亚历山大大帝时代以来,就几乎没有见过白种人。他拜访了印度海岸 的凯利卡特和果阿,在那儿听到了关于月亮岛(即马达加斯加岛)的消息——月亮岛被确认为是非洲和印度之间的中心点。然后,他返回去秘密地访问了麦加、麦地那,再次横渡红海,终于在1490年发现了普勒斯特·约翰的王国。这个人就是阿比西尼亚的黑人国王,他的祖先在公元400年就皈依了基督教,比基督教的传教士们前往纳维亚的时候还要早700年。

经过许多次的航行后,葡萄牙的地理学家和地图绘制员们相信,虽然往东前往东印度群岛的旅行是可以实现的,但有一定的困难。随后人们进行了一场大辩论,有人想继续往好望角以东的方向进行探索,但是其他却

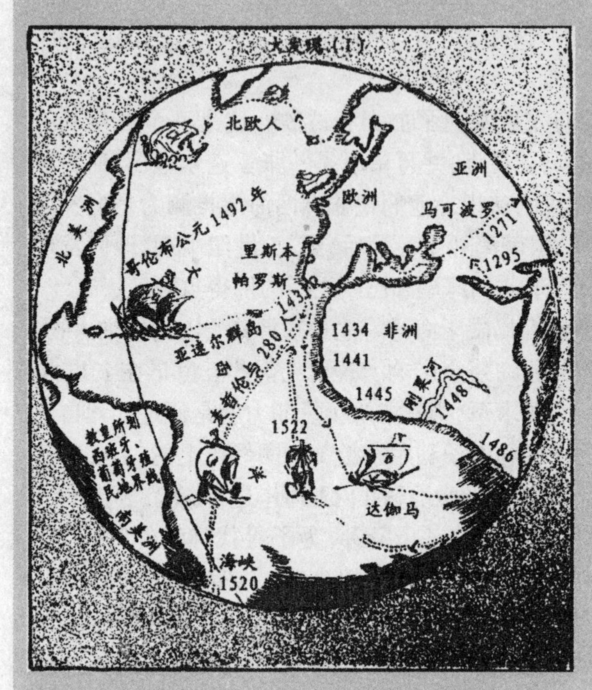

西半球的大发现

反对说:“不,我们必须往西航行,横渡大西洋,然后才能到达中国。”

我们在此应该明白,那个时代的绝大多数知识分子都坚定地认为地球是圆的,而不是像烙饼那样的扁平。埃及的伟大地理学家克劳狄乌斯·托勒密就作过如此生动的比喻。至于托勒密简单的宇宙系统,已经无法满足人们的需要而被文艺复兴时期的科学家们所抛弃。他们坚信波兰的天文学家尼古拉斯·哥白尼的学说是正确的,即地球是若干围绕着太阳旋转的行星中的一颗。而这一发现因为惧怕神圣的宗教裁判,在他发现36年后才发表(即哥白尼去世的那一年:1543年)。

13世纪,法国和意大利的阿尔比派及韦尔多派的异端邪说,即不拥有私有财产、喜欢过基督那样贫穷生活的异端邪说,曾经对罗马主教独裁时建立起来的一个教皇法庭构成威胁。但是航海家们普遍地认为地球是圆的,这就好比人们在争论向东走好还是向西走好。

在主张向西航行的人当中,有一位热那亚水手名叫克里斯托弗·哥伦布,他父亲是一位羊毛商。他曾在帕维亚大学主修过数学和几何学,然后他跟着父亲一起做生意。后来他在地中海东部的希俄斯进行商务旅行的时候,我们听说他又去英国航行了。至于他后来是去北方寻找羊毛,还是担任船长,我们就不得而知了。

1477年2月,哥伦布到达了冰岛(如果我们对他所说的话确信无疑的话),但很可能他最远只到了法罗群岛。因为那里的2月地冻天寒,很容易让人误认为是冰岛。哥伦布在那里遇上勇敢的古代斯堪的纳维亚人后裔,早在10世纪的时候就已在格陵兰定居,并在11世纪访问过美洲。

至于那些遥远的西部殖民地后来怎样了，无人晓得。莱弗兄弟托尔斯坦的遗孀改嫁后的丈夫托尔芬·克尔塞夫尼，于1003年建立起了美洲殖民地，但在爱斯基摩人的对抗下，不到3年就中止了。至于格陵兰，1440年后再也没有听到过格陵兰移民者们的任何音讯。格陵兰人很有可能在黑死病的侵袭下无一幸存，这种病刚刚夺走了大半挪威人的生命。不管怎么样，关于“遥远西方有广大的土地”的传说，在法罗岛和冰岛的人民之间仍然广泛流传着，想必哥伦布曾听到过。他在北苏格兰群岛的渔民中间了解了进一步的情报后去了葡萄牙，在那里他和一位船长的女儿成了家，这位船长曾经在航海家亨利王子的手下做过事。

从1478年起，他全身心地投入到通往东印度群岛的西行航线的探索中去。他将航行计划送到了葡萄牙和西班牙的王宫里，然而，确信自己已经垄断东方航线经营权的葡萄牙人，却不愿倾听他的计划。在西班牙，亚拉冈的斐迪南与卡斯蒂尔的伊莎贝拉于1469年结婚，这桩婚事使亚拉冈与卡斯蒂尔合并成为一个新的国家，即西班牙王国。他们此时正忙着把摩尔人从他们的最后一个堡垒——格拉纳达赶走，他们缺乏足够的钱资助这一冒险的远征，因为他们需要把每一个比塞塔(西班牙货币单位)用来养活士兵。

很少有人像这位勇敢的意大利人一样能够为自己的理想而努力奋斗。但是哥伦布(或称科隆)的故事太出名了，以至于再听一遍也令人无法忍受。摩尔人于1492年元月2日放弃了格拉纳达，同年4月，哥伦布与西班牙的国王、王后达成协议。8月3日也就是星期五，他带领着三艘小船和八十八名船员离开了帕洛斯(跟随出海的船员大多是关在监狱里的罪犯，被承诺如果去探险的话就予以减刑)。10月

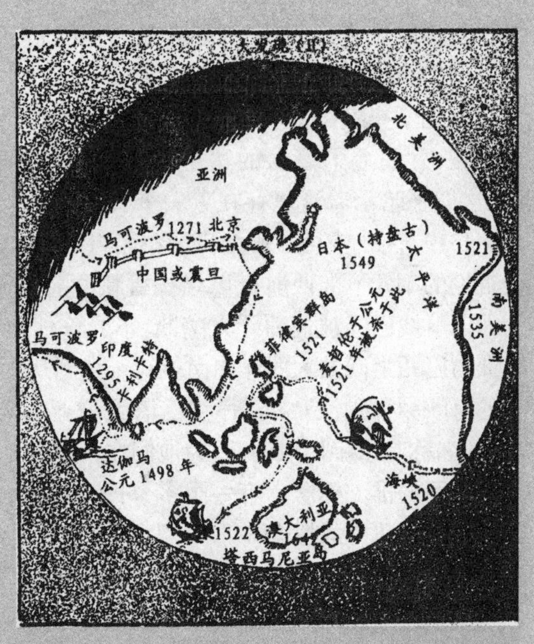

东半球的大发现

12日凌晨两点,哥伦布发现了陆地。1493年的1月4日,哥伦布向拉·纳维萨斯小城堡的44人(但没有人见到过这些人)挥手告别,开始返航。2月中旬,他到达了亚速尔群岛,在那儿差点被葡萄牙人抓起来。1493年3月15日,船队抵达帕洛斯,带着“印度人”匆匆赶往巴塞罗那,告诉他的赞助人他成功了——他确信住在东印度群岛的一些边远岛屿上的土著人就是印度人。这样,通往中国和日本的黄金大道就可以供他们的陛下使用了。

可惜,哥伦布至死都被蒙在鼓里。当他最后一次、也就是在第四次航行中见到南美洲大陆时,他可能怀疑过他的发现有点不大对劲。但他在死去的时侯依然怀着坚定的信念,即在欧洲和亚洲之间没有任何大陆,通往中国的直接航线已经被他找到了。

与此同时,坚持往东而去的葡萄牙人则较为走运。1498年,华斯哥·达·伽马到达了马拉巴尔海岸,并装了一船的香料胜利地返回里斯本。1502年,他故地重游,感慨颇多。但是西行航线的探索工作就不怎么让人满意了。1497和1498年,约翰和塞巴斯蒂安·卡伯特想找到去日本的通路,但除了几百年前北欧人第一次看见过的被纽芬兰大雪封闭的海岸和岩石外,他们什么也没有见到。后来成为西班牙首席航海员的亚美利哥·韦斯普奇,曾探索过巴西海岸,连东印度群岛的影子都没有见过。这位海员是佛罗伦萨人,美洲大陆就是以他的名字命名的。

1513年,距离哥伦布死后已经7年了,这时欧洲的地理学家们才渐渐地了解到了事实的真相。华斯哥·努涅兹·德·巴尔沃亚曾经穿过巴拿马峡谷,并登上了著名的达里恩山峰。他极目远眺,看到的是浩森的海洋,这似乎暗示着这里存在着一个大洋。

1519年,一支由5艘西班牙小船组成的舰队,在葡萄牙航海家斐迪南·麦哲伦的率领下向西航行以寻找香料群岛——之所以不是向东航行,是因为那条航线已经被葡萄牙人垄断,不允许任何竞争。麦哲伦向东越过位于非洲与巴西之间的大西洋向南航行。他到达了巴塔哥厄亚最南端的一条狭小的海峡,对面就是“火岛”。巴塔戈尼亚的意思为“大脚人的土地”,“火岛”的名称是水手们取的,因为他们在夜里看见了岛上有火光——这是岛上土著居民的惟一标志。有一个多月的时间里,麦哲伦的船只任凭海峡的可怕风暴和暴风雪的摆布。水手们发生了哗变,麦哲伦只好以非常极端的手段镇压了暴动,并将两名水手送上海岸,让他们在孤岛上进行忏悔罪行。最后风暴平息了,海峡间变得辽阔起来,麦哲伦驶入了一个新的海洋。这里风平浪静,他称它为Mare Pacifico,即太平的海洋。接着,他继续向西航行,但是经过了98天的航行依然见不到陆地的踪影。他的手下被饥渴夺去了生命,甚至捕食船上的老鼠,可是老鼠也非常有限,过后他们就咀嚼船帆,聊解饥肠辘辘之苦。

1521年3月,他们看见了望眼欲穿的陆地。麦哲伦称它为兰德罗纳斯之国(意思为强盗出没的地方,因为土著们把他们所有的东西都偷走了),过后他们进一步向西到了香料群岛!

陆地又一次出现在眼前。这是一群孤独的岛屿,麦哲伦称它为菲律宾群岛,这是以查理五世的儿子菲利普的名字命名的。这位菲利普二世因在历史上留下了不愉快的历史事件而被人们遗忘。刚开始的时候,麦哲伦受到土著的欢迎,但是当他用枪炮强迫土著们信仰基督教时,土著就奋起反抗,将他给杀害了,一起被杀的还有其他几位船长和海员。幸存者将所剩的3艘船烧毁了1只,并继续他们的航行。后来,他们发现了摩鹿加,即著名的香料群岛;他们同时也看到了婆罗洲,并到达了蒂多雷。在那儿,有一艘船因漏水得太厉害无法使用,只好连同船员一起留了下来。

"维多利亚号"在塞巴斯蒂安·德·卡诺的带领下横渡印度洋,并没有看见澳大利亚北部海岸,并且历经千辛万苦才抵达西班牙——直至17世纪的上半期,荷兰东印度公司的船只路过这块平坦而渺无人烟的土地时才发现这个海岸。

这是所有航行中最引人注目的一次。它花了三年的时间,投入了巨大的人力和金钱才获得成功的。这次航行终于确立了地球是圆的,以及哥伦布发现的新土地并不是东印度群岛的一部分,而是一块独立的大陆这样的事实。从那时侯起,西班牙和葡萄牙人将他们所有的精力投入到印度和美洲贸易的发展上。为了阻止竞争者之间发生武装冲突,教皇亚历山大六世(惟一当选为教皇并获得承认的异教徒)积极地通过一条沿格林威治以西经度50度,即1494年托德西利亚斯条约中所确定的分界线,将世界划分成两半。根据

麦哲伦

新大陆

条约，葡萄牙人只能在这条线以东的地区建立他们的殖民地，而西班牙人只能在西面建立他们的殖民地。这就很好地说明了这么一个事实：整个美洲，除巴西以外都成为了西班牙的殖民地；整个东印度群岛以及非洲的大部分土地都成为了葡萄牙的属地，直至英国和荷兰的殖民者（他们无视教皇的决定）在17、18世纪的时候把这些土地占为己有为止。

当哥伦布伟大发现的消息传到威尼斯的里亚尔托（相当于现在的华尔街）时，出现了极度的恐慌。证券、债券下跌了40%－50%，没过多久，当威尼斯的商人们感觉到哥伦布并没有找到通往中国的道路时，才从惊恐中缓过劲来。但是达·伽马和麦哲伦的航行有利地证实了，开拓一条通往东印度群岛的东向航线并非不可能。于是，中世纪的热那亚和威尼斯这两个商业中心的统治者们开始后悔了，当初就是他们拒绝听取哥伦布的建议的。但是现在太晚了，他们的地中海变成了一个内陆海，与东印度群岛和中国的陆路贸易，剧减到微不足道的比率，意大利所引以为荣的时代一去不复返了。大西洋成为新的商业中心的同时也成为了文明的中心，这一点从那以后就没有再发生过变化。

你已经看到，从5000年前的古代开始，尼罗河河谷的居民自从有了文字历史以后，文明是以怎样奇特的方式推进的。从尼罗河到美索不达米亚河之间的土地，然后是克里特岛、希腊和罗马，接着是地中海从一个内陆海成为了贸易中心，然后地中海沿岸城市成为了艺术、科学、哲学和知识的发源地。到16世纪，它再一次向西迁移，大西洋沿岸的国家摇身一变成为了全世界的主宰。

我怀疑有的人如是说，世界大战和欧洲民族的自相残杀极大地削弱了大西洋的重要性，他们期待着文明跨越美洲大陆，并在太平洋找到一个新的家园。

随着西线航路的发展，航船的规模也在逐渐加大，航海家的知识也在拓展。尼罗河、幼发拉底河的平底船被腓尼基人、爱琴海人、希腊人、迦太基人以及罗马人的帆船所取代；接下来，这些帆船被葡萄牙人、西班牙人的横帆船所抛弃；再后来英国和荷兰的全帆船又取代了横帆船。

如今，文明不再依靠船只，取代帆船和轮船的是飞机。下一个文明的中心将依靠飞机和水力的发展，而海洋将再一次成为小鱼宁静不受干扰的家，就像世界之初，它们和人类的祖先共同生活在深水地一样。

关于佛祖和孔子的事迹

葡萄牙人、西班牙人的地理发现,使得西欧的基督教徒与印度人和中国人的来往日渐紧密起来。他们当然明白基督教并不是这个世界上惟一的宗教,除此之外,还有伊斯兰教、还有北非崇拜石柱、岩石、枯树等等异教部落。但是基督教的征服者们发现,印度和中国至少还有几百万的人们从未听说过基督,其实也不想知道。因为在他们眼中,他们自己的宗教已有几千年的历史,远比西方的所谓宗教要优越得多。既然这里所讲的是一个有关人类的故事,那就不应该仅仅是说一些西方欧洲的故事,而必须了解一下来自东方的两个圣人。他们的教诲和典范,至今仍然在影响着这个世界大多数人的行为和思想。

印度的佛陀被认为是最伟大的宗教导师。他的人生经历非常有趣,他于公元前6世纪出生在雄伟的喜马拉雅山南边。佛陀诞生前的400年前,东部的雅利安族有一位伟大首领,名叫琐罗亚斯德。他曾在喜马拉雅山这样教导他的人民,人生不过是一场恶神阿里曼与善神玛兹达之间的永无休止的争斗罢了。佛陀的父亲是伽毗罗卫部落的首领净饭王,握有重权。他的母亲玛雅摩耶夫人,是邻国国王的公主。当她还是个小女孩的时侯就嫁给净饭王了。但是年复一年,月圆又月缺,她和他的丈夫依然没有生个一儿半子来继承王位,以统治他们的国家。当摩耶夫人年过半百的时候,她终于迎来了喜悦的一天。她要返回娘家,她希望自己的宝宝降临到这个世界时,能够与自己的家人在一起。

返回她少年生活过的考利扬,有一段漫长的路要走。一天夜里,摩耶夫人正在卢姆比尼花园的树荫下休息的时候,她的儿子就诞生了——取名为悉达多,后来他以佛陀著称于世,佛的意思就是“大彻大悟者”。

渐渐地,悉达多长大成了一位英俊潇洒的王子。他 19 岁时就与表妹耶输陀罗结了婚,婚后的 10 年他远离世间一切的痛苦与磨难,躲在王家高高的宫墙后,等待着继承父亲的王位,成为伽毗罗卫的国王。

在他 30 岁的时候,有一天,他乘车出宫看见了一个老人。这个人形容枯槁,衰弱的双腿几乎支撑不住生命的重负,显然是辛劳过度造成的。悉达多指着老人给他的马车夫查纳看,但是查纳回答说,像这样的人在这个世界上不计其数,多一个少一个无关紧要。年轻的王子很难过,沉默不语。当他回去同妻子、父亲、母亲在一起生活时,试图让自己快乐起来。没隔多久,他再次离开王宫。这回他的马车遇到一个危重病人,悉达多又问车夫,这个人为什么病成这样?车夫回答说,这个世界上有无数的病人,我们爱莫能助,也无关大局。年轻的王子听到这话又十分的难过,但是他依然默默地回到了家人那里。

又一个多月过去了。一天晚上悉达多下令备好马车,他要去河里游泳。突然,他的马车停了下来,原来一具腐烂的尸体正仰面躺在路边的沟渠里。从来没见过这种事的年轻王子吓得汗毛倒竖,但查纳告诉他别去管这种鸡毛蒜皮的琐事,因为这世界上到处都有死人,这是一切生命的自然归宿,有生必有死,没有人能够逃脱这一切。

那天晚上,悉达多回到家中的时候,只见音乐飘扬,在迎接着他归来。原来,他出去的时候,妻子生了一个儿子。人们欢天喜地,都来击鼓庆祝 ,因为他们知道王位又有了一个继承人。但悉达多却快乐不起来,生命的帷幕已经被拉开,而他却认识到了人类生存的恐怖。死亡与苦难的景象像一个可怕的噩梦纠缠着他。

世界三大宗教

那个夜深人静的

晚上,月明星稀。悉达多醒来,开始苦思冥想。他觉得人生毫无快乐可言,除非他能够破解生存之谜。他决定远离所有他深爱的人,去寻求答案。轻轻地,他离开妻子和孩子熟睡着的房间,叫上忠诚的查纳,告诉他跟他一道出走。

就这样,两个人一起走进了茫茫暗夜,一个要去寻找灵魂的归宿,另一个要做敬爱主人的忠实仆人。

在悉达多颠沛流离的许多年中间,印度人民正经历着翻天覆地的巨大变化。他们的祖先被好战的雅利安人(西方人的近亲)轻而易举地征服了,此后,雅利安人统治着千百万矮小的棕色人种。为了维护他们的统治地位,他们将全体人民划分成了不同的等级,渐渐地,一种非常严厉的"种姓"制度就这样强加给了印度的本土居民。印欧征服者的后裔属于最高种姓,即武士和贵族阶级,其次是僧侣,然后是农民和商人,至于古老的本地居民却被称为贱民,是一个被轻视的、悲惨的奴隶阶层,而且永世不得翻身。

甚至人们的宗教也与种姓有着密切联系。古时候的印欧人在历经数千年的流浪生涯中,经历过很多奇异的冒险,这些故事被收集在用梵文写成的《吠陀经》书里。梵文与欧洲大陆上的希腊语、拉丁语、俄语、德语等四十几种语言有着千丝万缕的联系,只有三个最高种姓的人们才可以阅读这些神圣的经文。至于贱民,那些受轻视的最低种姓成员,是不允许阅读这些经文的。如果一个僧侣或贵族想教导一个贱民学习神圣经文的话,他将大祸临头!

因此,大多数印度人民生活在痛苦之中。既然这个世界不能给予他们一丝丝的快乐,那么他们当然要另觅途径以摆脱苦难。于是,他们试图从对来生幸福的期盼中获得一点安慰。

婆罗西摩被印度人民看做主宰万物的至高统治者,被当做最完美的偶像来崇拜。像婆罗西摩一样,蔑视和摒弃一切财富和权势的欲望,其生存目的被公认为是最崇高的。神圣的思想被看做比神圣的行为更重要,于是许多人到沙漠中去,忍饥挨饿,靠树叶维持生命,希望智者、善者和仁慈者的婆罗西摩挥洒甘露滋养他们的灵魂。

悉达多经常观察这些远离城乡寻求真理的流浪者,决定效仿他们。于是他剃去了头发,取下佩带的珍珠、红宝石,连同一封告别信,让忠实的查纳送回皇宫的家中。他没带一个随从,年轻的王子就栖身于荒野之中。

很快,他神圣的声名传遍了山区,吸引了5个年轻人前来投奔,他们请求能够获许谛听圣者的智慧箴言。如果年轻人愿意追随左右的话,他同意做他们的师傅。年轻人答应了,圣者就将他们带进了山中。在接下来的6年时间里,他在温迪亚山脉人迹罕至的群山之间尽心地向他们传道解惑。当学习告一段落后,他感到自己距离最高的境界依然还很远。原来,他所离弃的那个世界对他仍然存在着诱惑。这时他让他的学生们暂时离开,他坐在一棵古树下苦思冥想了七七四十九个昼夜。终于,他大彻大悟,得到了应有报偿。在第五十天的黄昏,婆罗西摩向他忠诚的追随者显灵了。从那个时刻起,悉达多便称为佛陀,即“大彻大悟者”,他能够拯救不幸的人们并且使之获得永生。

佛陀将他生命中的最后45年献给了恒河的人民,他对所有的人宣讲他朴素的教义:谦逊、温顺地对待所有人。公元前488年,悉达多成道升天,受到数百万人的顶礼膜拜。他没有为任何一个阶级的利益宣讲他的教义,甚至最底层、最低贱的人民也自称是他的弟子。

然而,这一切却使贵族、僧侣和商人感到极为恼火。他们要竭尽全力摧毁这种宗教信条:即众生平等,向往并追求西方极乐世界。只要有机会,他们就鼓动印度人回到古老的婆罗门教义上去,即禁食、折磨有罪的肉体等。

但是,佛教是无法摧毁的。渐渐地,佛陀的弟子们穿过喜马拉雅山山谷,长途跋涉进入了中国。然后又飘扬过海,到日本去宣讲佛陀的智慧,而且他们忠实地遵守不得使用武力传教这一伟大的信条。今天,有更多的人承认并尊奉佛陀为师,以至于佛教徒的人数远远超过基督教徒和伊斯兰教徒的总和。

至于孔子这位中国的智慧老人,他的故事相对来讲要简单一些。他生于公元前550年,这时的中国还没有进入一个强大的中央集权社会。孔子一直过着一种宁静、高贵和平淡的生活,当时的人民只能任由土匪、贵族、诸侯的摆布,而这些人目无王法,无恶不作,极尽掠夺、偷盗、杀人之能事,将繁荣富庶的中国变成了

佛进入山区

饥民遍野的荒原。

热爱国家和人民的孔子，试图想改变这一切。他并不主张使用暴力，作为一个和平主义者，他不认为给人们制订苛刻的法律就能够改变他们。他知道挽救人民的惟一办法就是改造人性，于是就开始着手于改变上百万同胞的品格这一艰巨的任务。这个国度的人民就居住在东亚广阔的平原之上，他们从来对我们所讲的那种宗教提不起兴趣。他们像大多数原始人一样，相信妖魔鬼怪。他们没有先知先觉的领袖，不承认任何"天启的真理"。孔子几乎是伟大的精神领袖中惟一没有见过"幻像"、也没有宣称自己是神的使者、更没有说过他是个接受过上天旨意的人。

他只是个人情练达、以慈悲为怀的人，喜欢独自漫游，喜欢吹一曲忧郁的洞箫。他不要求获得任何承认，也不要求有人追随他、崇拜他。他令我们想起古希腊的哲学家，特别是那些斯多葛学派的先贤们，有信仰，为人正直，思想端正，不图报偿，只是在追求良心带给灵魂的平静而已。

孔子是一个最宽容、最好学的人，他曾谦虚地向另一位伟大的精神领袖老子求教过问题。老子所创立的哲学体系称为"道教"，这相当于"金律"的早期中文版本。

孔子对任何人都不仇视，他教导人们要保持沉着克制的美德。根据孔子的教诲，一个真正可贵的人，是不会让愤怒把自己搅得心神不安的；明白所发生的一切事情，都会以另一种方式使人受益，从而逆来顺受，接受命运所带给他的一切。

一开始只有几个学生在追随他。渐渐地，人数在不断地增加。到公元前478年，他去世的时候，中国的好几个国王和王子都承认孔子是他们的老师。当基督降生在伯利恒的时候，孔子的哲学早已经是绝大多数中国人的精神生活支柱。他的哲学思想至今仍在影响着整个中华民族，尽管已不是纯粹的原始方式了。大多数宗教都随着时间的改变而发生变化。基督要求人们要谦恭、温顺，不要有世俗的名利之心，但仅仅过了1500年，基督教会的首脑们就花了百万巨款修建一座与伯利恒孤陋的马厩没有任何联系的豪华建筑。

老子以"金律"教化世人，但在不到300年的时间里，无知的人们已将他变成了一个神明，现实而残酷；与此同时，还将他的智慧埋在了一堆迷信的垃圾之下，使得普通的中国人连续地生活在惊骇、恐惧和战栗之中。

孔子要求他的学生要孝敬父母，这是一种美德。但是他们很快就沉湎于对先辈的怀念上，而对他们子孙的幸福生活却很少关注。他们故意背对未来，并试图面对过去无边的黑暗。祭拜祖先成为了一种宗教仪式，他们宁

公元前1300年
摩西
犹太人的领袖
公元前1000年
查拉图斯特拉
雅利安人的领袖
公元前600年
佛陀
印度人的"觉者"
公元前500年
CHINA
孔子
中国的智慧老人
公元前400年
古希腊大哲学家
公元30年
耶稣
公元622年
穆罕默德
阿拉伯沙漠中的先知

伟大的道德领袖

愿把稻子和麦子种植在贫瘠的岩石中间，也不愿让占据好山好水的先祖坟墓变成良田，这种亵渎祖先的事他们不会去做，反之，更愿意忍饥挨饿，苦度荒年。

与此同时，孔子的智慧睿语从未真正失去过它们对不断增长的东亚人民的控制力。儒教以其深刻的格言和见微知著的洞察力，给每个中国人的灵魂添加了难得的哲学常识，这足够使他的整个人生获益匪浅。不论他是一个普通的洗衣工，还是居住在宫墙内的王子王孙以及统治各个辽阔省份的诸侯。在16世纪，西方世界缺乏教养的狂热基督徒，开始同东方古老的教义进行面对面的交流。早期的西班牙人和葡萄牙人仰望着祥和安宁的佛像，注视着孔子令人尊敬的画像，根本就无法理解这些超然的先知们。他们轻易地下了结论，这些古怪的神明全是普通的妖魔，代表着某些偶像崇拜和异端的东西，不值得教会中真正的门徒去尊敬。每当佛陀与孔子的精神似乎在干扰香料和丝绸的贸易时，欧洲人便用枪支弹药来清剿"邪恶的势力"。这种做法显然是不明智的，它只会给我们留下一份对将来没有任何好处的、令人不快且充满敌意的遗产。

第42章

宗教改革

人类历史的进程有如一个巨大的钟摆,永不停息地摆动着。人们对宗教的淡漠和对艺术与文学的热爱始于文艺复兴时期。但在随后所经历的宗教改革运动中,人们却对宗教表现出极大的热情,对文学与艺术的热爱反而消退了。

你们对宗教改革一定有所耳闻吧。你们想到的是一些追寻宗教信仰自由的清教徒们,为了他们的信仰而勇敢地远渡重洋。随着岁月的逝去(特别是在我们新教徒的国家里),“思想自由”的观念几乎成了宗教改革的代名词。在这个进步运动中,马丁·路德是一个杰出的先行者。但是,历史不是单纯地由对我们的光荣祖先所进行的一系列奉承的演讲所构成的,用德国史学家朗克的话来说,当人们在探索“到底发生了什么”的时候,一种全新的理念已经替代了过去的历史。

在我们的生活当中,很多事情的好与坏只是相对而言的,更何况没有多少事是黑白分明的。作为一位编年史家,在面对每一桩历史事件时,他都有义务和责任把事件的好与坏真实地记录下来。然而,要做到这一点很难,因为每一个人都具有不同的思维方式。但我们应当竭尽全力克服个人的思想偏见,来维护事件的公正性。

就拿我来说吧。我成长的国家是一个崇敬新教的国家,并且身处纯粹新教徒化的中心。所以,我在12岁之前就从来没有见到过天主教徒。后来,当我遇见他们时,便觉得很不习惯,心里有些惧怕。因为我听说过阿尔瓦公爵在惩罚信仰路德派和加尔文派的异端邪说的荷兰人时,有数千民

众受到西班牙宗教法庭极端残酷的惩罚,他们有的被绞死,有的被烧死,甚至被肢解。这一切对我而言就好像是昨天刚刚发生的活生生的事实,它也可能再次发生。圣巴托罗缪日的悲惨之夜有可能重演。我这可怜的小孩会在睡衣的包裹之中被杀害了,幼小的躯体将被抛出窗外,高贵的柯利尼海军上将的悲剧将在我的身上重演。

多年之后,我在一个信仰天主教的国家里生活了一个时期。我发现居住在那里的人民更为宽容和友善,和我所游历过的国家的居民一样充满了智慧。让我感到奇怪的是,在宗教改革时期,天主教和新教徒都有各自的道理。

然而,生活在16、17世纪时期的人们处于宗教改革的历史阶段,因此他们不是这样来看待问题的。他们总是自以为是地认为自己绝对正确,敌人总是错的。围绕着充当吊死别人或被别人吊死的角色,大家总是愿意扮演刽子手,并且他们的选择不会被世人谴责。

查理五世降生的那一年——公元1500年,在这样一个简单而容易让人记住的年份里,我们所看到的世界正处于一种怎样的状况呢?那时,中世纪的封建割据造成的骚乱已在若干高度中央集权的王国面前让了步。查理大帝是实力最雄厚的君主,但当时他还只是睡在摇篮中的婴儿。查理大帝出生于一个显赫的家族,斐迪南和伊莎贝拉是他的外祖父母。同时他又是哈布斯堡王朝的马克西米连(中世纪最后一批骑士之一,成功地赢得对法战争的胜利,却被独立的瑞士农民所杀的勃艮第大公)和勇敢者查理的女儿玛丽的孙子。所以说,查理大帝在很小的时候就从地图上继承了大部分的土地,这些土地是他父母、祖父母、外祖父母、叔伯舅舅、堂表亲和姑妈姨妈等在奥地利、德国、比利时、西班牙、荷兰、意大利,以及他们在亚洲、非洲和美洲的所有殖民地。在命运之神的操纵下,查理出生于法兰德斯王公的城堡——在德国占领比利时期间这里曾经关押过囚犯。因此这位既是西班牙国王又是德国皇帝的君主所接受的却是佛兰芒人的教育。

这可怜的人很早就失去父亲(传说是被毒死的,但没有被验证过),他的母亲因为丈夫的去世而发疯(她带着丈夫的棺材在他的领地上旅行),因此查理是在他的姑妈玛丽特的严格管教下成长的。他毫无选择地充当了统治德国人、意大利人、西班牙人以及上百个陌生民族的君王,在思想上查理却成长为一个佛兰芒人,一位信仰天主教的虔诚教徒。他极为厌恶宗教的不宽容,且又相当懒惰,从小到大都是这样。但是命运注定他要在一场宗教狂热的混乱中统治这个世界。他总是急匆匆地从马德里赶往因斯布鲁克,又从布鲁克急急赶赴维也纳。他热爱和平,向往安宁的生活,但却摆脱不了战乱纷争的困扰。在他 55 岁那年，他对人类产生了怀疑，他不再热爱他的人民，对人类如此多的仇恨和愚蠢简直厌恶至极。这样过了三年后，在极度的疲劳和失望中，他离开了这个世界。

关于查理大帝就介绍到这里。现在，让我们来了解当时世界上的第二大势力教会又是一种怎样的状况。在中世纪早期的时候，教会所从事的是征服异教徒，并向这些异教徒们宣扬虔诚和正直的生活的好处。但此刻的教会已经发生了天翻地覆的变化。首先，教会变得非常富有，教皇也不再是一群贫困、卑贱基督徒的牧羊人。他的居所是一座宏伟华丽的宫殿，艺术家、音乐家和文学家是他的朋友。大大小小的教堂中绘满了各种各样的圣画，画中的圣者很像希腊诸神，然而这一切都超过了需要。教皇已不再尽职尽责，在处理国家政务和追求艺术享受之间出现了极不协调的状况。他只用 10% 的时间处理国家政务，而 90% 的时间都花费在玩赏罗马塑像、研究最新出土的希腊花瓶、设计新夏季的别墅以及一出新戏的彩排上。在教皇的熏陶下，大主教和红衣主教们不甘落后地成了教皇奢靡生活的追随者。在这种氛围之中，主教也不例外地效仿了大主教。但是那些生活在乡村的神甫们却依然忠于职守。他们尽力地让自己远离这污浊的世界，远离那种异教徒式对美和享乐的追求。过俭朴和贫穷的教徒式生活——这种古老誓言在某些修道院里已经被淡忘了，这些僧侣们只要不制造出过分的公众丑闻，他们就可以毫无顾忌地尽情享乐。这样的修道院令乡村神甫敬而远之。

最后，让我们来看看老百姓。人们的生活越来越好，有钱人越来越多了，人们开始住上了漂亮的房子，孩子们可以接受好的教育，居住的城市也比以前美丽了许多。人们甚至拥有了武器，那些世世代代向他们的贸易课以重税的贵族强盗们再也无法奴役他们了。有关宗教改革的主要角色就讲这些。

路德翻译《圣经》

现在，让我们来了解一下文艺复兴对欧洲所产生的影响。之后，你们就很容易理解，为什么学识与艺术的复兴必然引起对宗教

兴趣的复兴。文艺复兴起源于意大利，并传播到了法国。在西班牙，人们并不热衷于文艺复兴，因为同摩尔人之间进行的长达500年的战争让人们的思想变得狭隘，只是一味地对宗教事务狂热盲从。虽然文艺复兴传播得越来越广，但是当你翻越了阿尔卑斯山后，情形就发生了变化。

北欧人与南欧人所生存的地理环境极为不同，当然，他们的人生观也就截然不同。意大利地势平坦，气候温和，人们过着阳光明媚的户外生活，到处充满了快乐的欢笑声和歌声。然而，德国人、荷兰人、英国人、瑞典人却不得不花大部分的时间呆在家里，倾听雨水敲打在他们舒适的小房子的窗户上。这种单调的声音令他们不苟言笑。他们严肃地对待每件事情，时刻都能意识到他们灵魂的不朽。并且绝不轻易地用他们认为神圣而不可侵犯的事物来开玩笑。文艺复兴中有关"人文主义"方面的书籍、古代作家的研究、文法学和教科书等引起了他们的极大兴趣。但是，意大利文艺复兴的主要成果之一——即全面地恢复希腊和罗马的古老异教文明，令这群不苟言笑的人们感到惶恐和不安。

当时，教会的成员大多数是意大利人，他们构成教皇制度和红衣主教团。在意大利人的领导下，人们变得不再关心宗教，教会成了人们谈论艺术、音乐和戏剧的开心俱乐部。所以，个性严谨的北方人与较为文明但性格散漫、悠闲自在的南方人之间产生了越来越大的分歧。但好像没有人意识到这对教会有什么样的危险。

为什么宗教改革发生在德国，而不是英国或瑞典？其中还存在几个次要的原因。德国人与罗马人之间有着长久的宿怨。教皇与皇帝之间永不停息的争斗更点燃了他们之间仇恨的种子。在其他欧洲国家，他们的政权被一个强而有力的国王掌控着。而德国的傀儡皇帝统治着一群蛮横无理的王公、侯爵，所以善良的市民更加直接地受到主教和教士的摆弄。那些贵族老爷们更加变本加厉地为文艺复兴时期的教皇们兴建华丽的大教堂聚敛钱财。德国人觉得这是在欺诈他们，对此表现出极端的反感。

除此之外，还有一个极少提到的事实。德国是印刷术的故乡。在北欧，人们所熟悉的《圣经》不再是一份只被僧侣所拥有与解说的神秘手写本了。《圣经》在通晓拉丁文的家庭中成了许多父亲和孩子们的必备书本。每个家庭的所有成员都可以阅读《圣经》，这原本是一件违反教会律法的事情。现在人们发现，有许多事情在《圣经》上的记载同原先神甫告诉他们的截然不同。这就引起人们的疑惑。问题不断地被提出来，当这些问题得不到答案时，很大的麻烦就出现了。

于是，当这些北方的人文主义者向他们曾经敬仰过的僧侣们开火时，进攻就开始了。然而,教皇在这些人文主义者的内心深处还占据着至高无上的位置,他们不愿意把矛头直接指向这位神圣的人物。但是那些懒惰、愚蠢、躲藏在修道院里寻求庇护的僧侣们则成了他们嘲讽、戏弄的对象。

不可思议的是,这场战争的领导人居然是一位曾经十分虔诚的信徒。他原名杰拉德·杰拉德佐,人们通常叫他德西得留斯·伊拉斯谟,他出生于荷兰的鹿特丹,家里很穷,曾就读于芬特尔拉丁学校。毕业后,他当上了教士,并在修道院里住了一段时间。他周游了许多地方,并将所见所闻写成了游记。当他以小册子作者(在现代他会被称为社论作家)来开始他的写作生涯时,发表了以《沉默者书信集》为标题的佚名书信集作品,人们感到趣味无穷并争相阅读。在这些作品中,他将中世纪末僧侣们的愚蠢和傲慢,采取一种类似现代打油诗的文体并用德语、拉丁语写成滑稽诗给予揭露。伊拉斯谟的知识非常丰富,他还精通希腊语。他把希腊原文版本的《新约圣经》进行了校订并翻译成拉丁文,给我们提供了第一个可靠的译本。他和罗马诗人贺拉斯一样坚信,没有什么能阻止我们"唇边挂着微笑来宣扬真理"。

公元1500年,他写了一本有趣的小册子——《愚人颂》,这是他在英国拜访托马斯·莫尔爵士期间,花了几个星期写成的。在这部作品中,他采用了最具杀伤力的武器——"幽默",把僧侣们和盲目的追随者攻击得遍体鳞伤。这本书成了16世纪最畅销的书,几乎所有的文字都能找到它的译本。因为这样,伊拉谟斯的其它著作也引起了人们的关注。他在作品中不断提倡改革教会弊端,呼吁他的人文主义同伴们加入到促进天主教信仰新生的队伍当中。

伊拉谟斯提倡的这项卓越的计划没有实现。由于他对事物过于宽容和过于富有理性,使他难以得到教会里大多数敌对者的拥护。人们在期盼着一个更杰出人物的到来。这个杰出人物就是——马丁·路德。

路德是德国北部一个非常勇敢的农民,他聪明能干,曾就读于爱尔福特大学并获得了文学硕士学位。在多明我会中,他是重要的成员之一。他还担任过维滕贝格神学院的教授,在他的老家萨克森,路德耐心地向那些漠视宗教的农家子弟们讲解《圣经》。在业余时间里,他研究了《新旧约全书》的原文,不久之后他就发现,平时教皇和主教们所宣扬的教义与基督耶稣的圣训两者之间大相径庭。

公元1511年,他因公到了罗马。这一年,为了子女的利益而狂敛财富的博尔吉亚家族的亚历山大六世教皇去世了。尤里乌斯二世继承了教皇的职位,这位新教皇热衷于打仗和建造新教堂并为此花费了大量的时间,然而,尤里乌斯二世的虔敬并没有给这位思想严谨的德国神学家留下深

刻印象。路德满怀失望回到了维滕贝格。但更为糟糕的事随之而来了。

尤里乌斯教皇把继续建造宏伟庞大的圣彼得大教堂的重任寄托在其继任者身上,庞大的工程刚刚开始了一半,就需要修缮了。亚历山大六世因此花光了教皇金库里的最后一分钱。到了公元 1513 年,利奥十世教皇出现了财政危机,教皇已经濒临破产。在这种情况下,利奥十世开始售卖"赎罪券",这是一种筹募资金的老办法。所谓的"赎罪券"就是人们用一笔钱换回来的一张承诺书,它向罪人承诺缩短他们死后在炼狱里涤罪的时间。这样做并没有违反中世纪后期的教义。因为教会既然有权宽恕在死亡之前真正忏悔的罪人,那么,教会也有权通过祈祷来缩短灵魂在阴森的炼狱中涤罪的时间。

令人遗憾的是,这些赎罪券要人们用钱来购买。但对教会而言,这的确是一种便捷的筹募资金的好办法,而且教会对那些买不起赎罪券的穷人们亦可以让他们免费领受。

1517 年,一个叫约翰·特茨尔的多明我派僧们得到了萨克森地区的赎罪券专卖权。这位约翰兄弟是一位强悍的兜售员。他采取强买强卖的销售方式,引起了萨克森地区虔诚的教徒们极大的反感。甚至让一向诚实本分的路德在义愤填膺之余做出了一件鲁莽的事。1517 年 10 月 31 日,路德在维滕堡的宫廷教堂的门上贴了一张用拉丁文写的、攻击赎罪券制度的声明,总共有 95 条论点。路德并不是一个革命的先驱者,他也无意制造一起骚乱,他只是反对这项制度,并想让他的教授同伴们了解他的观点。这原本只是教士和教授们之间的私事,并不会引起世俗公众的成见。

然而,出乎意料的事情发生了。在历史潮流的牵引下,这时的人们开始关注宗教事务。在这种情况下讨论任何事情要想不立即引起一场争议是不可能的。不到两个月,整个欧洲都在讨论路德的 95 个论点。每个人都必须选择自己的立场。每一个神学小卒都必须发表自己的主张。教皇当局感到万分的惶恐,他们命令这位维滕堡教授到罗马对自己的行为作出解释。聪明的路德想起了胡斯的下场,并没有前往罗马,结果受到了开除教籍的惩罚。路德当着支持他的公众面前焚毁了教皇的敕令,从这时起,在他和教皇之间已无和平可言了。

也许路德本人也没有想到,但事实上他还是成了对教皇当局心怀不满的基督徒大军的领导者。在德国,许多像乌尔里希·冯·胡滕的爱国者们都来保护他。维滕贝格、爱尔福特、莱比锡的学生们以及撒克逊选帝侯的许多热血青年都成了他的保护者,只要他不离开撒克逊的土地,就没有人能够伤害他。

所有的这一切都发生在1520年，查理五世已经20岁了，作为统治半个世界的君王，他必须同教皇们和平共处。在莱茵河畔的沃尔姆斯，查理五世召开了一次全体国民会议，命令路德出席会议，并要在会议上为自己的行为做一个合理的解释。这时的路德在德国已经成为他们的民族英雄了。他出席了会议，但他决不屈服于教皇的权威，拒绝收回他所做过的一切。他的良心只受上帝的意志所支配，他愿为他的良心而付出一切乃至生命。

沃尔姆会议经过审议，宣布在上帝和人民面前路德是一个被剥夺公民权的人，禁止所有的德国人给他提供庇护和饮食，禁止人们阅读这个异端分子所写的每一个字。但是，这位伟大的改革家却没有受到丝毫的伤害。德国北部的大多数民众都痛斥这项不合理的命令，为了更好地保护路德，人们把他隐藏在撒克逊选帝侯的瓦特堡城堡里。在那里，他将《圣经》译成德语，使所有的德国人都能亲自了解基督耶稣的圣训，得到抗拒教皇的力量。

此时此刻，宗教改革已不再是一个简单意义上的精神或宗教事件了。整个欧洲变成一个战场。那些反对修建宏伟华丽的大教堂的家伙们利用这一混乱时机，袭击和破坏了他们不喜欢也不懂的教堂。修道院的土地被贫困的骑士们瓜分，居心叵测的王公贵族们趁皇帝不在，很快加强了自己的实力。在几近疯狂的捣乱分子的领导下，饥饿的农民袭击了他们主子的城堡，并以过去十字军战士的激情进行烧杀掳掠。

整个帝国陷入一片黑暗之中。有些王公成了新教徒（追随路德的"抗议"者），他们迫害仍然信奉天主教的人们，另一些依然信仰天主教的贵族们就绞尽脑汁地要绞死那些新教徒。1526年，在德国召开了斯派牙会议.统治者们企图通过下令"所有臣民必须忠于他们的主子，必须同他们的领主一起虔敬同一教派"来规范人们的信仰问题。这项命令让德国彻底地成了一个有着上千敌对小公国和侯国的棋盘，造成了在今后的几百年里政治上得不到正常发展的局面。

1546年2月，路德去世了，他被葬在维滕堡的宫廷教堂内，这里曾是他29年前公开反对赎罪券制度的地方。在不到30年的时间里，宗教改革时期争吵、漫骂、辩论的世界替代了文艺复兴时期对宗教漠视、嘲讽的世界。教皇们赖以生存的精神帝国土崩瓦解了。整个西欧成了一个战场。新教徒们与天主教教徒们为了弘扬各自的某些神学教条，互相残杀。然而，对现代人来说，这些教义犹如古代埃特鲁斯坎的神秘铭文一样难以理解。

宗教大论战的时代

16 世纪和 17 世纪是宗教大论战的时代。你只要稍加注意，就会发现几乎你周围的每一个人都在不断地谈论经济，并讨论与公共生活相关的工资、劳动工时及罢工等问题，因为那是在我们自己这个时代最能引起人们兴趣的话题。

1600 年或 1650 年的穷孩子们的遭遇着实可怜。除了宗教，他们从没听说过其他任何东西。他们的脑子里被“宿命论”、“化体论”（圣餐面包与酒化为耶稣的肉和血）、“自由意志”以及上百个其他稀奇古怪的词语所塞满，表达着不论是大主教或新教“真正信仰”的晦涩理论。根据父母的意愿，他们从小就接受了天主教派、加尔文教派、路德教派、茨温利教派或再浸礼教派的施洗。他们从路德编写的宗教教义的问答手册，或加尔文撰写的《基督教原理》中学习神学，或者背诵英文版的《公祷书》中的信仰 39 条信条，而且他们被告知，只有这些才是“真正信仰”。

他们听说了亨利八世所犯下的种种罪行：英国的这位国王多次结婚、自封为英国教会的最高首领，并把罗马教皇任命主教和神父的权力窃为己有。他还把教会的财产全部侵吞。每当有人提及有着地牢和许多刑讯室的神圣宗教裁判所时，这些孩子便会做恶梦。他们还听到同样可怕的传闻：一群荷兰新教暴民如何抓住十几个毫无抵抗之力的老神甫，仅仅为了取乐就将那些承认不同信仰的人们吊死。这真是不幸，争斗中的两个对立派别如此势均力敌,不然这场斗争就不会久拖不决。如今,它拖延了整整8代人的时间,而且变得愈加复杂,只言片语根本难以描述清楚,如果你想详细了解,请你在诸多有关宗教改革历史的书籍中的一本里去找寻其余吧。

继新教的伟大改革运动之后,便是教会内部的一场彻底改革。那些教皇们不过是业余人文主义者和罗马、希腊的古董商,从历史舞台上消失后,他们的位置被每天花20小时管理交在他们手中的那些神圣事务的严肃的人们所取代。

修道院漫长而颇不光彩的幸福时光一去不复返了。修道士和修女们不得不日出即起,研究圣哲的著作,照顾病人并安慰垂死者。宗教裁判所日夜监视着,以防危险的教义通过印刷的渠道得到传播。常见的惯例是在此处顺便提及可怜的伽利略,他因为在用他可笑的小望远镜观察天空时有点不够慎重,并发表了某些全然与教会正统观点背道而驰的有关行星运行的见解,因而受到了被关押起来的"优待"。

应该说明的是,新教徒与天主教徒一样,都是科学和医学的敌人,他们以同样无知、不宽容的表现,把那些研究未知事物的人看做是人类最危险的敌人。

加尔文,这位法国伟大的改革家、日内瓦政治和精神上的暴君,他不仅帮助法国当局试图将迈克尔·塞尔维特(西班牙神学家及医生,因作为第一位伟大的解剖学家维萨里的助手而闻名)送上绞架,而且当塞尔维特从法国越狱、逃至日内瓦时,加尔文将这位才华横溢的人关进牢房。在长期的审判之后,毫不顾及他作为一名科学家的声望,让他在火刑柱上为他的异端邪说付出生命的代价。

宗教裁判所

宗教之争就这样继续下去。对这一问题我们几乎找不到可靠的统计资料,但总的说来,新教徒比天主教徒更早对这一游戏感到厌倦,况且那些因其宗教信仰而被绞死、烧死或砍头的真诚的男男女女,大都成了大权在握且残暴的罗马教会的牺牲品。因为"宽容"(当你们长大以后请记住它)一词的起源颇晚,甚至我们所谓的"现代人"也只对那些与他们没有太大关系的人们以及事物表示宽容。他们对于一名非洲土著宽容,不在意

他是一名伊斯兰教徒或一名佛教徒,因为不论伊斯兰教还是佛教都与他们毫不相干。但是当他们听说他们那相信高度保护性关税的共和党邻居加入了社会党,并且想要废除所有关税法律时,他们就无法再宽容了,这就像一位17世纪的天主教徒听说了自己一向敬重的好朋友沦为新教或天主教可怕异端的牺牲品时几乎一模一样。

直到前不久,"异端邪说"还一直被视为一种疾病。如今,当我们看到某人因忽视个人和家庭卫生,将自己和孩子陷于伤寒或另一种可预防疾病的危险之中时,我们便报告卫生局,而卫生官员则请求警察来协助他将这个可能危及整个社区的人带走。在16和17世纪,一名异教徒,即公开怀疑新教或天主教的基本教义的男人或女人,被认为比伤寒带菌者更可怕。伤寒有可能(有很大可能)摧毁一个人的肉体,而他们认为,异端邪说能摧毁不朽的灵魂。因此,所有理性的善良市民都有责任向警察检举这些破坏既定秩序的人。那些未曾这样做的人,就像发现了房客患有天花或霍乱而不向邻近的医生报告一样,理应受到谴责。

在未来的岁月里,你会听说许多有关预防医学的事。所谓预防医学就是医生不是等病人得病之后再去治愈他们,相反地,他们研究病人以及他(病人)健康时的生活状况,并且通过清除可能致病的垃圾,教他该吃些什么及避免些什么,还通过教给他一些简单的个人卫生知识,排除掉疾病的每一可能来源。甚至不仅如此,这些好医生还到学校去教导孩子们应该怎样刷牙,怎样预防感冒。

把危及灵魂的疾病看得(正如我力图说明的)远比危及肉体健康的疾病重要的16世纪,形成了一整套精神预防医学体系。一旦一个孩子长大刚开始识记单词时,就要学习真正的(并且是"惟一真正的")信仰原理。这一点已被间接地证明对于欧洲人的全面进步是一件好事。在信仰新教的土地上,很快建起一座座学校。他们用大量宝贵的时间解释他们的教义,但除神学外的其他方面的知识也给予传授。他们鼓励人们阅读,这使印刷行业得到了空前繁荣。

天主教徒们也不甘落后。他们也把大量的时间与精力投在教育上,并且在这一方面从新创立的耶稣会找到了可贵的朋友和同盟。创建这一非凡的组织(耶稣会)的是一位西班牙士兵。他在经历了一段邪恶的冒险生涯后,皈依了宗教,并因此觉得自己有义务为教会作出贡献,这像从前的许多罪人一样,在救世主指出了他们的错误之后,将他们的余生奉献给帮助和安慰那些不幸的人们。

这个西班牙人名叫依纳修斯·德·罗耀拉。他于发现美洲的前一年出生,他曾受过伤并终身跛足,他在医院时,看到了圣母和圣子的幻像,吩咐他弃恶从善。于是他决定前往圣地,并完成十字军的使命。但是拜访完耶路撒冷后,他明白了自己难以担当此任,于是他返回西方,积极加入对路德教派异端邪说所进行的战争。

他在巴黎的索邦神学院学习期间,于1534年联合其他7名学生创立了一个兄弟会。这8人发誓:他们将过圣洁的生活,不追求财富而渴求正义,并且要将他们自己的灵魂与肉体全部奉献给教会。没过几年,这个小小的兄弟会便成长为一个正规的组织——耶稣会,并得到了教皇保罗三世的认可。

罗耀拉曾是一名军人。他严守纪律,故而要求耶稣会会员对上级的命令绝对服从,这成为耶稣会大获成功的主要原因之一。他们专心教育。在对自己的教师进行了最彻底的教育后,他们才允许教师们与一个学生谈话。他们与他们的学生生活在一起,并与他们一起做游戏。他们百般慈爱地呵护着他们。结果,他们培养出了新一代忠实的天主教徒。这些教徒对待他们的宗教职责就像中世纪早期的人们一样严肃。

然而,精明的耶稣会成员没有将他们的全部精力都花在对穷人的教育上。他们出入权势者的深宫大院,成为未来皇帝和国王的私人家庭教师。而此中的深意,你们将在我向你们描述三十战争时才会明白。但在这场宗教狂热最终可怕地爆发之前,还发生了许多其他重大事件。

查理五世死后,德国和奥地利被留给了他的弟弟斐迪南。他的其他所有领土,西班牙、荷兰、东印度群岛和美洲则由其子菲利普管理。菲力普是查理与他的嫡系表亲的葡萄牙公主所生。这种近亲联姻的后代常常有神经不正常的倾向。菲利普的儿子,不幸的唐·卡鲁斯(后来经过其亲生父亲的允许而被杀)是疯子。菲力普倒不那么疯颠,但他对宗教的狂热却几近疯狂。他相信上帝任命他为人类的救世主之一。因此,任何不愿与国王持同一观点的顽固分子,就等于是在宣称自己是人类的公敌,必须予以消灭,以免腐蚀其虔敬邻居的灵魂。

圣巴托罗缪日之夜

西班牙物产极为丰富。新世界所有的金银都流进了卡斯提亚和阿拉贡的财库中。但西班牙也饱受一种经济怪病的折磨。西班牙的农民无论男女都很吃苦耐

挖开大坝，拯救莱顿

劳。而贵族阶层除了在陆军、海军或政府部门出任公职外，始终抱着一种对任何形式的劳动的极度轻视。至于那些摩尔人，本是些非常勤勉苦干的工匠，早就被驱逐出了这个国家。结果，作为世界珠宝库的西班牙，仍然是一个贫穷国家，因为他必须将他的财政收入送往国外，换取那些西班牙人自己不愿种植的小麦和其他的日用必需品。

16 世纪最强大国家的统治者——菲力普，其财政收入一直依赖于在商业繁荣之地的荷兰的锐金。但这些佛兰芒人与荷兰人是路德和加尔文教义的忠实追随者，教堂中所有的偶像及神圣绘画都已被他们彻底清除出去，同时，他们告诉教皇，他们不再被看做他的牧羊人，而打算按照良知的支配和新译出的《圣经》作为行动指南。

国王因此被置于一个非常尴尬的处境。他当然不能容忍他的荷兰臣民的异端邪说，但他又需要他们的钱。如果他默许他们成为新教徒而不采取任何行动去挽救他们的灵魂，他就没有尽到上帝赋予他的职责。但如果他派宗教裁判所前往荷兰，并将其臣民在火刑柱上烧死，那他势必会失去他大部分的收入来源。

作为一个优柔寡断的人，他经过了很长时间的犹豫，尝试了仁慈、严厉、许诺和威胁。但荷兰人仍然一意孤行，继续大唱他们的赞美诗，参加路德教派和加尔文教派牧师们的布道大会。无奈之下，菲力普指派著名的"铁腕人物"阿尔瓦公爵前去使这些冥顽不化的罪人屈服。

阿尔瓦将那些在他抵达前没有明智地逃离荷兰的领袖们斩首示众。在 1572 年(法国新教领袖全部被在恐怖的圣巴托罗缪日之夜杀害的同一年)，他攻下了一些荷兰城市，作为对其他城市的警戒，他屠杀了那里的居民。次年，他的大军围困了荷兰的制造业中心莱顿城。

与此同时，荷兰北部的 7 个小省组成了名为"乌得勒支同盟"的防卫同盟，并公推德意志王子奥兰治的威廉，曾任查理五世皇帝私人秘书的一个德国人，为他们军队的首领和以"海上乞丐"闻名的海盗水手们的司令官。为了给莱顿城解围，威廉命人挖穿堤坝，造成了一个浅水内海，他的士兵使用平底驳船和敞篷船，在泥泞中通过划、推、拉得以来到城下。靠这支装备奇特的海军的帮助，从西班牙人手下解救了这个城市。

西班牙国王的无敌军队第一次遭受了如此丢脸的惨败，令整个世界为之震惊，就如同日俄战争期间日本人的沈阳大捷令我们这一代人吃惊一样。新教徒势力获得了新的信心。而菲力普为达到征服反抗他的臣民的目的，又使出新的杀手锏。他重金雇用了一个贫穷而又狂热的蠢货前去刺杀了奥兰治的威廉。但是，领袖的死并未使七省屈服。相反，更激起了他们的满腔义愤。1581 年，荷兰议会（七省代表的会议）在海牙召开，庄严地宣布弃绝“邪恶的菲力普国王”，同时宣布由他们自己担当起他们那“上帝恩赐的王国”的领导重任。

这在争取政治自由的伟大斗争史上堪称是一个非常重要的事件。它比以《大宪章》的签订为终结的贵族起义迈出了更大的一步。这些公民们说：“一个国王与他的臣民们之间应该有一种默契，双方都应承认某些明确的义务，都应做出某些贡献。若任何一方未能遵守这一契约，那么另一方有权把这视为契约的终止。”乔治三世国王的美洲臣民们在 1776 才年得出了一个同样的结论。但他们有着 3000 海里的大洋隔在他们与他们的统治者之间（这意味着一旦失败死亡也将来得很慢），而荷兰议会的决定则是在西班牙震耳的枪炮声中并经常处于西班牙舰队进行疯狂报复的恐惧中做出的。

一旦信仰新教的伊丽莎白女王将天主教徒的“血腥玛丽”的王位继承下来时，一支神秘的西班牙舰队将征服荷兰与英国——海边的水手们多年来一直在谈论这一传闻。而在 16 世纪 80 年代，某些事实证明这一传闻并非空穴来风。据曾到过里斯本的领航员们说，所有西班牙和葡萄牙的港口都在忙着建造船只。而在荷兰南部（比利时），帕尔马大公正在招兵买马，组建一支一旦舰队到达即从沃斯坦德运往伦敦及阿姆斯特丹的远征大军。

1588 年，强大的无敌舰队启航向北方进发。但是，佛兰芒海岸的港口已被荷兰舰队封锁，英吉利海峡已有英国人防守着。在南方风平浪静的水域呆惯了的西班牙人，不知道该如何在这狂风劲吹的北方严寒气候下航行。一旦遭到敌舰和风暴袭击，无敌舰队的命运将会如何，我就毋庸多言了。只有几艘船通过绕行爱尔兰侥幸死里逃生，其余的战舰全被消灭，被北海的波涛吞没。

本着礼尚往来的原则，英国和荷兰的新教徒趁势将战火烧进了敌人的领土。17 世纪行将结束时，豪特曼（一名曾经为葡萄牙人服务的荷兰

沉默者威廉被谋杀

人)在林斯科登的一本小册子的帮助下,最终发现了前往东印度群岛的航线。由此建立了盛极一时的荷属东印度公司,也全面引发了针对西班牙和葡萄牙在非洲、亚洲的殖民地的一系列的残酷战争。

就在这殖民征服的早期,在荷兰的法庭上进行了一场有趣的诉讼。早在17世纪初,一位名叫范·海默斯凯尔克的荷兰船长,曾率领一支探险队,试图发现通往东印度群岛的东北航线,在新泽勃拉岛封冻的海岸上度过了一个漫长的冬天,并在马六甲海峡捕获了一艘葡萄牙船。你们大概还记得教皇曾将世界均等地划分为两份,一份给西班牙,另一份给葡萄牙。葡萄牙人把环绕东印度群岛的海域理所当然视为他们自己的私有财产,而当时他们并未与荷兰七省联盟打仗,于是他们宣称,范·海默斯凯尔克——一个荷兰私有贸易公司的船长,无权进入他们的领土盗劫他们的船只。他们诉诸法庭。荷兰东印度公司聘请了一个名叫德·格鲁特或格劳休斯的年轻律师为他们的案件辩护。这位聪明人的辩护辞震惊了所有人。他说,海洋对所有来往者都是自由的,一旦超出岸炮不能企及的距离,海洋就是,或据格劳休斯的说法,应该就是一个对所有国家的所有船只自由开放的公海。这是第一次在法庭上被公开地陈述的惊人学说。它受到所有其他航海业人士的反对。

为了消除格劳休斯著名的“海洋自由论”或“公海论”的影响,英国人约翰·萨尔登写了他著名的关于“领海”或“封闭海洋”的论文,认为一个主权国家对其周围的海域理应视为其自然领土。我在此提及是因为时至今日这个问题仍未得到有效解决,并且在上一次战争期间引起了各种难题和混乱。

让我们再回到西班牙与荷兰和英国之间的战争吧。在20年的时间里,大多数有价值的殖民地,比如东印度群岛、锡兰、好望角以及中国沿海,甚至日本,都被新教徒所控制了。1621年,新成立的西印度公司占领了巴西,并在北美洲的哈得逊河口建立了一个名叫新阿姆斯特丹的据点。哈得逊河是亨利·哈得逊于1609年发现的,因而以他的名字命名。

这些新的殖民地使荷兰和英国两国一夕之间得以暴富,以至于他们能够雇佣大量的外国士兵来替他们充当炮灰，而他们自己则可以专心从事商业与贸易。对他们来说，新教徒的反叛意味着独立和繁荣。但在别的地区，它却给人们带来了无休止的恐怖。与之相比，上一次的战争简直就是友好的主日学校孩子们一次开心自在的郊游。

三十年战争自1618年爆发，1648年以签订著名的威斯伐利亚条约结束。这场战争是一百多年来日益增长的宗教仇恨的必然结果。正如我说过的，这是一场可怕的战争。所有的人都在互相厮杀，而战斗只在所有各方都精疲力竭无法再战时才停止。

战争在不到一代人的时间里使中欧的许多地区变成了一片焦土，饥饿的农民甚至与更为饥饿的野狼为一匹死马的尸体进行搏斗。整个德国近六分之五的城镇和乡村毁于战火。在西部，巴拉丁地区被洗劫多达28次。1800万人的人口锐减到400万。

几乎是从哈布斯堡王朝的斐迪南二世刚当选为皇帝的时候，这种互相仇视的行为就开始了。斐迪南二世是耶稣会精心训练的成果，是教会最为恭顺虔诚的信徒。他在年轻时曾发下誓愿，要从他的领土上彻底铲除一切教派和一切异端。斐迪南尽其所能实现诺言。在当选的前两天，他的主要对手弗德里希，巴拉丁的新教派选帝侯，英格兰詹姆斯一世的女婿，直接违背斐迪南的意志，登上了波希米亚的国王宝座。

哈布斯堡的军队立即开进波希米亚。年轻的国王徒劳地四下求助，以抵抗这个气势汹汹的来犯之敌。荷兰原本想拔刀相助，但当时它正与西班牙一支军队激战，心有余而力不足。英格兰的斯图亚特王朝则认为，加强他们自己在国内的绝对权力，比将财力人力浪费在遥远波希米亚的冒险上来得更有价值。经过几个月的挣扎，选帝侯弗德里希被赶走了，而他的巴拉丁领地落入了巴伐利亚的天主教王室手中。然而这只是那场大战的开始。

接着，哈布斯堡大军在蒂利及奥伦斯坦的统帅下长驱直入，攻进德国的新教领地，直抵波罗的海海岸。一个天主教邻居对于丹麦的新教国王来说有如眼中钉、肉中刺。克里斯蒂安四世试图在敌人还未变得过于强大之前便进行袭击，以保卫他自已。丹麦军队长途跋涉进入了

“无敌舰队”来了

哈德逊之死

德国,然而被对手击败。奥伦斯坦乘胜一鼓作气,迫使丹麦求和。只有一座波罗的海城镇仍在新教徒的掌握中,那就是施特莱尔松。

1630年初夏,瓦萨王朝的古斯塔夫斯·阿道尔夫斯——以抗击俄国入侵、保卫了国家而著名的瑞典国王,在施特莱尔松登陆。作为一名满怀野心的新教君主,他梦想使瑞典成为一个伟大北方帝国的中心。他被视为路德教派事业的救星,受到欧洲新教王公显贵们的欢迎。他打败了刚刚对马格德堡民众大肆屠杀的蒂利。接着,他命令他的军队长途行军,穿越德国腹地,企图到达哈布斯堡王朝在意大利的属地。由于受到天主教徒从背后的偷袭,古斯塔夫斯突然调头,在吕茨恩战役将哈布斯堡主力军队击溃。很不幸的,这位瑞典国王在与他的部队失散时被杀。但哈布斯堡的势力也被他给摧毁了。

生性多疑的斐迪南开始猜疑起他的仆从。奥伦斯坦,为他浴血奋战的最高统帅被杀。这时,法国的统治者,憎恨哈布斯堡的天主教波旁王朝闻讯,便与新教的瑞典人结成联盟。路易十三的大军入侵了德国东部,瑞典将军班奈和威玛一路烧杀抢夺,并烧毁了哈布斯堡王朝的财产。法国的都伦和康代也不甘落后,大肆劫掠。瑞典人大发战争财而名声大振,这令丹麦人又妒又羡。

新教的丹麦人立即向新教的瑞典人宣战,因为它是天主教法兰西的同盟者,而法兰西的政治首领——黎塞留大主教,刚刚剥夺了胡格诺派(或法国新教徒)由1598年《南特敕令》所允许的公开礼拜的权利。

这样一场不幸的战争,到1648年以签订威斯特伐利亚条约而结束,未能解决任何实际问题。天主教国家仍笃信天主教,而新教国家仍忠于路德、加尔文和茨温利的教义。荷兰和瑞士被承认为新教的独立共和国。法国依然保有着图尔、梅斯、凡尔登这些城市以及阿尔萨斯一部分。神圣的

英国
伦敦
海牙
阿姆斯特丹
门斯特
莱茵河
天主教
塞纳河
巴黎
罗耀拉1534年
在此学习
法国
天主教
拉罗歇尔胡格
诺派的据点
西班牙
德国
纽伦堡
慕尼黑
瑞士
日内瓦
加尔文的故乡
意大利

三十年战争

罗马帝国继续以外强中干的国家形式存在着，但人力和财产已经大为匮乏，希望与勇气也已不复存在。

三十年战争的好处只有一条，即战争各方得到了反面教训。它提醒了天主教徒及新教徒，双方再也不能互相仇杀了。因而，他们在此后学会了和平相处。然而这并不意味着宗教情感和神学仇恨就从这个世界上彻底消除了。相反，天主教徒和新教徒之间的争吵中止了，但那些新教不同的教派之间的争执以与往日同样的激烈程度继续进行着。在荷兰，关于宿命论真正本质的不同观点（在你们的曾祖父看来，这是一个既晦涩又十分重要的神学论点）引起了一场旷日持久的争论，最后以荷兰政治家奥尔巴内尔特的约翰被斩首而告一段落。这位杰出的政治家在荷兰独立的头20年中，在创建东印度贸易公司的过程中表现出伟大的领导天才。而在英格兰，这场宗教争执导致了一场内战。

在我向你讲述这场最终通过法律程序第一次将一位欧洲国王处以死刑的暴乱之前，我应该简单地讲一些有关英国过去的历史。在本书中，我试图这样做，即只将那些能阐明当今世界状况的历史事件告诉你们。如果没有提及某些国家，那肯定不是我存在任何嫌恶之心。我希望我能告诉你们瑞士、挪威、塞尔维亚和中国发生的事。但这些国家对于16和17世纪欧洲的发展并没有产生太大的影响。因此我对忽略了它们而报以礼貌而十分尊敬的一鞠躬。然而英格兰所处的地位却有所不同——在过去5个世纪中，那个小岛上的人民所做的事情影响着世界每一个角落的历史进程。倘若不了解英国的历史背景，你们就会对在报纸上读到的事情一知半解。

因此，你们有必要知道，英国是怎样恰好发展成了一个立宪政府，而当时欧洲大陆上的其他国家仍在由专制的君主统治的。

1648年的阿姆斯特丹

第44章

英国革命

“君权神授”与虽不是神授却显然更合理的“议会权力”之间的斗争，查理国王因此被推上断头台。

公元前55年，欧洲西北部最早的探险者——凯撒渡过海峡征服了英国。在此后的四百多年里，英国一直作为罗马的一个行省而存在。但当野蛮人开始威胁罗马时，在英国的驻军都被从边境召回去保卫本土，而大不列颠岛则被丢下，陷于混乱和防务空虚的状态中。

德国北部饥寒交迫的撒克逊部落获悉此事后，便横渡北海，在这个富饶之岛安了家。他们建立了一些独立的盎格鲁——撒克逊王国（以最初的入侵者盎格鲁人或撒克逊人命名），但这些小国家总是争吵不断，而没有一位国王能强大到自立为一个统一王国的领袖。在五个多世纪里，麦西亚、威塞克斯、诺森布里亚、苏塞克斯、肯特和东英吉利，或不管叫什么名字的那些地方，都处在来自斯堪的纳维亚的大大小小海盗的袭击之下。终于，在11世纪，英格兰与挪威及德国北部一起，被并入了克努特大帝的庞大丹麦帝国的版图，而独立的最后一线希望也破灭了。

终于，丹麦人被赶走。刚刚得到自由的英格兰旋即又被第四次征服了。新的敌人是另一支古代斯堪的纳维亚人的后裔，他们的祖先早在10世纪初便侵入法国并建立了诺曼底公国。诺曼底公爵威廉，长期以来就对不列颠岛虎视眈眈，1066年10月，他跨过了海峡。在这一年10月14日的黑斯廷斯战役中，他一举摧毁了盎格鲁——撒克逊最后一位国王韦塞克

英国民族

斯的哈罗德毫无战斗力的部队，自封为英格兰的最高统治者。然而，无论是威廉本人还是安茹的金雀花王朝的继承者，都不曾把英格兰当做他们真正的家。对于他们来说，这个岛屿仅仅是他们在大陆继承的伟大遗产的一部分——居住着某些落后民族的殖民地，而他们将自己的文明和语言强加于这些尚未开化的种族。然而渐渐地，这块英格兰“殖民地”超过了诺曼底“母国”。同时，法兰西正千方百计地想除掉这个实际上不过是法国王室不恭顺奴仆的强大邻居。百年战争后，一个名叫贞德的年轻姑娘的领导法国人将“外国人”从他们的土地上赶了出去。而贞德本人却在1430年的贡比涅战役中被俘，被勃艮第人卖给了英国士兵，并被当作女巫烧死。

但是英国人从未在大陆上立足，因而他们的国王们能够将全部时间致力于他们的不列颠领地。由于这岛屿上的封建贵族们忙于在各种宿怨之中纠缠不休（这在中世纪就像麻疹和天花一样普遍），而且由于大部分拥有土地的老地主都在那场所谓的“玫瑰战争”中被杀，国王们要加强他们的王权便易如反掌了。而到了15世纪将要结束时，英国成了一个由都铎王朝的亨利七世所统治的高度中央集权的专制国家。而亨利臭名昭著的法院——给人留下阴森可怖记忆的星室法庭，以极其残酷的手段镇压了残余贵族企图恢复他们对政府过去的影响力的一切努力。

1509年，亨利八世继位，这成了英国历史的转折点，他为英国在世界舞台上赢得了新的重要地位，因为这个国家再也不是一个中世纪的岛屿，而变成了一个现代国家。

亨利对宗教不感兴趣。他有过多次离婚的历史，其中一次终于与教皇结下了个人恩怨。利用这次机会，他宣布自己脱离罗马而独立，使英国教会成为第一个“国教”，而教会中那位世俗的统治者也扮演起全体臣民的精神领袖的角色。

1534年和平的宗教改革，不仅使都铎王朝赢得了长期受到许多路德教派宣传者激烈抨击的英国教士的支持，还通过没收前修道院的财产使王权得到了巩固。同时，也使亨利八世在商人和商界受到热烈欢迎。作为由一道既深且宽的海峡与欧洲大陆其他部分隔绝开来的一个小岛上自由而繁荣的民族，“外来的”事物都令他们深为厌恶，因为他们并不想让一个意大利主教来统治英国人诚实的灵魂。

1547年，亨利八世驾崩。他的王位被传给他年仅10岁的小儿子。这孩子的监护人倾向于新式的路德派教义，因而尽力帮助新教徒的事业。但这个男孩在15岁时便夭折了，王位由他的姐姐玛丽——西班牙菲利普二世的妻子继承。她将新“国教”的主教们统统处以火刑，并且在其他方面仿效她高贵西班牙王室的丈夫的做法。

幸亏玛丽在1558年就去世了，伊丽莎白继承王位。她是亨利八世与其6位妻子中的第二位、因不再受其宠幸而被其斩首的安·博琳所生的女儿，一度曾被囚禁在监狱中，承蒙神圣罗马皇帝的请求才被释放，因此她极端仇视天主教和西班牙的一切事物。她继承了她父亲精明的洞若观火的能力，同她的父亲一样不喜欢宗教。她统治的45年中，国力得到大大加强。在这一点上，她得到了聚集在她王座周围的许多极其能干的男人们的大力辅佐，使伊丽莎白时代成为英国历史上极其重要的时期。

然而，伊丽莎白并没有能高枕无忧。她有一个对手，而且是一个十分危险的对手——斯图亚特家族的玛丽，一位法国公爵夫人和一位苏格兰人的女儿，此时她是梅迪奇家族的凯瑟琳（法国国王弗兰西斯二世的遗孀、圣巴托罗缪日之夜大屠杀的总指挥）的儿媳。她年幼的儿子日后成为英格兰斯图亚特王朝第一位国王。作为一位虔诚的天主教徒，凡是伊丽莎白的敌人，玛丽都欣然与之为友。但她缺乏政治能力，再加上为惩罚加尔文派臣民所使用的血腥手段，引发了苏格兰的一场声势浩大的革命，玛丽因此被迫在英格兰的领土上避难。她在

百年战争

英格兰一呆就是18年，却总是一而再、再而三地策划反对那个给予了她庇护的伊丽莎白女王。最终，伊丽莎白女王不得不听从身边的心腹大臣劝告，将这位苏格兰女王处死。

1587年，玛丽的头被适时地“砍掉”，这成了一场战争的导火索。正如我们都已经知道的那样，英荷联军击败了西班牙菲利普的“无敌舰队”，而原本为了摧毁两大反天主教统治者进行的战争，却变成了一场有利可图的冒险事业。

这时，英国人与荷兰人在犹豫了多年之后终于认识到，侵略美洲及西印度群岛是老天赋予他们的一种正当权力，因为他们有必要为新教兄弟在西班牙人手下所遭受的苦难而复仇。英国人是哥伦布最早的追随者之一。在威尼斯领航员乔万尼·卡帕特的指引下，英国船只于1496年最早发现并对北美大陆进行了考察。拉布拉多和纽芬兰作为殖民地并没多少重要意义，但是纽芬兰海岸却为英国渔业船队提供了丰富的回报。翌年，即1497年，卡帕特又对佛罗里达海岸进行了考察。

接着到来的便是亨利七世及亨利八世在位时的动乱年代。由于囊中羞涩，英国无力进行域外探勘。但伊丽莎白时期，国家和平安宁，斯图亚特·玛丽囚于狱中，水手们可以毫无后顾之忧地驾船出海。当伊丽莎白还是个孩子的时候，威洛彼就冒险驶过了北角，而他的一个船长——理查德·钱塞乐，为了探求一条前往东印度群岛的航线，继续东行，结果抵达了俄罗斯的阿契安基尔。在那里，他与遥远的莫斯科大公国的神秘统治者们建立了外交与商业联系。在伊丽莎白统治的初期，许多后继者循着这一航道纷至沓来。那些为“合股公司”利益而冒险的商人们，奠定了将在此后几世纪里成为殖民地的各贸易公司的坚实基础。作为海盗兼外交家，这些人以一切为赌注押在一次碰运气的航行上，或者将走私物品装满一艘大船，他们除了自己的利益之外对一切都漠然视之。这些伊丽莎白属下的人口及商品贩子几乎将英国旗帜及他们童贞女王的荣誉带到了世界七大洋的各个角落。这时，威廉·莎士比亚正在国内写他的那些逗引尊贵的女王陛下开心的剧本，英国最优秀、最智慧的头脑为女王出谋划策，努力和她一起把亨利八世的封建遗产改造为一个现代民族国家。

1603年，年已七旬的伊丽莎白女王去世。她的堂侄子，她自己祖父亨利七世的曾孙，即她的敌人玛丽·斯图亚特的儿子，继承了她的王位，世人称之为詹姆斯一世。凭借上帝的保佑，也因本岛远离欧洲大陆，他发现自己已成了一位免于成为大陆敌手的国家的统治者。这时欧洲新教徒与天主教徒们正在相互残杀，为消灭对方的势力作徒然的努力，试图使自己的教义一手遮天。英国一派太平盛世的景象,并正悠闲地进行着“改革”,没有走向罗耀拉派或路德派的极端。这使这个岛屿王国在即将到来的殖民地争夺战中占尽先机。它确保了英国在国际事务中的领导地位,而且一直维持至今天。即使是斯图亚特王朝的灾难性冒险也没能阻碍英国的正常发展。

继都铎王朝之后的斯图亚特王朝被视为英格兰的“外来者”。他们似乎并不了解或明白这样一种事实:土生土长的都铎王朝可以偷一匹马,而斯图亚特王朝这一“外来者”连对马僵绳瞥上一眼都会引起公众的愤怒。老女王贝丝(即伊丽莎白女王)在很大程度上按她自己的意愿统治着她广阔的领地。然而,她只奉行一条路线,即让那些诚实的(以及其他的)英国商人的钱袋总是鼓鼓的。因此女王总是不乏对她感激不尽的臣民的全心全意的支持。而为了在以后能从女王强大而成功的对外政策中捞取油水,对女王在议会某些权利和特权上的小小任性,大家也就心照不宣地睁一只眼闭一只眼了。

表面上看来,国王詹姆斯一世继续着同样的政策。但他身上并不具备他伟大前任所具有的鲜明的个人热情。海上贸易继续得到鼓励。天主教徒仍然没有得到任何自由。但是,当西班牙满脸堆笑地发出建立和平关系的信号时,詹姆斯亦回报以微笑。大多数英国人并不喜欢这样,但詹姆斯是他们的国王,所以他们只能沉默。

很快又出现了导致摩擦的新的因素。詹姆斯国王和1625年继位的儿子查理一世,都坚信“君权神授”这一法则,他们全然不顾臣民们的意愿,而是完全按照自己的意愿来治理国家。这一做法并不新鲜。从不止一个方面来说,已是罗马皇帝继承人的教皇一直自认并被公认为“基督在尘世的代理人”。没有人敢对上帝按照其认为合适的方式统治这个世界的权力提出任何疑问。自然的,也就几乎没有人敢于对神圣的“代理人”像上帝一样行事并要求群众忠顺的权力抱怀疑态度,因为他是宇宙至高无上的统治者的直接代表,并只对全能的上帝负责。

路德的宗教改革成功之后,那些早先赋予罗马教皇的权力便旁落到了那些皈依了新教的欧洲君主手里。作为他们自己国家或王朝法定教会的领袖,这些君主坚信他们是自己的领地内的“基督代理人”。人民并没有对他们的统治者这样做的合理性加以深究。就像今天我们接受了代议制是惟一合理而正当的政府形式一样。因此,对詹姆斯一世经常高声重复的对他“神授君权”的主张导致的激愤之情,我们显然不能说完全是由加尔文派或路德派引起的。英国民众对于国王神圣权力的真诚怀疑一定还有

伊丽莎白时代的舞台

别的原因。

对君主“神授君权”首次发出明确否定的呼声，是1581年从荷兰传出的，当时荷兰议会罢黜了他们合法的君主西班牙的菲力普二世国王。

“国王违背了他的契约，因此国王理应像其他不忠实的仆从一样被解职。”他们这样说道。自此，国王应对其臣民负责这一特别的概念，在居住于北海沿岸的许多民族中被广泛传播开来。他们因而处于十分有利的地位且富甲一方。那些任由其统治者的卫队摆布的欧洲中心的可怜人民，是万万不敢去讨论这样一个会立即使他们陷入离他们不远的城堡的最深层地牢中去的问题。然而，拥有维持强大陆军和海军必要经费、懂得如何运用被称做“信誉”的万能武器的英国和荷兰商人则没有此种恐惧。他们乐于把他们自己财富的“神圣权力”用作反对不管是哈布斯堡、波旁还是斯图亚特王朝的“神授君权”。他们知道他们的英国先令和荷兰盾能够击败作为国王惟一武器的无能的封建军队。他们敢于行动，而其他人如果不愿在沉默中做任人宰割的羔羊就要冒上绞刑架的危险。

当斯图亚特王朝声言他们有权不恪尽职守以及任意胡为，从而激起了英格兰民众公愤的时候，英国中产阶级利用下议院作为他们反抗王室滥用权力的第一道防线。但国王不仅拒绝退让，还解散了议会。查理一世的独裁统治长达11年之久。他强行征收大多数人认为是非法的苛捐杂税，把不列颠王国当作他自己的乡村庄园来经营。他有许多能干的助手，

而且我们必须承认,他不乏敢做敢为的勇气。

很不幸的,查理非但没有能确保获得其忠实的苏格兰臣民的支持,反而陷入了一场与苏格兰长老会的斗争旋涡。迫于对现金的急需,查理最终不得不违心地冉次召集议会。议会于1640年4月召开,与会者怒火中烧,这导致几星期后议会再次被解散,于11月召开新的议会。这一次甚至比前一次更加对国王不恭顺。议会成员们深知,究竟是"神授君权政府"还是"议会权力政府",这一问题必须通过斗争才能得到彻底的解决。他们就枢密顾问的问题对国王展开攻势,并处决了其中6人。他们宣称,未经他们同意,议会不得随便解散。最终,他们于1641年12月1日提交了一份《大抗议书》,向国王详述了人民对于他们的统治者的种种不满。

1642年1月,查理离开伦敦,希望能在广大的农村得到对于自己政策的一些支持。国王和议会双方各组成了一支军队,并为保卫各自的绝对权力而战。在这场斗争中,英格兰势力最为强大的宗教人士——清教徒们(尽了最大的限度来纯洁他们的教义的英国国教徒)很快走到了最前沿。一支由奥利弗·克伦威尔统率的"敬神者"军团,凭借他们严明的纪律和对他们目标的神圣性的坚定信念,很快成为反对派全军的楷模。查理两次被击败。1645年内斯比战役后,他逃到苏格兰。苏格兰人把他这个走投无路的国王卖给了英格兰人。

接着是阴谋和反抗时期,苏格兰长老会教徒叛乱,举起反对英格兰清教徒的大旗。1648年8月,在普雷斯顿潘斯激战三天之后,克伦威尔攻克了爱丁堡,为第二次内战划上了句号。与此同时,他的战士们厌倦了旷日持久的宗教辩论和深人的谈判,决定主动采取行动。他们除掉了议会中所有不赞成清教徒观点的人。于是,旧议会剩下的其他代表以议会的名义控告国王犯了严重叛国罪。上议院拒绝参加审判。一个临时成立的特别法庭承担了审判任务,并且判处国王死刑。

1649年1月30日,国王查理平静安详地走出白色大厅,走上了断头台。那一天,君主国的臣民通过他们选出的代表,第一次处死了一位未能对自己在现代国家中的地位做出正确理解的统治者。

查理死后的那段时期,在历史上通常被称为克伦威尔时代。这位开始并不合法的英格兰独裁者,于1653年才正式被任命为"护国公"。他在位的5年间,继续奉行伊丽莎白的路线,西班牙再次成为英国人民的主要敌人,因而与西班牙人的战争被视为全国性的神圣大事。

英国的商业及商人的利益成为英国各项事务中的头等大事,最本质的新教教义得到了切实的维护。在维持英国在国外的地位上,克伦威尔做

得极为成功。然而在社会改革方面,他却遭到了惨败。世界是由形形色色的人所组成的,他们的思想极少一致。从长远来看,这似乎不失为一种非常明智的准则。一个仅由极少数人组成、领导并为全体人民中极少数人服务的政府,肯定是难以长久存在的。在试图纠正滥用王权的行动中,清教徒们曾是一支堪称伟大的正义力量。而一旦成为英格兰的绝对统治者,他们就变得令人不能容忍了。

1658 年,克伦威尔去世时,斯图亚特家族毫不费力地复辟了他们的旧王国。事实上,他们在那些发现温和清教徒的统治与专横霸道的查理国王的统治同样严酷无情的人民眼里,被当作"救世主"一样受到欢迎。只要斯图亚特王室成员情愿放弃他们不幸的已故父亲的"神授君权",并承认议会的至高权力,人们还是愿做忠诚的臣民。

整整两代人都在试图使这一新的治理方式获得成功。但是,斯图亚特王室显然没有接受前车之鉴,而且恶习难改。1660 年回国的查理二世是一个态度随和的无能之辈。他的懒散和与生俱来追求安逸的本质,加上他善于说谎,这些都避免了他与臣民之间发生公开冲突。1662 年,通过《统一法案》,他以将不信奉国教的教士全部赶出他们的教区的方法,把清教徒教士的势力彻底摧毁。1664 年,通过所谓的《非国教教派秘密集会法案》,他以放逐西印度群岛相威胁,试图阻止不信奉国教者出席宗教集会。这些做法看起来与早年的"君权神授"如出一辙。人民开始表现出过去众所周知的不满现象,而议会也突然遭遇了无法向国王提供资金的困难。

既然从不情愿的议会那儿得不到资金,查理便私底下向他的邻居和表亲、法国的路易国王借款。作为对每年 20 万英镑的交换,他背叛了他的新教徒同盟者,并且嘲笑议会那些愚蠢的可怜虫。

经济的独立使国王对他自己的力量在一夕之间信心倍增。他曾在他的天主教亲戚中间度过了多年的流亡生活,并暗自喜欢上了他们的宗教。或许,他能使英国回归对罗马的信仰呢!

他于是发布了一项信教自由令,不再反对天主教徒和不信奉国教者。这事恰巧发生在查理的弟弟詹姆斯据说皈依天主教之时。所有这一切不免让人疑窦丛生。人们开始担心教皇制度的某个阴谋。新的骚动情绪开始在这片国土上弥漫。大多数人希望能阻止内战的冉次爆发。对于他们而言,宁愿忍受王权的压迫和一名天主教国王,甚至回到"君权神授"时代,都比同一民族同胞之间自相残杀要好。

然而,另一些人并没有这样宽大的包容心。他们是若干不愿看到绝对王权的旧时光重来的位高权重的贵族领导——那些总是敢于按自己信念行事的忧国忧民的不信奉国教者。在近 10 年中,这两大党——辉格党(中产阶级人士,这一有点可笑的名称是因为在 1640 年,由长老会教士带领的许多苏格兰辉格默人或赶马人曾进军爱丁堡反抗国王)和托利党(原是对保皇党的爱尔兰追随者的蔑称,现用来指国王的支持者)相互指责,但谁都不愿意挑起事端。他们让查理安宁地得以善终,也没有去反对作为天主教徒的詹姆斯于 1685 年继承其长兄的王位。但是当詹姆斯用骇人的外国发明——“常备军”(由信奉天主教的法国人指挥)威胁国人之后,又于 1688 年颁布了第二个信教自由令,并敕令在所有国教教堂予以宣读,他稍稍超出了只有最受欢迎的统治者在极罕见的情况下才敢超越的那条敏感的界线。7 位主教对国王的命令坚决加以拒绝。他们被控以“煽动罪”送上法庭。但陪审团宣判他们“无罪”,赢得广大民众的一片喝彩。

在此不幸的时刻,詹姆斯(在第二次婚姻中娶的是摩德纳天主教埃斯特王朝的玛丽亚)喜得贵子。这意味着王位将由一个天主教徒,而不是身为新教徒的他的姐姐玛丽和安妮来继承。这再次引起臣民们的普遍怀疑。摩德纳家族的玛丽亚年纪过大,不可能生孩子!这肯定是一个阴谋!某个耶稣会神父把一个毫不相干的婴儿带进了王宫,以便使英国将来有一位天主教徒国王。一时间众说纷纭。看起来似乎另一场内战一触即发。

这时,辉格党和托利党的 7 位德高望重的人士联名写了一封信,请詹姆斯长女玛丽的丈夫,荷兰共和国国王威廉三世,前来将英国从它合法却全然不受欢迎的君主手中解救出来。

1688 年 11 月 5 日,威廉在托贝登陆。由于他不希望他的老丈人成为

约翰·卡波特与塞巴斯蒂安·卡波特看到了纽芬兰的海岸

殉道者，于是便帮他安全地逃到了法国。1689 年 1 月 22 日，威廉召开了议会。2 月 13 日，他与他的妻子玛丽被正式宣告为英国的共同君主，而这个国家的一切权力仍归新教徒掌管。

这时议会已经不满足于仅仅扮演国王的一个顾问团体的角色，它充分利用这一机会壮大自己的势力。已经发黄的 1628 年的《权利请愿书》从档案室一个落满尘埃的角落里给翻了出来。第二次更严厉的《权利法案》要求英格兰的君主必须是英国国教教徒。不仅如此，它还申明国王无权废止法律或允许某些特权公民违背法律。

该法案规定："未经议会同意，不得征收任何税款，不得保有任何军队。"因此，在 1689 年，英国人民获得了欧洲其他国家还一无所知的广泛的自由权利。

然而，并不仅仅因为这一伟大的宽容措施，威廉在英格兰的作为才名垂青史。在他生前，他首创了一种"责任"内阁政府形式。当然，没有哪一位国王能够独自管理国家，他需要一些可靠的幕僚。都铎王朝的大顾问团由贵族和教士组成。由于这一机构发展得太过庞大，后来它被限制成小型的"枢密院"。再后来，形成了习惯，枢密官在王宫的一间专用内室觐见国王。从此，他们被称为"内阁委员会"。不久之后，"内阁"这一名称便为人所知了。

和以前的大多数英国君主一样，威廉从各个党派中挑选他的幕僚，但是随着议会势力的不断壮大，当他发觉辉格党在下议院占多数席位时，要依靠托利党的帮助来治理国家已经不可能了。于是，托利党人便被遣散，而内阁就完全交到了辉格党人手里。几年后，当辉格党人在下议院失去了他们的势力后，为了便利，国王不得不在占优势的托利党人中寻求支持。直至 1702 年去世，威廉一直忙于与法兰西的路易作战，无法顾及国内政务，所有重要事务都交由内阁委员会处理。当威廉的妻妹安妮于 1702 年继位时，这一状况仍然没有改变。当她于 1714 年驾崩时（不幸的是，她 17 个孩子中没有一个活得比她长），王位传给了汉诺威王朝的乔治一世，也即詹姆斯一世的外孙女索菲的儿子。

这位有点粗俗的君主识不了半个英文单词，在英格兰复杂的政治迷宫中晕头转向。他索性将一切事务都交给了他的内阁，远离让他心烦的内阁会议，因为他连一句英文都听不懂。这样，内阁形成了习惯，以一种不打扰国王的方式来管理英格兰和苏格兰（他们的议会于 1707 年与英格兰议会合并），而乔治一世也乐得在大陆上快活逍遥。

乔治一世及乔治二世执政时期，长期由辉格党的权贵组成国王的内

阁委员会(其中,罗勃特·沃波尔爵士任职长达21年)。他们的领袖最终不仅被公认为现时内阁的正式领导,而目也是议会中多数党的领袖。乔治三世企图将权力抓到自己手中,而不把政府实际事务交给内阁委员会。结果是灾难性的,以至于再未被重演过。所以,从18世纪早期开始,英国就一直实行由责任内阁处理国家事务的代议制度。

诚然,这个政府并不代表所有的社会阶层。只有不到十二分之一的人有选举权。但它是现代议会制政府形式的基础。它以一种温和而循序渐进的方式将权力从国王手中夺了过来,并交到了那些数量日益增长又众望所归的代表们手中。这样的转变虽然没有给英国带来太平盛世,但却使这个国家避免了18、19世纪发生在欧洲大陆上的灾难性的大革命。

第45章

权力均衡

在法国,“君权神授”比以往任何时候都大行其道,统治者的权欲在新出现的“权力均衡”法则面前才有所收敛。

为了和前一章有一个对照,让我告诉你们英国的人民在为他们的自由而战时,法国发生了什么情况。

在历史进程中,适当的人于适当的时刻在适当的国家出现,这种“天作之合”是极为罕见的,对于法国来说,路易十四使这一理想得以实现,但对于欧洲其他国家的人民来说,没有他倒会更幸福些。

这位年轻国王肩负使命所统治的国家,在当时人口众多且十分繁荣。路易继位时,古老的法兰西王国经过马萨林和黎塞留这两位伟大的红衣主教的不懈努力,已经成为17世纪最强大的中央集权国家。新国王是一个才智过人的人。今天我们这些20世纪人们的头脑依然为“太阳王”光辉时代的美好记忆所萦绕。路易宫廷所形成的完美礼仪和优雅谈吐,至今仍是我们现在人社交生活的基础。在国际及外交关系方面,法语仍被作为外交及国际会议的官方语言沿用至今,因为早在二百多年前,它的优雅及纯正的表述就达到了任何其他语言无法匹敌的程度。路易国王的剧院仍使我们感到不可企及。在他统治时期建立的法兰西学院(黎塞留的杰作)在文学界占据着无可取代的一席之地,其他国家以仿效之为荣。凡此种种,不胜枚举,我们现在的“菜单”一词用的仍是法文,这并非出于偶然。美味佳肴的制作是十分复杂的艺术,是文明的一种高级表现形式,最早就是为了这位伟大君主的享受而开始实践的。路易十四开创了一个辉煌优雅的时代,这一时代至今仍能使我们获益良多。

令人遗憾的是,这幅光辉灿烂的画卷也有着令人沮丧的另一面。传至国外的赫赫声威通常意味着国内民众的深重苦难,法国在这一法则面前也难逃例外。路易十四从1643年继承其父亲的王位,直到1715年去世,法国政府掌握在他一个人的手中长达72年之久,几乎是整整两代人的时间。

切实理解“大权独揽”这一概念是大有裨益的。许多国家建立起我们称为“开明的专制主义”的高效独裁统治,在这些君主中,路易十四名列榜首。他对那些仅仅把统治看做儿戏、把国家大事当成轻松乐事的浪得虚名的国王嗤之以鼻。这些开明时代的君主们比他们的任何一位臣民都勤于工作。他们比几乎所有人都早起晚睡,比任何人都更强烈地感受到他们职责的“神圣”,就像感受到他们无须与臣民磋商而进行统治的权力出于“神授”一样。

当然,国王不可能事必躬亲。他身边必须有一些能帮助他管理国家事务的可靠的助手和顾问:一两位军事奇才,一些对外政策专家,几个高智商的理财专家和经济学家。但这些显贵要人并没有独立的人格,只能看他们的君主行事。在广大人民大众眼里,神圣的君主本身就代表了一个国家的政府。祖国的荣耀也就成了一个王朝的荣耀。法国属于波旁王朝,由波旁王朝统治,为波旁王朝服务。在这一点上,它与我们美国人的理想是完全对立的。

这样一种制度的不足之处是显而易见的。高高在上的国王成了一切的主宰,民众如同草芥一样无足轻重。那些在过去手握权柄的贵族渐渐被迫放弃了自己在各行省政府中的那一份权力。一个小小的王室官僚,手指上沾满墨迹,坐在遥远的巴黎政府大楼的绿色窗户后面,正做着一个世纪前曾是封建领主所做的工作。被迫“下岗”的封建领主移居巴黎,竭尽所能地在宫廷中自娱自乐。很

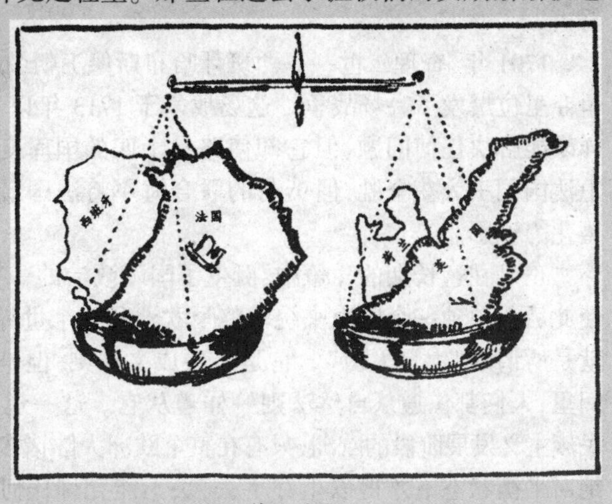

势力均衡

快,他的庄园开始受到被称为"地主所有制缺乏症"的极其危险的经济疾病的侵害。不到一代人的时间,原本勤恳能干的封建官员就变成了凡尔赛宫廷中彬彬有礼却毫无用处的酒囊饭袋。

威斯特伐利亚和约签订后,作为三十年战争的结果,哈布斯堡王朝失去了它在欧洲的主导地位,这时路易刚满10岁,一个有野心的人,当然不会错过一个如此有利的时机,为他自己的王朝攫取原为哈布斯堡王朝所持有的荣耀。1660年,路易与西班牙国王的女儿玛丽亚·特蕾莎结婚。不久,他的岳父,那个疯疯癫癫的西班牙哈布斯堡王室成员之一腓力普四世去世。路易立即宣称,西属尼德兰(比利时)是他妻子丰厚嫁妆中的一部分。这样的"取之无道"对欧洲和平无疑将会是灾难性的,并且威胁到新教国家的安全。在尼德兰联合七省外交官员杨·德·威特的领导下,第一个伟大的国际联盟——瑞典、英国与荷兰的三方联盟于1664年诞生了。可惜,它没能维持多久就解体了。路易十四以大笔金钱加上花言巧语的许诺把国王查理及瑞典议院给收买了。荷兰被它的盟国出卖,只有听凭命运的摆布。

1672年,法国大军入侵荷兰低地,并直捣这个国家的腹地。堤防被第二次打开,而法兰西太阳王被陷于荷兰沼泽的泥泞中。尼姆威艮和约于1678年缔结,但没能解决任何实际问题,只是成了另一场战争的导火索。

1689年至1697年,法国对荷兰的第二次侵略战争以瑞斯威克和约的签订而画上句号,但路易十四热切渴望的在欧洲事务中的地位仍然没有到手。他的宿敌扬·德·威特死于荷兰的暴民之手,但其继承者威廉三世(在上一章我们已见过他)挫败了路易妄图使法国成为欧洲霸主的一切努力。

1701年,查理二世——西班牙哈布斯堡王朝最后一位国王去世后,为争夺王位爆发了一场战争。这场战争于1713年以乌得勒支和约结束,同样未能解决任何问题,但它却使路易十四的国库变成空空如也。在陆地上法国国王大获全胜,但英荷的联合海军将法国最终赢得胜利的所有希望化为泡影。

正是在这长期的斗争中,诞生了国际政治的一项基本法则,这一法则使此后由单独一个国家来统治整个欧洲和整个世界失去了任何可能。这就是所谓的"力量平衡"。它是一项成文法则,但是在长达3个时纪的时间里,人们都像遵从自然法则一样遵从它。这一观点的提出者认为,处于民族主义发展阶段的欧洲,只有在整个欧洲大陆诸多相互矛盾利益的一种绝对平衡状态下才得以生存下去,决不能允许任何一个王朝或任何一种

势力支配别人。三十年战争期间,哈布斯堡王朝便是这一法则的牺牲品,而且是无意识的牺牲品。这一战争中的各种争议都被宗教冲突的烟雾所笼罩,以至于今天我们无法总结出这一场长期斗争的主要趋势。但从那时起,我们开始看到,在具有国际重要性的一切事务中,无情的经济动机及精明的分析是如何起决定作用的。我们发现了一种新型的政治家正在成长起来,他们是有着现金出纳机和计算尺的个人感情的政治家。这一新政治流派的第一位成功的鼓吹者是扬·德·威特。威廉三世是第一位伟大的学生。而声名最为显赫的路易十四,却是第一个自觉的牺牲品。

这之后,重蹈覆辙的人几乎从未间断。

俄国的兴起

有关神秘的俄罗斯帝国突然闯到傲慢的欧洲政治舞台上的故事

你们知道,伟大的航海家哥伦布在1492年发现了美洲。就在那年初,一个名叫施纳普斯的提洛尔人,携带着盛赞他的优良品质的介绍信,率领提洛尔主教的一支科学探险队,启程去为主教搜寻神话般的莫斯科城,可惜他没能成功。当时的人们只有一个模糊的概念,认为莫斯科城应该处于幅员辽阔的欧洲的最东部。当施纳普斯抵达莫斯科大公国的边境后,他被拒绝入境,因为他们不欢迎任何外国人进入他们的国家。施纳普斯只得改道去拜访君士坦丁堡的异教徒土耳其人,以便在他结束探险后多少有点内容向他的主教大人有个交待。

事隔61年后,正在寻找通往东印度群岛的东北航线的理查德·钱塞勒,被一阵狂风刮到了白海,到达德威纳河口,他发现了莫斯科大公国的霍尔莫戈里村,这个小村庄离1584年建立阿契安基尔城的地点不过几个小时的路程。这一次外国客人被邀请前往莫斯科,并被允许拜见了莫斯科大公。他们带着西方世界与俄国所缔结的第一份贸易条约返回英国。其他国家很快紧随其后。这片神秘土地的面纱一点点地被揭开。

从地理上说,俄国是一片广袤的平原。乌拉尔山脉过于低矮,不足以形成抵御侵略者的任何屏障。河流宽阔,却通常较浅。这里堪称游牧民族的乐土。罗马帝国从建立到强大再到消亡的过程中,斯拉夫部落早就已经离开了他们中亚的家园,漫无目的地穿过第涅斯特与第聂伯河流域之间的森林和平原。希

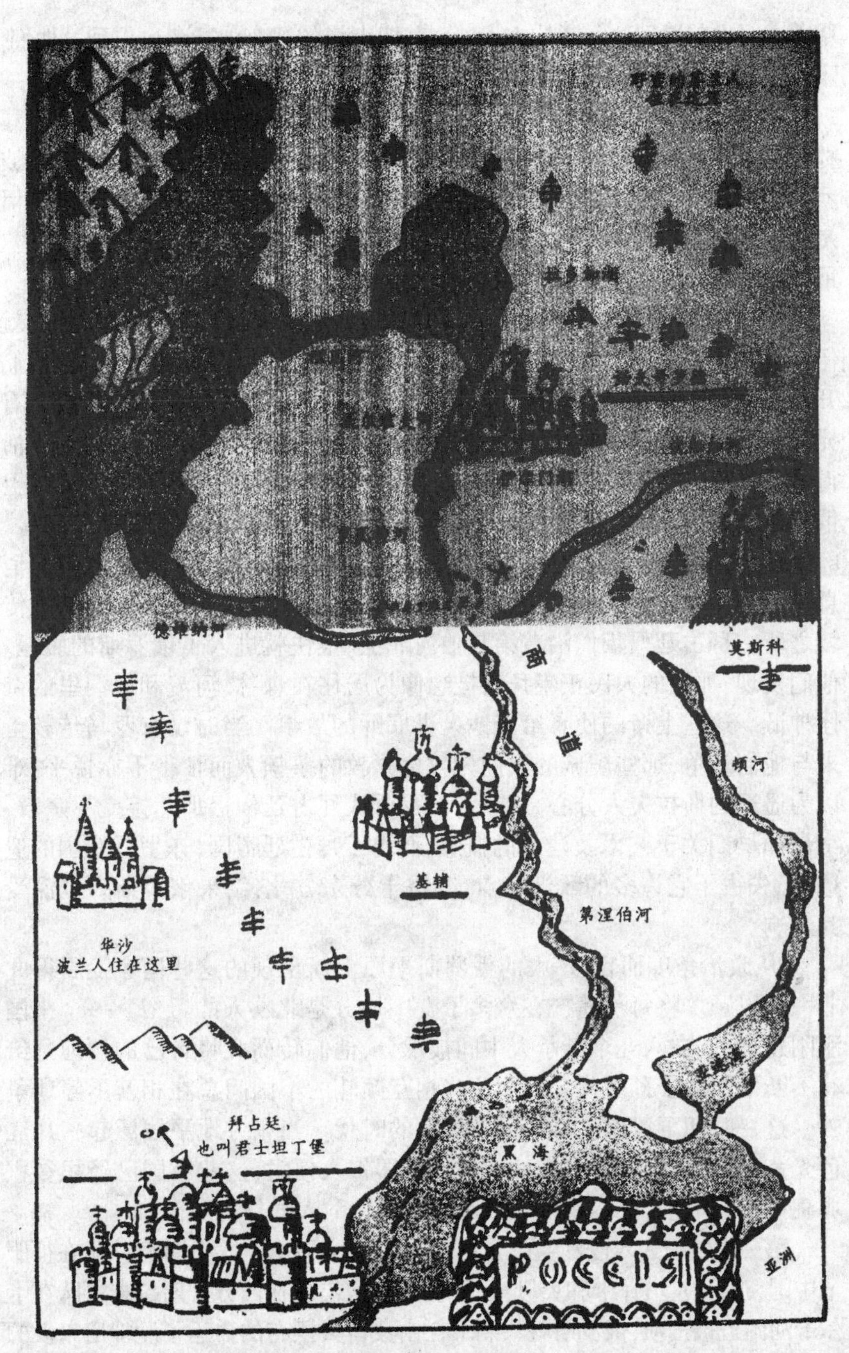

俄罗斯的起源

腊人有时也曾遇到这些斯拉夫人,第三、四世纪的几个旅行者也提到过他们。不然,他们就会像1800年的内华达州的印第安人一样鲜为世人所知了。

不幸的是,一条十分便利的商业通道穿过他们的国家,打破了这些淳朴人民的宁静生活。这就是从北欧通往君士坦丁堡的主要干道。它沿波罗的海海岸直到涅瓦河,渡过拉多加湖沿沃尔霍夫河向南。接着横渡伊尔曼湖,沿洛瓦特河而上。然后有一段陆上短途运输线直达第聂伯河边。最后从第聂伯河顺流而下进入黑海。

古代斯堪的纳维亚人在很早以前就知道这条线路。公元9世纪时,就像其他古代斯堪的纳维亚人在法国和德国奠定独立国家的基础一样,他们开始在俄罗斯北部定居下来。但是在公元862年,古代斯堪的纳维亚人有兄弟3人渡过了波罗的海,建立起三个小王朝。这3兄弟中只有鲁立克活得最长,他吞并了他兄弟的领土。而在这第一个古代斯堪的纳维亚人踏上俄罗斯之后20年,一个以基辅为首都的斯拉夫国家建立起来了。

基辅到黑海的距离很近。不久之后,一个斯拉夫国家正在草创的消息便传到了君士坦丁堡。这意味着基督教的热诚传教士有了一片新的传教之所。拜占廷僧侣们沿着第聂伯河北上,很快就进入了俄罗斯的腹地。他们发现,那里的人民正崇拜着被想像为居住在森林、河流和山洞里的奇怪神祇。这些上帝的使者给当地人讲耶稣的故事。当时没有罗马传教士来与他们竞争,那些虔诚的人们为教化异教的条顿人而忙得不亦悦乎,难以为遥远的斯拉夫人分心。此后,俄罗斯从拜占廷僧侣那儿接受了宗教、字母和早期关于艺术及建筑的概念,而由于拜占廷帝国(东罗马帝国的遗迹)已失去了它许多的欧洲特点,变得十分东方化,结果俄罗斯人也深受其影响。

从政治角度而言,广大的俄罗斯平原上新出现的这些国家发展得并非一帆风顺。将每份遗产在众多子女中均分是北欧人的习俗。一个小国刚刚建立,就在八九个继承人中间被瓜分,他们转而又将自己的领地分给其不断增加的子孙后代。因而这些相互倾轧的小国间总在相互不停地争吵。这一时期可以说是一个天下大乱的时代。当东方地平线泛起一片红色光芒,告诉人们一支野蛮的亚洲部落即将入侵时,这些小国已经积贫积弱犹如一盘散沙,根本难以形成对这一可怕敌人的任何防御。

第一次鞑靼人入侵发生在1224年,成吉思汗率领的游牧部落铁骑在征服了中国、布哈拉、塔什干和突厥斯坦之后,首次出现在西方。斯拉夫军队在卡尔卡河附近被击溃,俄罗斯就只剩下任由蒙古人摆布的命运了。神出鬼没的蒙古人来无影、去无踪。13年后,他们在1237年又回来了。不到5年时间,他们征服了辽阔的俄罗斯平原。到1380年莫斯科大公季米特里·顿斯科伊将蒙古人逐出库利科沃平原之前,他们一直是俄罗斯的主人。

总之,俄罗斯人整整花了两个世纪才把自己从这一外族统治下解救出来。因为它是一种枷锁,而且是最令人痛苦的残酷的枷锁。它使斯拉夫农民沦为悲惨的奴隶。要想生存下去的每一个俄罗斯人,都不得不对端坐于南俄罗斯大草原中心某处帐蓬中的那位小个子黄种人俯首称臣。它剥夺了广大民众的所有荣誉感和独立感,使这里的人们长期陷于饥饿、不幸、虐待和人身凌辱之中。直到最后,每个普通的俄罗斯人,不论贵族还是农民,都像常遭鞭挞以致精神崩溃,甚至未经许可不敢摇尾的狗一样。

他们走投无路。鞑靼可汗的骑兵迅捷如风而又冷血无情。无边的大草原阻止了人们逃到安全的邻邦。除非他去冒死亡的危险,否则他们只能保持沉默,忍受黄种主人施加给他们的残酷折磨。当然,欧洲本可以出手干预。但是欧洲正忙着镇压这个那个及其他的异端邪说,或进行着教皇与国王之争的战斗。所以欧洲将斯拉夫民族的命运留给了他们自己,迫使他们奋起自我拯救。

在众多的小公国中,有一个是由早期的北欧人创建的。它最终成了俄罗斯的救世主。它位于俄罗斯平原的中心地带,其首都莫斯科建在莫斯科河边一座陡峭的山上。这个小公国,凭借着既讨好鞑靼人(在必要时),同时又反对鞑靼人(在能够保证自身安全时)的生存技巧,在 14 世纪中期使自己跃升为一个民族的新领袖。鞑靼人只会破坏而没有建设性的政治才能。他们不断夺取新的领土,主要目的是增加财政收人。而为了做到以税收形式来创收,就不得不允许旧政体的残余形式继续存在下去。因此,蒙大可汗恩赐,有不少小城镇得以幸存了下来,因为可汗要他们充当收税人,为鞑靼国库的利益去掠夺他们的邻邦。

以邻邦为代价逐渐壮大起来的莫斯科公国,终于强大到足以冒公开造反的风险,反抗它的主人鞑靼人,并且获得了成功。而作为俄罗斯独立事业中赢得的领袖的声誉,使莫斯科成了自然的中心,尤其是对那些对斯拉夫民族美好未来一直深信不移的人而言。1453 年,君士坦丁堡落入土耳其人手中。10 年后,在伊凡三世的统治下,莫斯科向西方世界宣告,这个斯拉夫国家有权继承已被推翻的拜占廷帝国的物质和精神遗产,以及罗马帝国在君士坦丁堡留下的那些传统的所有权。一代人之后,在伊凡雷帝的苦心经营下,莫斯科的大公们强大到足以采用

莫斯科

"沙皇"这一称号,并要求欧洲西方列强予以认可。

1598年,古代斯堪的纳维亚人鲁立克的子孙建立的占老的莫斯科公国王朝随着费奥多一世之死而宣告解体,在以后的7年中,一位鞑靼混血儿——名叫做鲍里斯·戈特诺夫——当了沙皇。正是在这一时期,广大的俄罗斯人民的命运被决定了。这个帝国尽管幅员辽阔,财政却十分拮据。那里没有贸易市场,没有工厂。它仅有的几座城市充其量只是肮脏的村庄。这个国家是由一个强有力的政府以及数量庞大的无知农民组成的。它的政府是一个斯拉夫、拜占廷、古代斯堪的纳维亚及鞑靼影响的混合体,除国家利益之外不承认任何东西。为了保卫这个国家,它需要一支军队。为了收取支付士兵津贴所必须的税款,它需要文职官员。为了支付众多官员的工资,它又需要土地。尽管从东到西辽阔的荒原中商品资源十分充足,但如果没有一些体力劳动者照管牲口、耕种土地,再多的土地也没有任何价值。因此,过去游牧的农民的基本权利被一项项地剥夺了,直至17世纪早期,他们才被正式获得恩准,变成了他们居住其上的土地的一部分。但这时他们已经不再是自由人了,而是变成了农奴或奴隶,直至1861年他们的命运悲惨到无以复加的境地。

在17世纪,这个新崛起的国家随着其领土的不断扩大,其版图很快扩展到西伯利亚,成为了一支令其他欧洲国家不敢轻视的力量。1613年,鲍利斯·戈特诺夫去世后,俄罗斯贵族把一个他们的自己人推上沙皇的宝座。他就是费奥多的儿子,莫斯科罗曼诺夫王朝的米哈伊尔,曾住在克里姆林宫外的一间简陋的小房子里。1672年,另一位费奥多的儿子,他的曾孙彼得出世。当这孩子长到10岁时,他同父异母的姐姐索菲亚成为俄罗斯女王。小男孩获许在外国人聚居的首都郊区生活。那里聚集着荷兰商人、苏格兰酒吧老板、意大利理发师、瑞士药剂师、法国舞蹈教师和德国男教师,对以不同方式处理事物的遥远神秘的欧洲,年少的王子获得了一种最初的却颇为特别的印象。

17岁时,彼得王子突然将姐姐索菲亚从王位上赶了下来,自己成为了俄国沙皇。他不满足于做一个半野蛮半亚洲民族的统治者,决意要做一个文明国家的主宰。但是,要在一夜之间将俄罗斯从一个拜占廷一鞑靼国家转变成一个欧洲帝国并非易事。它需要精明的头脑和强有力的手腕。彼得恰巧兼而有之。

1698年,把现代欧洲移植到古老俄罗斯的一场伟大的手术开始了。这个病人没有走向死亡。但是,此后5年间所发生的事件清楚表明,它还未能从这次震荡中恢复过来。

THE STORY OF THE MANKIND

俄罗斯和瑞典的战争

为争夺东北欧的霸权,俄罗斯和瑞典两国间不断作战

1698年,彼得大帝开始了他的首次西欧之旅。他取道柏林,并到荷兰和英国游历了一番。还在孩提时代,他曾驾着一条自制的小船,差点被淹死在父亲乡间别墅的鸭塘里。这种对水的酷爱几乎伴随了他的一生。从功利角度来说,这种恋水情结促使他热切地想为自己的内陆领地开辟出一条通向公海的通道。

趁这位苛刻无情的年轻统治者离家出行之际,莫斯科一批俄罗斯旧体制的拥戴者开始破坏他的改革。彼得的卫队,斯特尔茨兵团突然发动兵变,迫使他飞速返回。他自任首席执法官,参与兵变的人员被绞死的绞死,肢解的肢解,没有一个人能够幸免。叛乱的元凶——他的姐姐索菲娅,被幽禁在一座修道院里,彼得的地位得到巩固。

彼得大帝在荷兰造船厂里

1716年,彼得第二次西欧旅行期间,又发生了一次叛乱事件。这一次,叛乱者把彼得的混蛋儿子阿列克西推为首领。沙皇又一次火速返回。阿列克西在他的囚牢里被活活打死,而那些旧式的拜占庭的追随者们被迫艰难跋涉到数千英里之外,西伯利亚的铅矿

彼得大帝修建新都

成为他们最终的归宿。

这之后，再未发生过针对他的大规模的叛乱，这使得他直到生命的最后一刻仍能不受干扰地推行改革。

很难列出一份彼得的改革年表。沙皇以惊人的速度推行改革，毫无章法。他颁布的政令多得令人难以计数。彼得似乎觉得以前发生的一切事情都是错误的，因而整个俄国必须在最短的时间内得到改变。他死之后，留下了一支训练有素的20万人的强大军队和有50艘战舰的海军。旧的政府体制几乎在一夜之间被废除，名为"杜马"的贵族议会被解散，代之而来的是一个以沙皇为中心的国家官员顾问委员会，称为参议院。

俄罗斯被划分为八大"管理机构"（又名"行省"）。建起了城市，修筑了道路。沙皇心血来潮地建立起各种工厂，毫不考虑原料的生产地。在东部群山中开挖运河和矿井，并在这片到处充斥文盲的土地上大兴教育。一所所高等学术机构以及大学、医院、职业学校拔地而起。他鼓励荷兰船舶工程师、世界各地的商人和工匠来俄国定居。他也容许个人开办印刷厂，但所有书籍必须通过皇家审查。社会各阶层的义务职责被详细地写入新的法典，所有的民法和刑法体系都被收集并印制成卷装书。古老的俄式服装被明令禁止，手拿剪刀的警察守候在所有的乡间道口，顷刻之间把长发飘飘的俄国农民修剪成像头面光洁的西欧人那种可笑模样。

在宗教事务上，沙皇决不容忍别人和他分享权力。为杜绝欧洲那种皇帝和教皇之间对抗现象的出现，1721年，彼得自立为俄罗斯的教会领袖，莫斯科主教的职权被剥夺，神圣的教会会议以国教最高权力机构的面貌出现。

然而，由于旧势力在莫斯科根深蒂固，改革难以卓有成效地进行，彼得决定迁都。新首都的地点选在波罗的海一片有害的沼泽地。

1703年，沙皇开始改造这片土地，四万农民用了好几年时间为都城打地基。瑞典向沙皇大举进攻，企图摧毁这座新建的城市。疾病和奴役使成千上万农民丧生。但新都城仍不分冬夏地进行着，不久，这座人造城市就在荒凉的沼泽地上耸立起来。

1712年，彼得宣布它为“皇家住地”。12年后，城里居民已达75000名。尽管涅瓦河水每年都要将整个城市淹没两次，但一条条运河一座座堤坝在沙皇的钢铁意志中筑成，最终降伏了洪魔。彼得在1725年驾崩时，已拥有了北欧最大的城市。

一个危险对手的迅速崛起难免令所有的邻国感到惶恐不安。就彼得而言，他一直对他的波罗的海的对手瑞典王国的一举一动备加关注。1654年，因三十年战争而闻名的英雄古斯塔夫·阿道夫的独生女儿克里斯蒂娜宁愿放弃王位，到罗马做一名虔诚的天主教徒。瓦萨王朝最后一位女王的王位被古斯塔夫·阿道夫的一位新教侄子继承了下来。在查理十世和查理十一世的统治下，新王朝把瑞典的发展推向了顶峰。但在1697年，查理十一世猝然死亡，年仅15岁的查理十二世继位。

一些虎视眈眈的北方国家终于迎来了他们等待已久的绝好机会。在17世纪宗教战争期间，瑞典以邻国为代价发展壮大，现在，这些国家认为是到了算总账的时候了。于是，俄国、波兰、丹麦和撒克逊联手向瑞典宣战。在1700年11月著名的纳尔瓦战役中，彼得未经训练的军队遭到查理无情的重创。于是，那个世纪最杰出的军事天才查理转而对付其他敌人。在九年之内，他的军队在波兰、丹麦、撒克逊和波罗的海各省的村镇一路烧杀抢掠，所向无敌。此时此刻，彼得正在遥远的俄国加紧训练自己的士兵。

终于，在1709年的波尔塔瓦战役中，卧薪尝胆的彼得终于消灭了疲惫不堪的瑞典军队。查理仍是一位浪漫飘逸的英雄，但他复仇显然已经无望，而且国家也葬送在他的手里。1718年，他被刺杀或因事故身亡(我们无从得知)。1721年，在尼斯特兹城缔结和约时，除还在手中的芬兰之外，瑞典失去了所有原来的波罗的海领土。彼得一手缔造的新俄国一跃而成为北欧的新霸主。

然而，一个强劲的新对手——普鲁士王国正在悄然崛起。

第48章

普鲁士的崛起

一个叫普鲁士的小公国迅速在日耳曼北部阴湿的土地上崛起

普鲁士的历史可称是一部边疆变迁史。9世纪时，以前地处地中海的文明中心被查理大帝移到西北欧的蛮荒之地。他的法兰克士兵不断地把旗帜向东插到欧洲的边界，从世代定居在波罗的海与喀尔巴阡山之间的平原上的土著——立陶宛人和斯拉夫人那儿夺取了大片土地。法兰克人治理这些边远地区同美国当年正式建国之前管理领土的方式颇为相似。

勃兰登堡这个边陲省份最初是查理大帝建立的，目的是抗击野蛮的撒克逊部族对其东方属地的侵扰。文德人(斯拉夫部落的一支)居住在这一地区，他们于10世纪被征服。他们的勃兰纳布集市后来成为勃兰登堡的中心，勃兰登堡也因此得名。

11世纪起至14世纪，一个接一个的贵族家族在勃兰登堡这个边疆行省行使着帝国总督的职权。到15世纪，悄然崛起的霍亨索伦王室登上了历史的舞台，成为勃兰登堡的选帝侯，着手把这片沙土地变成现代世界上最强大的帝国之一。

不久前刚被欧美联合力量赶下历史舞台的霍亨索伦家族，最初来自于德国南部，出身卑微。12世纪时，霍亨索伦家族中一个叫弗雷德里希的人通过一桩幸运的婚姻，摇身一变，成为纽伦堡的主人。他的后人抓住一切机会向上爬，经过数世纪的巧取豪夺，爬到了选帝侯的地位。选帝侯是对那些有资格被选为古德意志帝国皇帝的王公贵族的称谓。在宗教改革期间，他们支持新教徒，17 世纪早期他们得以跻身德国势力最强的公候之列。

三十年战争期间，清教徒和天主教徒都疯狂地洗掠勃兰登堡和普鲁士。但是，在大选帝侯弗雷德里希·威廉的统治下，战争创伤很快得到恢复，国内一切经济力量与人才获得明智而慎重的使用，一切积极因素都被充分地调动起来以建立一个百废俱兴的国家。

现代普鲁士有一个个人抱负和愿望完全服从于社会整体利益的良好风气，此风正是弗雷德里希大帝的父亲开创的。

弗雷德里希·威廉一世是个勤恳而吝啬的普鲁士军人，除了爱打听小道消息外，还喜欢抽浓烈的荷兰烟草，并且极度讨厌浮华虚饰（尤其是来自法国的）。他只有一个信条，那就是忠于职守。他严于自律，不能容忍他的臣民——无论是将军还是士兵的任何软弱的表现。他与儿子弗雷德里希的关系很疏远，父亲的粗俗与儿子的儒雅形成鲜明的对照。儿子对法式生活习性、文学、哲学和音乐的喜爱常常被父亲视为脂粉气的玩艺儿予以彻底否定，正是这两种迥异的气质最终导致了可怕的冲突。试图逃往英国的弗雷德里希被抓了回来送上军事法庭，并被迫目睹帮助他的好朋友被处斩。这之后，作为惩罚的一部分，弗雷德里希被送到外省的某个要塞去学习将来做国王应具备的治国安邦之道。年轻的王子因祸得福，在 1740 年登基时，他已经对国家管理程序了如指掌，从穷人家孩子的出生证到复杂的年度财政预算，他都样样精通。

作为一个作家，特别是在弗雷德里希那本名为《反马基雅维里》的著作中，他表达了对这个古代佛罗伦萨历史学家政治观点的蔑视，弗雷德里希在他的书中认为，理想的统治者应该是人民的第一公仆，像路易十四那样的开明专制君主。然而，在现实中，弗雷德里希虽然每天为他的人民工作二十多个小时，但他不能容忍任何顾问在他身边。他手下的大臣不过是高级职员，普鲁士也不过是他的私人财产，只能凭借他的意愿治理，绝不允许任何东西来影响国家的利益。

1740 年，奥地利皇帝查理六世驾崩。他生前立下一份写在羊皮纸上的正式协议，企图以白纸黑字的形式来巩固他的独生女玛丽亚·特蕾西亚的地位。但是，这位老皇帝刚刚被送进哈布斯堡家族的祖坟，弗雷德里希的军队就已越过奥地利边境，占领西利西亚部分地区和几乎整个中欧。经过几场战争，弗雷德里希征服了整个西利西亚。在经历了多次几乎被击败的危险后，他终于站稳了脚跟，粉碎了奥地利人的多次反扑。

整个欧洲都在密切注视着这个突然崛起的新兴强国。在 18 世纪，日耳

曼是在宗教战争中饱受蹂躏的民族,没有人对他们正眼相看。弗雷德里希像俄国的彼得大帝一样,在极短的时间里,把这种轻蔑态度转化为一片恐慌。普鲁士举国上下被治理得井井有条,国库充实,人民比在其他国家更安居乐业;司法制度得以改善,酷刑被禁止;设备良好的学校,平坦通畅的道路比比皆是。清廉谨慎的政府使臣民们感到,无论要他们做什么,他们都愿意尽力去做。

几百年以来,日尔曼帝国一直是法国、瑞典、奥地利、丹麦等群雄拼杀的战场,此时在普鲁士的鼓舞下,日尔曼人的自信心逐渐得以恢复。而这正是那个小老头儿的得意之作。他长着一个鹰钩鼻子,旧制服上总是带着一股鼻烟味儿,他对于恶意嘲弄他的邻国有着天生的癖好。尽管他写了一本《反马基雅维里》,但只要他能从说谎中捞到油水,便不顾事实玩弄起19世纪恶意诽谤的把戏。1786年,他的大限到了,他没有孩子,在孤独中死去(他的朋友都已先他而去)。只有一个仆人陪在他的床前,还有几条对他忠心耿耿的狗。他爱他的狗胜过爱人类,因为他说狗不会忘恩负义,并且会对朋友永远忠诚。

重商主义

欧洲新国家和王朝的致富之路以及重商主义的来由

我们已看到在16、17世纪现代国家是如何开始形成的。它们有着不同的起源:有的是国王个人励精图治的结晶;有的是占了有利的天然地势,还有的是靠偶然机遇造成的。成立之后,这些国家就都努力加强自身建设,并力求在国际事务上发挥尽可能大的作用。这一切都是要花费很多金钱的。中世纪的国家由于缺乏中央集权,因而无法仰仗巨大的财富来生存,国王只能在其领地内征税,以求对其行政事务开支自给自足。可是,现代集权国家要复杂得多,旧时的骑士制度已经灭迹,由政府雇佣官员或官僚体制取而代之,陆军、海军和内政经费数以百万计。于是,问题就出来了:上哪儿找这么多钱?

金银在中世纪是稀有商品。我已在前面谈过,平民百姓在当时可能终生也见不到一个金块,只有大城市的居民熟悉银币。美洲的发现和秘鲁矿井的开采改变了这一切。贸易中心从地中海转移到大西洋沿岸,意大利古老的"商业城市"失去了其金融上的重要性。新型的"商业城市"出现了,金银不再是珍奇之物。

通过西班牙、荷兰、葡萄牙和英国,贵重金属流入欧洲。16世纪欧洲开始出现自己的政治经济学家,他们发展了一套在他们看来十分健全并大大有利于各自国家的国家致富理论。他们认为,国库或银行储备着大量现金的国家即是最富有的国家。既然金钱代表着强大的军队,那么富有的国

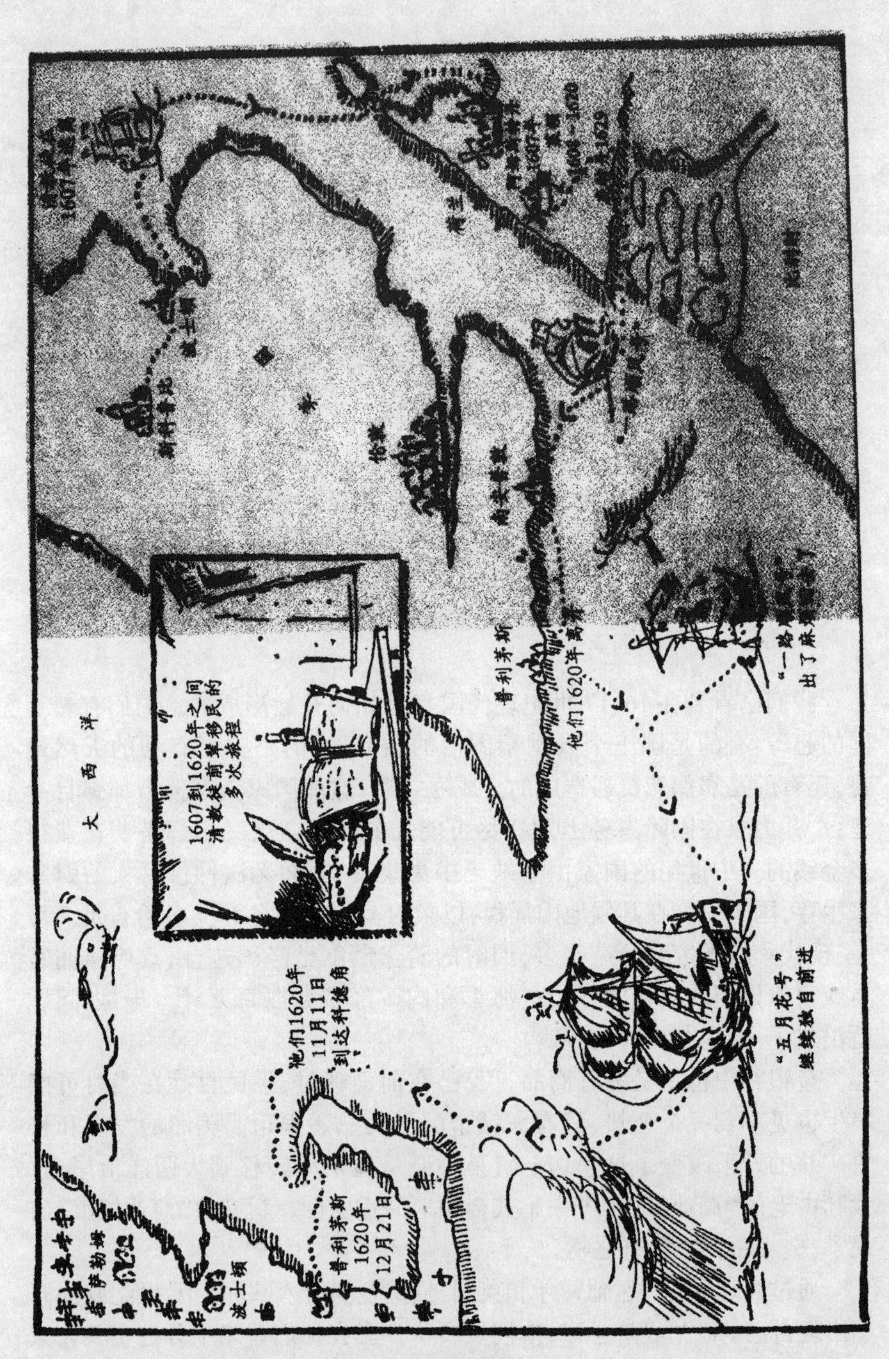
大西洋
1607到1620年之间
清教徒前辈移民的
多次旅程
他们1620年
11月11日
到达科德角
普利茅斯
1620年
12月21日
波士顿
“五月花号”
继续独自前进
普利茅斯

清教徒前辈移民的旅程

家也就是强大的国家，当然可以统治世界上的其他国家。

我们将这种思想称为“重商主义”。如同早期基督教徒坚信奇迹会发生，当今许多美国商界人士对关税同样深信不疑，当时的人们也同样奉“重商主义”为至上真理。实际上，“重商主义”是这样发挥作用的：一个国家要想得到最大量的贵金属必须做到出口贸易为顺差。如果你对邻国的出口量超出他对你的出口量，他就欠你的钱，这样他不得不用他的金子偿还，因此形成你赚他赔的局面。在当时，几乎所有17世纪国家的经济纲领都大致相同：

1. 尽一切可能拥有贵重金属；

2. 鼓励对外贸易优先于国内贸易；

3. 鼓励将原材料制成成品出口；

4. 鼓励生育，因为工业生产需要劳动力，而一个农业社会无法提供足够的劳力；

5. 实行国家监督，并在必要时加以干预。

16、17世纪的人们并不把国际贸易视为一种不以人的意志为转移的自然法则，他们试图通过政府的某些正式法令、法律和财政资助来调控贸易的运作。

在16世纪时，查理五世将此种运用于实践中，并推广到他的许多领地。英国的伊丽莎白女王为了讨好重商主义（这在当时完全是新生事物）他也进行效仿。波旁王朝的统治者们，尤其是路易十四更是这一主义狂热的追随者，他手下的财政大臣柯布贝尔则是一个被全欧洲奉为指路明灯的重商主义先知。

欧洲如何征服了世界

克伦威尔的一揽子外交政策都是重商主义的实际应用，而且是始终如一地针对其富有的对手荷兰共和国。因为作为欧洲商品的运输者，荷兰船主具有自由贸易的倾向，所以英国必须竭尽全力予以摧毁。

这种思想如何影响殖民地是很容易就可以看出的。在重商主义的指导下，殖民地完全成了金银和香

海上势力

料的储藏库。美洲、非洲和亚洲的贵重金属及这些热带国家的原料被占有那一殖民地的国家所垄断，而这个国家不过是碰巧拥有这一特殊的殖民地罢了。他们不允许任何外人进入其辖区，本地人也不准与挂着外国旗的船进行贸易。

无可否认，重商主义鼓舞了那些制造业不发达的国家来发展新兴工业。它对道路的修建、运河的开挖以及交通工具的改善起到了良好的推动作用；它对劳工的技能提出更高的要求，提高了商人的社会地位。同时，它还大大削弱了拥有土地的贵族的势力。

但另一方面，重商主义也造成了巨大的灾难。它使殖民地的土著人遭到最残酷的盘剥，它把宗主国的市民们推向了更为悲惨的深渊。在很大程度上它把每一块土地变成军营，并把世界分成许多小块的领土，每块领土都在为自己的直接利益、为摧毁邻国力量并掠夺他们的财富而绞尽脑汁。他们如此强调财富的重要性，以致于普通大众都把“致富”当作惟一的美德。经济体制也像外科手术和女性的时装款式一样千变万化，一直到 19 世纪，重商主义才为世人所抛弃，一种自由而公开的竞争体制开始受到推崇。至少我知道的情形是这样的。

第50章

美国独立战争

18世纪末，欧洲看到有关北美大陆的荒野上所发生的奇特事情的报道。对坚持“君权神授”的查理进行惩处的那些人的后世子孙，又为争取独立的故事增添了新的篇章。

为了叙述方便起见，且让我们追溯到几个世纪以前，对早期争夺殖民地战争的历史做一番简单的回顾。

当一些欧洲国家在新的国家或王朝利益的基础上刚刚建立起来不久，也就是说，在三十年战争期间及战后不久，这些国家的统治者依靠他们商人的资本和贸易公司的船只，继续在亚洲、非洲和美洲为争夺更多领地而打得一塌糊涂。

早在荷兰与英国开始争夺海上霸权的一百多年前，西班牙与葡萄牙人已在太平洋和印度洋展开了他们的探险生涯。这对英、荷两国来说可谓一件好事。前期开创性的艰巨工作已经完成，重要的是，由于早期探险家常常遭到亚、非、美三大洲原住民的仇视，所以英国人和荷兰人便被当作朋友和拯救者而受到欢迎。

为自由而战

我们不能说这两个民族哪一个具有更高尚的美德，因为他们首先是商人而非别的。他们不允许宗教对他们富有常识的实际头脑有

清教徒前辈移民

在“五月花号”的船舱里

哪怕一点点的干扰。一开始,几乎所有的欧洲国家和那些弱小民族交往时,采取的那是令人震惊的血腥政策,但荷兰人和英国人懂得适可而止。只要能得到他们所要的金银、香料和税收,他们也乐于让那些土著人按照自己的意愿生活。

正因为此,英国人和荷兰人在世界上这些最富饶的地区立足并非一件难事。可一旦实现了这一目标之后,又开始为更多的地盘你争我夺。然而令人感到奇怪的是,殖民地争夺战从未在殖民地的土地上爆发,而是由交战国的海军在3000海里之外来一决雄雌。这也是自古以来中最有趣的一条战争原则(历史上不多的几条可信的规律之一),即“取得制海权的国家亦能在陆地上称霸”。这条规律后来屡试不爽,但现代化飞机可能已改变了这一铁律。不过,18世纪尚未发明飞行器,为英国获取大片美洲、非洲、印度殖民地的正是不列颠皇家海军。

17世纪英国与荷兰之间发生的一连串海战在此就不加赘述了。它们结局与那些力量过于悬殊的那些遭遇战没什么两样。倒是英、法(英国的另一对手)之战对我们来说更有知道的必要,因为最终占优势的英国舰队击败了法国海军时,刚开始的许多次战斗都是在我们美洲大陆上进行的。在这片辽阔的上地上,法、英两国都声称,他们所发现的,以及白种人从未见过的一切,皆归他们所有。1497年,卡伯特在北美登陆;27年后,乔万尼·韦拉扎诺也拜防了这一带海岸线。卡伯特的船挂着英国国旗,韦拉扎诺打着法国国旗。于是,英、法都声称自己才是北美大陆的真正主人。

在17世纪,英国在缅因与卡罗莱纳之间建立了10小块殖民地。这里通常是英国某些不信奉国教的特别派系的避难所,诸如1620年抵达新英格兰的清教徒,或1681年定居宾西法尼亚的贵格会教徒。这些小型的拓荒者社区,紧靠着海边安营扎寨,在较为宽松自由的环境中过着“天高皇帝远”的逍遥自在的新生活。

与此相反,法国殖民地一直为皇家所有。胡格诺派或新教徒禁止居住在这些殖民地,因为害怕他们用危险的新教主义污染了印地安人的心灵,或者干扰了天主教耶稣会神父的传道工作,所以英国殖民地的基础比其法国邻邦和对手的更为良好。这些殖民地几乎可以说是英国中产阶级商业力量的代表。而法属殖民地却是由国王的臣仆漂洋过海过来居住,他们日夜盼望着一有机会就返回巴黎。

从政治来说,英国殖民地的地位远不如人意。法国人在16世纪就发现了圣劳伦斯河口。他们从大湖区南进,沿密西西比河而下,在墨西哥湾修建了好几个要塞。一个世纪的苦心经营后,一条有60座要塞的法国防

阿尔冈昆人
新尼德兰
1614-1664
新瑞典
1638
1655
1606
詹姆斯镇
1607
1628
1663
1728
切诺基人
俄亥俄河
密西西比河
密苏里河
克里克人
英国人
西班牙人
法国人
白人是如何来到
美洲大荒野的

白人如何在北美定居

线把大西洋沿岸的英国殖民地与内地一分为二。

英国为不同的殖民公司制订了上地转让证，授予他们“从海洋到海洋的所有土地”。这实际上是一纸空文，因为英国领土到法国防线就截止了。要想冲破这个障碍，势必要耗费人力、财力，挑起可怕的边境争端。英法双方都借助印地安人部落各种族的帮助屠杀邻国白种人。

只要斯图亚特王朝仍统治英国，就没有与法国开战的危险。斯图亚特王朝想借助波旁王朝的力量实现他们打破议会权力、建立独裁政体的企图。1689年，斯图亚特王朝从英国土地上消失，荷兰的威廉即路易十四的劲敌登上王位，从此，法、英两国为争夺印度、北美的土地而拼得你死我活，一直到1763年巴黎和约的签署为止。

在这些战争期间，英国海军多次击败了法国海军，丧失了制海权的法国由于与自己殖民地的交通被切断，失去了大部分领地。到停战条约签订之日，整个北美大陆已落入英国手中。法国失去了卡蒂尔、尚普兰、拉萨尔、马奎特及其他许多人所做的伟大探险功绩。

在这片广阔的土地上，有人居住的地区只占其中的一小部分。从马萨诸塞到卡罗莱纳及弗吉尼亚（两个为获取利润而专门成立的烟草种植州），延伸着一条狭长的人口稀少的地带。1620年，清教徒的前辈移民在马萨诸塞登陆。他们是一支偏执的教派，既不能容忍荷兰加尔文教派，也不能与英国国教教徒共处。这些来到辽阔天空和清新空气的新土地上的人们，与他们远在祖国的同胞最大的区别是，他们在荒野中学会独立自主和自力更生，他们是吃苦耐劳、精力充沛的人们的后裔。在那艰苦年代，怯弱、懒惰的人不会漂洋过海而来的。美洲殖民者过够了在祖国时处处受到限制，呼吸不到一丝自由空气的痛苦生活。他们要自己主宰自己。英国当局不可能理解这一点，因而触怒了殖民者，而讨厌被横加干涉的殖民者也反过来激怒了英国政府。

双方感情的裂痕就这样越来越深。实际上究竟发生了什么事情，我们不必在此赘述。假若有一个比乔治三世更英明的国王，如果

法国人探索西部

荒野中的木屋

英王对昏庸无能的大臣诺思爵士不那么宠信的话,那么许多事情都可能避免。

在意识到和平不能解决分歧时,英国的殖民者便拿起了武器,从忠心耿耿的臣民变为叛乱者。他们一旦成为俘虏就会被德国士兵处死。这些德国士兵是英王乔治三世按照当时有趣的风俗雇来打仗的,那时候的条顿亲王们把整个的兵团出卖给出价最高的买主。

这一场英国殖民地与英国之间的战争持续了 7 年之久。在大部分时间里,反叛者几乎没有胜利的希望。大多数人,尤其是城市居民仍然忠于英王,他们主张妥协,愿意求和,但一位伟大的人物——华盛顿坚决捍卫着殖民者的反叛事业。他在为数很少但却勇敢而精干的人的辅佐下,用他那装备极差但十分坚定的军队削弱了国王的力量。当一次又一次眼看就要失败时,他以他的雄才大略扭转了战争的态势。他的士兵经常有上顿没下顿,冬天没有鞋子和大衣,不得不住在潮湿寒冷的战壕中,但他们对自己的伟大领袖绝对忠诚,并且坚持斗争直到最后的胜利。

值得一提的是,在独立斗争刚开始时发生的一件事,比华盛顿领导的各个战役,以及当时正在欧洲从法国政府及阿姆斯特丹的银行家那里争取到借款的本杰明·富兰克林的外交胜利,要来得更有意义。从各殖民地来到费城的代表们正在集会共商大事。这是独立战争的第一年,沿海的绝大部分城镇依然掌握在英政府手中,一船又一船的援兵正在源源不断地从英国运来。只有对自己的正义事业坚信不疑的人才有勇气在 1776 年的 6、7 月间作出这样重大的决定。

6 月,弗吉尼亚的代表里查德·亨利·李向大陆会议提出一项议案:“作为天赋的合法权利,这些联合殖民地是,也应该是自由、独立的州。免除它们对英国皇权的效忠义务,解除并应该解除它们与大英帝国的所有政治联系。”

这个提案由马萨诸塞的代表约翰·亚当斯附议,于7月2日获得通过。7月4日,正式的《独立宣言》问世,它的起草人是托马斯·杰斐逊。他为人严肃,对政治学和行政管理颇为精通,注定会成为美国最著名的总统之一。

新英格兰的第一个冬天

乔治·华盛顿

当这一消息传到欧洲时，反叛者取得了最后胜利，著名的《美国宪章》（第一部成文宪法）于1787年得以正式通过时，人们对它给予了极大关注。自17世纪伟大的宗教战争以来，高度集权的君主制国家已达到它所能达到的权力的巅峰。国王的宫殿建得越来越奢侈堂皇，同时，国王统治下的城市也被数量急剧扩展的贫民窟所包围。这些贫民窟的居民生活艰难，骚动不安的迹象已经显现。而更高阶层，也就是贵族和政府职员，也开始对自己生活的政治、经济状况心生疑窦。美国反叛者的胜利向他们展示了，许多就在不久之前仍是不可能的事情，现在已经能够成为现实。

正如一位诗人描述说，列克星敦战役的枪声"震撼了全世界"。这固然有夸张之嫌。中国、日本和俄国就根本没有听到枪声，更不用说澳大利亚和夏威夷（这些地方刚被库克船长重新发现。他因遇到麻烦而被杀）。然而，这枪声飞越大西洋，引爆了欧洲不满现状的火药库，在法国引发了一场大爆炸，震撼了从马德里到彼得堡的整个大陆，把陈旧的治国之道和陈腐的外交政策埋在了成吨的民主巨石之下。

第51章 法国大革命

法国大革命向全世界人民宣告了自由、博爱和平等的原则。

在开始谈论法国大革命之前，我们不妨先探讨一下“革命”这个词的真正含义。

一位伟大的俄国作家认为(俄国人对“革命”一词应该是有发言权的)，“革命”就是“在短短几年内，彻底颠覆存在了数百年的旧制度。这些旧体制如此根深蒂固，就连最激烈的改革者也不敢在他们的论著中肆意加以抨击。革命就是在短时间内推翻构成一个国家的社会、宗教、政治和经济等生活本质的东西，使之彻底瓦解”。

在18世纪，古老的法国文明已变得陈腐而落伍。路易十四时代的国王已变成君权至上——“朕即国家”。曾是联邦国家臣仆的贵族已无职无权，成为浮华的宫廷社会的装饰品。

然而，这个时代的法国已经腐化奢侈成风，耗费令人震惊。这笔钱完全取自税收。不幸的是，法国国王还没有足够的能力来迫使贵族和教士纳税。结果，税赋完全落在农民身上。但生活在阴暗草棚中的农民已经与他们过去的地主不再保持密切的联系，而是备受残忍蠢笨的土地代理人的压榨，生活每况愈下。他们凭什么应当干活而且竭尽全力呢？土地增产仅仅意味着要缴纳更多的税赋，而自己所得甚少。因此，他们大着胆子让土地撂荒。

于是我们看到：在一群急于升官发财的人的簇拥下，国王穿过一间间

断头台

富丽堂皇的殿堂，在浮华虚饰之中徜徉。在国王身边的这些弄臣民贼过着不劳而获的日子，而纳税农民则过着牛马不如的生活。这不是一幅令人愉快的画面，但这毫无夸张之词。然而，我们不应忘记的是，所谓的“王朝制度”还有其另一面。

与贵族有着紧密关系的富有的中产阶级（通常靠有钱银行家的女儿和穷男爵的儿子通婚而形成的一个阶层），还有由法国最滑稽的人们组成的宫廷，把奢华生活推向极致。由于国家禁止有识之士过问国家事务，他们就靠谈一些抽象的概念来打发时光。

人的思维模式和行为模式常常容易像新潮时装那样走极端。因而那个时代最矫揉造作的社会自然对他们认为的“简朴生活”生出极大的兴趣。国王——法国及其殖民地、附属国的至高无上的主宰，带着王后和他的侍臣一起，都去住在乡间小屋里，装扮成挤奶女工和马夫的滑稽模样，玩古希腊欢乐谷中牧羊人的游戏。弄臣们尽其所能向国王和王后逗乐献媚，宫廷乐师创作出欢乐动听的小步舞曲，宫廷理发师设计出越来越精致贵重的头饰，后来，由于实在无事可做和极端无聊，整个虚浮做作的凡尔赛社交界（凡尔赛宫是路易十四建造的远离城市喧嚣的大娱乐场），这个小天地中的这伙无聊之徒所谈论的，除了那些和他们自己的生活毫不沾边的话题，此外再也找不到其他话题，犹如饥饿中的人只谈论面包一样。

当宗教和政治独裁的死对头伏尔泰（我们都知道这位英勇无畏的老哲学家、剧作家、历史学家、小说家）猛烈抨击与《风俗论》有关的一切时，整个法国都为之喝彩，而他的剧作却常常只能在只售站票的剧场里看到。当让·雅克·卢梭对原始人的感情愈来愈深，并向他的同时代人介绍这个星球的原始居民的欢乐幸福的时光（他对原始人的了解与他对孩子的了解一样少得可怜——虽然他被公认为儿童教育的权威），全体法国人都在读他的《社会契约论》，在这个“朕即国家”的社会里，当人们听到卢梭呼吁“回到真正主权归于人民，国王只是人民公仆的美好的时光中去”时，不禁人人泪流满面。

孟德斯鸠出版了他著名的《波斯人信札》，其中两位鼎鼎大名的波斯旅行家把法国社会描绘成一团糟，并且把上自国王下至国王的600个糕点师的各种行径以嬉笑怒骂的口吻嘲弄了一遍。这本书连出4版，并为他的另一本传世论著《论法的精神》赢得了无数的读者。

《论法的精神》中有位高贵的男爵，把完善的英国制度与落后的法国制度作了一番比较，并鼓吹实行立法、司法、行政三权分立，以各自独立行使其职责的国家体制取代君主专制制度。当巴黎书商勒布雷顿宣布狄德罗、德·朗贝尔、迪戈及二十多位著名作家准备出版一部囊括所有“新思想、新科学、新知识”的百科全书时，公众的反应空前热烈。22年后，最后一卷即第28卷终于完成。警方的干涉为时已晚，已压制不了法国社会对于这一对时事评议作出了极为危险但却十分重要的贡献所表示的热忱欢迎。

请允许我在此提出一点忠告。当你阅读一本涉及法国大革命的小说或观赏这方面的戏剧时，你很容易产生这么一种印象：大革命是一伙从贫民窟出来的乌合之众所干的事。事实绝对不是这样。暴动往往在革命舞台上演，但其幕后始终是在那些中产阶级代表的导演之下，他们以饥饿的群众为有力后盾来挑战国王和朝廷。然而真正引起革命的基本思想是由几个才华横溢的人创立的。他们一开始是被引荐到“旧制度”迷人的上流社会，供国王陛下和宫廷中那些无聊绅士、贵妇消遣的。这些漫不经心的游戏者玩了一场危险的社会批评的烟花，直到火星从与这幢楼层一样古老破损的地板裂缝漏下去，一直掉到地下室的杂乱不堪的陈年杂物上。于是，传来了着火的喊叫，偏偏这房子的主人对什么都感兴趣，就是对管理其财产毫不用心，也不知道如何动手去扑灭这小小的火苗。火焰迅速蔓延，大火终于将整座大楼烧成灰烬。这就是人们常说的法国大革命。

为了方便起见，我们姑且把法国大革命分为两个阶段。从1789年到1791年，进行了或多或少的君主立宪的努力，但失败了。这其中的原因一部分是由于国王本人愚蠢而缺乏诚意，另一部分是由于局势失控。

从1792到1799年，法国建立了共和国，首次企图建立一个民主政府。但在这之前持 续多年的动荡和多项真诚而无效的改革实验使暴乱一发不可收拾。

当法国背上400亿法郎的债务，国库空虚到了极点，已经无法冉巧立新税名目时，甚至连国王路易（他是个好锁匠和出色的猎手，但却是个无能的政治家）也隐约感到有必要采取一些改革措施了。于是，他任命50岁

出头的业余政治经济学家迪戈出任财政大臣。作为正在迅速消失中的土地贵族的出色代表，奥尔纳男爵安·罗伯特·雅克·迪戈曾是位成功的省长，才能非凡。然而，尽管他竭尽全力，但不幸的是，他一样无力回天。既然从贫穷的农民那儿再也榨不出更多赋税，就有必要从没有纳过一分钱税的贵族和教士身上征得必要的银两。迪戈因此成为国王身边最招人恨的人。此外，他还得硬着头皮去面对王后玛丽亚·安东莱特的敌意，谁胆敢在她面前提"节约"一词，谁就没有好果子吃。不久，迪戈被冠以"不切实际的空想家"、"理论教授"，地位岌岌可危。1776年，他被迫辞职。

路易十六

继"教授"之后的是一个勤奋而有生意头脑的人，他来自瑞士，名叫内克尔，靠充当国际银行的合伙人和做谷物投机生意而发家致富。他野心勃勃的妻子硬把他推进了政界，以便为他们的女儿争得一定的地位。后来这位女儿成了瑞典驻巴黎大使德施特尔男爵的夫人，并成为19世纪初知名的文化人士。

内克尔和迪戈一样满腔热情地投入了工作。1781年，他印发了一份法国财政审计报告。可惜不学无术的国王看不懂这份详细的"账目表"。他刚调遣军队去美国帮助受压迫的殖民者抗击他们的共同之敌——英国人。由于这次远征耗资巨大，内克尔被要求筹集所需资金。他不但没有遵令去增加税收，反而发布了更多的数据，作了进一步的统计，并重提"必要的节约措施"这类老掉牙的警告。这样，他在任的时间就长不了了，1781年，他被当作一个无能的官员而被解职。

在"教授"和"生意人"之后被任命为财政大臣的是一位让人喜欢的金融家，他保证每人每月能拿到百分之百的收入——只需要他们相信他那套可靠的方法。这位爱出风头的官员就是查理·亚历山大·德·卡隆。他靠自己的勤奋与不择手段谋取了高位。他发现这个国家已债台高筑，但他聪明过人，想博得所有人的好感。他发明了一种"速效"的补救措施，即靠借新债来偿还旧债。这种方法并不新鲜，因为这样做的后果从来都是灾难性的。3 年不到，这位人见人爱的财政大臣又给法国增加了 8 亿法郎的外债，而他总是毫无顾虑、笑容可掬地在国王陛下和王后需要时签上他的大名。这位迷人的王后早年在维也纳养成了花钱如流水的习惯。

最后，甚至巴黎议会（最高司法机构而非立法实体）也决定要采取措施了——虽然他们对王权忠心耿耿。卡隆计划再借 8000 万法郎的债务。由于那一年农作物歉收，千千万万的农民陷入悲惨和饥馑之中。除非采取切实可行的措施，否则法国经济将要走向崩溃。国王像以前一样认识不到问题的严重性。难道与人民代表磋商不是一个很好的主意？但自从 1641 年，三级会议就从未召开过。在日益逼近的恐慌之中，许多人呼吁召开三级会议。然而毫无主见的路易十六认为这要求“太过分”，因而拒绝了。

1787 年，为了平息民怨，路易十六召集了一群知名人士开会，泛泛地提出了能进行及该进行之事。由于这仅仅是一个显赫家族的聚会，因而并没能涉及封建地主及教会的免税特权。指望社会某一阶层为另一集团的利益而在政治、经济上做出牺牲，这显然是不合理的。因而，这 127 名显贵拒绝放弃哪怕是一项他们的固有权利，也是情理之中的事。大街上的饥民要求重新起用内克尔，因为他们对他抱有信心。显贵们当然不同意。饥民们开始砸窗户，随后发生了一些别的暴力活动。显贵们狼狈而逃，卡隆被免职。

罗梅尼·德·布利昂纳主教被任命为新任财政大臣，这是一个平庸无能的家伙。路易十六被他饥饿臣民的暴力活动逼得束手无策，同意在“可行的时候”尽可能快地召开原来的三级会议。这种不置可否的暧昧答复当然不能令人满意。

百年未遇的严寒袭击了法国。庄稼不是毁于洪水就是在田中被冻死。普罗旺斯省的橄榄树全都枯死。虽然有关机构做了一些慈善救济，但面对 1800 万饥民却收效甚微。到处都是哄抢面包的饥民。若在二三十年前，政府会派军队镇压，但新的哲学思想开始发挥作用，人们已开始懂得，对饥肠辘辘的人群使用武力绝不是最好的办法，何况来自于社会底层的士兵已不像以前那么可靠了。为了重新赢得民心，国王必须作出决断，但他又一次犹疑不决，致使各个省区的一些新思潮的追随者建立了一些独立的小共和政体。就连在忠实的中产阶层中也能听到“取消代表权，不纳税”的呼声（这是四分之一世纪前美洲反抗者的口号）。法国普遍处于无政府状态的震荡之中。

为了安抚民众，提高皇家的威望，政府极不情愿地取消了过去十分严

格的书刊审查制度。大量的印刷品立即如洪水般狂泄到法国上地上。两千多种小册子相继出版。人们无论职位高低,都对他人进行批评,或受到指责。洛梅尼·德·布里昂纳主教在一片骂声中被赶下台。内克尔被匆忙召回,尽其所能地平息全国范围的骚乱。股市立刻上涨了30%。民众的激愤情绪暂时得到缓和。1789年5月,三级会议即将召开,将集中全国有智慧的头脑,迅速解决当务之急——如何把法兰西王国变成一片健康幸福的乐园。

这种集众人之智就能排除万难的想法盛行一时,但实际上这种观点被证明是一种灾难性的错误。这使得个人努力在局势最为严重的几个月里不能发挥作用。内克尔在关键时刻没有把权力掌握在自己手里,反而放任自流。于是,围绕改良古老王国的最佳方案的问题爆发了一场新的激烈辩论,各地警察的权利遭到削弱。巴黎近郊的民众在一些职业煽动家的鼓动下,逐渐认识到了自己的力量,并开始扮演以后大动荡年代他们一直扮演的角色。在那些年代里,他们被大革命的领袖用作工具,以血腥暴力去夺取在法制状态中得不到的利益。

为了安抚农民和中产阶级,内克尔决定允许他们在三级会议中拥有双重代表身份。就这个问题,西尔耶神甫写了一本著名的《什么是第三等级》。在这本小册子里,他得出结论:第三等级(对中产阶级的称谓)应等于一切。他们在以前什么也不是,而今他们想要做些事情。他表达了关心国家利益的绝大多数人的愿望。

最后,选举在极为恶劣的情况下进行了。选举结束后,285名贵族、308名神甫和621名第三等级代表打点行装去了凡尔赛宫。后者不得不带上额外的行李。这包括卷帙浩繁的、称之为“备忘录”的报告,里面大多是第三等级代表的选民们的申诉材料。舞台已经搭好,将上演的是拯救法国的最后也是伟大的一幕。

巴士底狱

1789年5月5日,三级会议正式召开。国王心情极为沮丧。贵族和神甫宣称决不放弃任何特权。国王让三个等级的代表在不同的会场分别讨论各自不满的事情。第三等级拒不从命。他们于1789年6月20日在网球场上（为这次不合法的会议仓促布置的）庄严宣誓，要求三个等级——贵族、神职人员、第三等级——应该一起开会，并以此呈报国王。

国王被迫让步。正当“国民议会”（即三个等级代表会议）开始讨论法兰西王国局势时，国王发怒了，但他再一次犹豫不决。他说，他决不放弃他的绝对权力，然后就打猎去了，把国家大事抛到九霄云外。打猎回来他又让步了。这位国王似乎养成了这样的习惯，即在错误的时间，以错误的方式做一种正确的事情。当民众吵闹着提出要求时，国王大发雷霆，拒绝答应。但当叫嚣的贫民包围了王宫时，国王又软了，答应了臣民们的要求。但到了这时，然而这一次人们要求的是A加B，闹剧就这样重复地演下去。当国王在保证其可爱的臣民得到A和B的圣旨上签字后时，他们又威胁说如果他们的C要求得不到满足，就杀死全部王室成员。就这样要求一项一项地增加下去，用尽了整个字母表，直到把国王送上了断头台。

不幸的是，国王满足人民的要求总是慢一拍，而他自己永远认识不到这一点，甚至在他高贵无比的头颅被放在断头台上时，仍觉得他在尽他有限的能力深爱着的臣民手里受尽了不公正的虐待。

我经常提醒人们，历史上的“假如”一钱不值。我们可以很轻松地说“假如”路易十六是个铁石心肠、能力过人的人，君主制就能幸存。然而国王并不是可以主宰一切。“假如”他有拿破仑的冷血和铁腕，在那些艰难的日子里，他的王位也会断送在他妻子手里。这位王后是奥地利玛丽亚·特伊西王的千金，在那个时代最专制的中世纪宫廷里长大，她的身上集中了那个时代典型的美德与邪恶。

她不甘心无所作为，于是策划了一场反革命阴谋。内克尔突然被免去职务，皇家军队应召进驻巴黎。听到消息后的民众冲向巴士底狱要塞。1789年7月14日，这个人们熟悉且憎恨的专制权力的象征被捣毁——虽然这座监狱早已不再关押政治犯，而只是一些小偷和盗贼的拘留所。许多贵族对此心领神会，纷纷逃往国外。但国王一如既往地无所作为。巴士底狱被攻陷的那天他去打猎了，还因射杀了几头鹿而兴奋不已。

国民议会开始发挥其作用。8月4日，在巴黎民众热切的呼声中，他们宣布废除一切特权。8月27日，《人权宣言》——法国第一部宪法的著名序言，在他们的手里诞生了。至此一切发展出人意料地顺利。但王室显然未接受教训。人们普遍怀疑国王又想干预改革。结果到了10月5日，巴黎又发生第二次暴乱，并蔓延到凡尔赛宫。直到把国王带回巴黎的王宫，人们

法国革命波及荷兰

才平静下来。他们不放心把他留在那儿。他们喜欢把他置于监视之下,控制他与马德里、维也纳和欧洲其它宫廷的亲属的书信来往以及其他联系。

这时,国民议会中,第三等级的领袖——贵族米拉波,着手在一片混乱中整顿秩序。可是,1791 年 4 月 2 日,他还未来得及保住国王的宝座就抱憾死去。国王害怕自己性命难保,于 6 月 21 日企图逃跑,国民自卫队根据钱币上的头像认出了他,在瓦雷镇附近将他截住并送回了巴黎。

1791 年 9 月,法国第一部宪法正式获得通过。大功告成的国民议会成员便打道回府。1791 年 10 月 1 日,又召开了立法议会,继续国民议会未竟的工作。立法会议的代表中,有许多极端的革命分子。其中以雅各宾党人尤为激进。这些人以常在雅各宾修道院举行政治会议而著称。这些年轻人大多来自自由职业阶层,他们激烈的言论经报纸传到维也纳和柏林,奥地利和普鲁士国王皇帝决定出手拯救他们的好兄弟。当时,波兰的敌对政治派系正大闹内讧,处于任何人都可以任意占据一两个行省的混乱状态,因此他们正忙于瓜分波兰的领土。即便如此,普鲁士和奥地利还是不愿丢下路易十六不管,设法派出一支军队进入法国,想解救这位落难的国王。

法国上下惊恐万状。多年因饥饿和苦难而积压的仇恨达到可怕的顶点。巴黎暴民开始攻打杜勒里宫。忠实的瑞士卫队拼死保卫他们的主人,但优柔寡断的路易十六却在群众正要撤退时下令停火。乘着喝足了劣质酒,在震天的呐喊声中,杀得性起的民众将瑞士卫队悉数杀死,随后又攻入王宫,把逃到议会大厅的路易十六揪了出来,宣布终止他的权力,并把他作为犯人带到了丹普尔古堡。

但是普鲁士和奥地利军队继续往前推进。人们已由恐慌转为歇斯底里,人们无论男女都成了野兽。1792 年 9 月的第一个星期,愤怒的人群闯入监狱,杀死所有的囚犯,然而当局并没有进行干涉。以丹东为领袖的雅各宾党人深知这场危机关系到革命的成败,只有血型的暴力和无畏的勇气可以挽救他们。1792 年 9 月 21 日立法会议闭幕,又召集了新的国民议会——国民公会。这是一个几乎完全由激进革命党人组成的机构。国王被指控犯有叛国罪,被国民公会提起公诉。他被宣判有罪,以 361 对 360 票判处死刑(多出来的那张票是他的表兄奥尔良公爵投的)。1793 年 1 月 21 日,他平静而不失尊严地走上了断头台。他到死也没弄明白这些枪声和骚乱到底是为了什么,但他耻于下问。

接着,雅各宾党把矛头指向公会里的温和派——吉伦特派,这个称谓以他们南部地区吉伦特而得名。雅各宾党组成特别革命法庭,对 21 位吉伦特派主要领导成员判处死刑,其他成员相继自杀。他们都是能干、诚实的人,但他们太过温和和逆来顺受,难以见容于这个恐怖的时代。

1793 年 10 月,雅各宾党人"在和平到来之前"中止执行宪法。丹东和罗伯斯庇尔领导的公安委员会这个小集团独揽了一切权力。基督教和古老的刑法被废止。托玛斯·潘恩在美国革命时期大力渲染的"理性时代"似乎已经来临,但随之而来还有长达一年多的以革命名义带来的红色恐怖,每天有七八十个好人、坏人和保持中立的人被屠杀。

国王的独裁统治已被摧毁,取而代之的是少数人的暴政。这些人出于对民主政治的狂热之情,认为有必要杀死持不同政见者。法国变成了大屠宰场。人人互相猜忌,人人自危。原国民公会残留的几个成员害怕自己成为下一个上断头台的人。出于恐惧,他们最终倒戈反击罗伯斯庇尔,因为他已把他过去的大部分同伴处死。这位"惟一真正纯洁的民主派"企图自杀,但没有成功。人们匆匆包扎了他被打烂的下巴,将他拖上断头台。

1794 年 7 月 27 日(根据古怪的革命历法是二年"热月"九日),少数人的暴政终于结束,巴黎人民欢欣鼓舞。

然而法国仍处于一种危险的局势之中,政权很有必要继续掌握在少数几个强有力的人手中,直到众多的革命敌人被赶出法国领土为止。当衣不蔽体、处于半饥饿状态的革命军队在德国、比利时、意大利、埃及与敌人进行了一场场殊死战役,并一一击败了敌人,由此产生 5 名执政官,他们统治法国长达 4 年之久。随后,权力落在了一位常胜将军拿破仑·波拿巴的手中,他于 1799 年成为法国的第一执政官。接下来的 15 年里,古老的欧洲大陆成为史无前例的进行诸多政治试验的实验场。

拿破仑的故事

拿破仑生于1769年，是卡洛·马利亚·波拿巴的第三个儿子。其父卡洛为人诚实，是科西嘉岛上阿雅克修城的一名公证人，卡洛贤良的妻子叫莱蒂西亚·拉莫莉诺。拿破仑不是法国人，而是意大利人，其家乡所在的科西嘉岛曾是古希腊、罗马和迦太基在地中海的殖民地，多年来一直为重新获得独立而进行着不懈的斗争。先是想从热那亚人手里争取独立，到十八世纪中叶以后，又想挣脱法国人的控制。法国人先是好心地帮助科西嘉人为自由而战，但随即为了自身的利益占领了该岛。

在生命的头20年里，年轻的拿破仑一直是个职业科西嘉爱国者——一个科西嘉的"辛·费因"，他的理想是把自己可爱的家园从可恨的法国鬼子的奴役中解放出来。但出乎意料的是，法国大革命接受了科西嘉人的独立要求，于是这个布里埃纳军事学校的高材生逐渐转而投奔到这个他后来成为他的第二祖国的国家并为之效劳。虽然他从未学会正确地拼写法语，说起法语来还带着浓重的意大利口音，但他成为了一个具有法国国籍的法国人。一段时间里，他成了一切法国品德的最高表率。现在他已经被视为法国天才的典范。

拿破仑可称得上"长袖善舞"。他的全部政治生涯不足20年。但在这么短的时间之内，他打的仗，取得的胜利，走的路，攻占的土地，杀戮的人数，推行过的改革比任何人都还要多；他把欧洲搅得天翻地覆，这是连亚历山大大帝和成吉思汗在内的任何人都无法做到的。

这个小矮个早年健康状况不佳。他其貌不扬，而且一直到他生命的最后时光，当他不得不在盛大的社交场合抛头露面时，都显得那么笨拙。他没有良好的教养、高贵的门第和巨大的财富可作升官发财的阶梯。在大部分青年时代他都穷困潦倒，常常吃了上顿没下顿，或不得不用些奇怪的方式弄几个铜板。

他的文学天分不高，因而他也从未对此抱有多大的希望。当他为得奖而参加里昂学院组织的比赛时，他的论文居然得了个倒数第二，是16名候选人中的第十五名。然而，出于自己的命运以及对自己辉煌的未来坚定不移的信念，拿破仑克服了这一切困难。野心是他一生的主要动力。这种对自我的信念，这种对他用来签署所有文件的大写字母"N"的崇拜（他曾把"N"作为装饰刻在他仓促建成的宫殿上），他要使"拿破仑"在整个世界上变成仅次于上帝的绝对意志，也正是所有这一切欲望将拿破仑带到了从未有人达到过的荣誉的顶峰。

当波拿巴还是拿半薪的年轻的陆军中尉时，尽管他非常喜欢希腊历史学家普卢塔克著的《名人传》，但他从未想过要按这些古代英雄的崇高道德标准去生活。拿破仑好像缺少使人类有别于其他动物的那种深沉的、与人为善的高贵情感，很难准确地说他除了爱自己之外是否还会爱别人。但他在和他的母亲说话时却彬彬有礼。他的母亲莱蒂西亚具有贵夫人的风度，并且善用意大利母亲的通常作法来教育她的孩子，赢得他们的尊敬。

有好几年，拿破仑钟情于他美丽的克里奥耳妻子约瑟芬，她是马提尼克岛上一名法国军官的女儿，博阿尔纳斯子爵的遗孀。由于在与普鲁士人的战役中失利，博阿尔纳斯被罗伯斯庇尔处死。可是，当她没有给拿破仑生下一子半女时，他便休了她，并出于政治上的考虑娶了奥地利帝国的公主。

在指挥一个炮兵连围攻土伦的战斗中，拿破仑一举成名。在那期间他对马基雅维里作了深入的研究。他谨守这位佛罗伦萨著名政客的教导，在食言对自己有利的情况下决不守信。在他个人的词典里是没有"感恩"这个字眼的。平心而论，他也从不指望谁来感激他，这倒颇为公道。他从不把人类的疾苦放在心上。1798年，他在埃及将曾答应给他们留一条生路的俘虏全部处死；当他发现他不可能把叙利亚的伤兵运到船上时，他心安理得地下令用氯仿将他们杀死。他授意一个不公正的军事法庭对昂希恩公爵处以死刑，并违反一切法令枪杀了他，理由是"需要对波旁王朝加以警告"。他签

从莫斯科撤退

署命令就地处决那些为国家独立而战的德国军官战俘。而当那位奥地利蒂罗尔的英雄安德烈斯在经过英勇抵抗成为他的阶下囚之后,他竟把他当作一名普通的叛徒处死。

总之,当我们对拿破仑皇帝的品格进行研究时,我们开始理解为什么那些英国母亲用这样的话哄孩子睡觉:“如果你们不做乖孩子,专吃小男孩、小女孩的波拿巴会来抓你们去当早餐的。”这位古怪的皇帝悉心审察他的部队的每一个部门,却对医务工作从不过问。他因受不了他可怜士兵的汗臭味而不惜以玷污自己制服的代价在身上洒科隆香水。尽管我在此揭了这么多他的短处,并且还能说出他更多的不是,但不得不承认我内心深处疑窦丛生。

此刻,我正坐在一张堆满了书籍的舒适的桌子前,一边看着我的打字机,一边瞅着我可爱的猫咪丽科瑞丝,它对复写纸情有独钟。倘若我告诉你,皇帝拿破仑是最卑鄙的人。可是,如果这时我恰巧朝窗外的第七大街张望,正好有一眼望不到头的卡车、大车嘎然停在那里,在隆隆的鼓声中,看到这个小矮子身着破旧的军服骑在白马上,我不知道自己将会作何感想,我可能会抛下书本、猫、家以及一切去追随他直到天涯海角。因为我自己的祖父就是这样干的。天晓得,这个小矮个并非生来就是英雄,却有上百万其他人的祖父也是这样跟他走的。他们没指望也不曾得到任何报偿。他们背井离乡数千英里,满怀热忱地为这个外国佬前赴后继,冒着俄罗斯、英国、西班牙、意大利或奥地利的炮火挺进,而当他们在死亡的血泊中痛苦挣扎时,他却只是平静地凝视着前方。

如果你们要求我对此加以解释,我只能说我无以奉告。我只猜出其中一个原因,那就是拿破仑是最天才的演员,而他的舞台就是整个欧洲大陆。无论何时何地,他都准确地知道什么话最能给人留下深刻印象,什么态度最能打动旁人。无论是在埃及沙漠中的金字塔和狮身人面像前演讲,还是在浸透露水的意大利平原向他的瑟瑟发抖的士兵讲话,都能取得同样效果。任何时候他都临危不惧,泰然自若,始终是局势的主宰。即使在最后的日子,他只不过是大西洋中一个怪石嶙峋的小岛上的流放者,一个任凭一个乏味而愚蠢的英国总督摆布的病人,他仍未从主角的位置上退下来。

兵败滑铁卢之后,除了几个可靠的朋友外,再没有人见过这个伟大的皇帝。欧洲人都知道,在他被关押的地点圣赫勒拿岛,有一支英国警卫部队日夜看守着他;他们还知道英国军舰严密监视着守卫在朗伍德农场上的皇帝的警卫队。但不管是敌人还是朋友,都没有把他忘怀。尽管疾病和绝望最终夺去他的生命,他那无言的目光仍旧注视着这个世界。时至今日,他在法国人的生活中的影响力仍像100年前一样。那时,一些人只要看到这个脸色蜡黄的人,就会吓晕过去。他曾把俄国克里姆林宫最神圣的殿堂当成马厩;他让教皇和其他世上最有权势的人像他的仆人一样听凭他使唤。

仅仅概述一下他的生平就需要一两卷的篇幅,假如要谈谈他对法国进行的伟大的政治改革,谈谈后来被大部分欧洲国家采纳的他制订的新法典,以及他在公共活动中发挥的积极作用,就得用上成千上万页了。然而,我可以用简单的几句话就能解释清楚为什么他的事业的前半期功成名就,后几年却一败涂地。

从1789年到1804年,拿破仑是法兰西大革命的伟大领袖,他不仅仅是为个人荣誉而战。他之所以能打败奥地利、意大利、英国和俄国,就是因为他和他的士兵都是“自由、平等、博爱”新信条的追随者,都是封建王朝的敌人,人民的朋友。

然而,到了1804年,他把自己封为法国世袭皇帝,并召来教皇庇护七世为他加冕,因为他念念不忘公元800年利奥三世为另一个法兰西伟大君王查理大帝加冕的情形。

一旦登上皇帝的宝座,这位老革命领袖便摇身一变,成为哈布斯堡王朝的拙劣模仿者。他抛弃了他的精神之源——雅各宾政治俱乐部。他不再是被压迫人们的守护神,而成为一切压迫者的总头领。他的行刑队的子弹随时准备射向那些胆敢违背他的意志的人。1806年,神圣罗马帝国的残余被扫进历史的垃圾堆,古罗马辉煌的遗迹被一个意大利农民的孙子所摧毁,没有人为之洒下一滴同情的眼泪。但是,当拿破仑率领军队入侵西班牙,将一个西班牙人憎恶的国王强加于他们头上,并且屠杀仍旧效忠于他们原来统治者的马德里人时,舆论便纷纷开始谴责这个过去麦伦格和奥斯特利茨及上百次其它革命战役中的英雄了。从那时起,拿破仑头上“革

命英雄”的光环顿然暗淡，而成为旧制度一切劣根性的化身；也只有从那时起，英国才有可能操纵野火一样迅速蔓延的仇视情绪，使一切正直的人都起来反对这位法国皇帝。

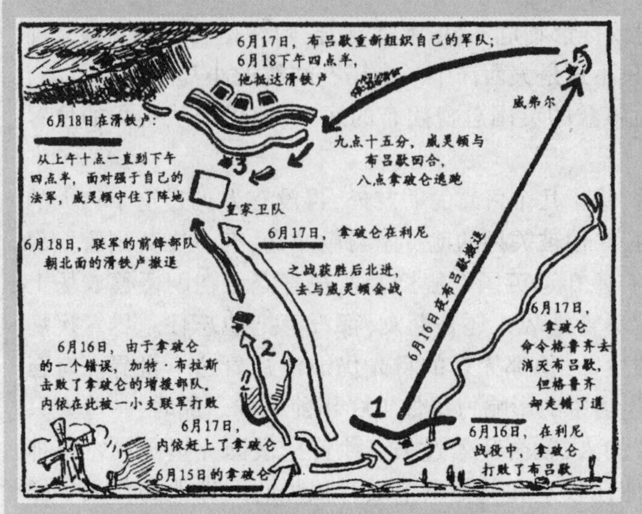

滑铁卢战役

当法国“白色恐怖”的可怕细节见诸英国报端时，英国人民便深恶痛绝。一百多年前的查理一世统治时期，他们也曾演出过一幕他们自己的大革命，但与巴黎的“白色恐怖”相比，那简直是不值一提。在广大英国人眼里，雅各宾党人是人人得而诛之的魔鬼，而拿破仑则是群魔之首。于是，英国舰队从 1798 年开始封锁法国，它破坏了拿破仑取道埃及入侵印度的计划，并迫使他在尼罗河畔取得一系列胜利后狼狈地撤退。最后在 1805 年，英国终于盼来了它等待已久的时机。

在西班牙西南海岸线的特拉法尔加角附近，不可一世的拿破仑的舰队遭到纳尔逊的重创，从此一蹶不振。这下，拿破仑皇帝被迫龟缩在内陆。即便如此，倘若他识时务并接受列强提出的体面的和平条件，他仍旧是欧洲大陆公认的主宰。可是，拿破仑在自己的辉煌成就前昏了头，他不允许谁跟他平起平坐，跟他一争高低。他把仇恨转向了俄国——有一望无垠大草原和有无数人愿意充当炮灰的神秘土地。

只要叶卡捷林娜女皇的愚笨的儿子保罗一世统治着俄国，拿破仑就有应付的对策。但是，保罗变得越来越不负责任，激怒的臣民不得不将他杀死（否则，他们都会被流放到西伯利亚铅矿去服苦役）。保罗的儿子亚历山大，不像他父亲那样对拿破仑这个谋朝篡位者抱有好感，他认为这种人是人类的公敌，是一个不折不扣的破坏和平者。作为一个虔诚的人，他相信是上帝选中他来把世界从科西嘉祸害中拯救出来。他与英国、普鲁士、奥地利携手作战，但还是被击败。

1812 年，已经五战五败的亚历山大又一次侮辱拿破仑。法国皇帝恼羞

成怒，发誓要打到莫斯科去。于是，他从德国、意大利、西班牙、荷兰、葡萄牙强迫一支支部队开往北方，要洗雪这位伟大皇帝受到的侮辱。

其结果人人皆知。两个月长途跋涉之后，拿破仑的大军抵达俄国首都，并在克里姆林宫里设下司令部。1812 年 9 月 15 日晚，莫斯科大火冲天，整座城市烧了四天四夜。到第五天傍晚，拿破仑下令撤退。两星期后大雪突降，部队在雨雪泥泞中艰难前进，直到 11 月 26 日才到达别列齐纳河。随后，俄国人全力反攻，哥萨克兵包围了乱作一团的“伟大的军队”。12 月中旬，第一批幸存者才在德国东部的城市出现。

各地纷纷传出即将发生叛乱的谣言。欧洲人说：“我们摆脱这无法忍受的枷锁的时机已经到来。”于是，他们开始寻找未被无孔不入的法国间谍搜去的滑膛枪。但他们还没明白发生了什么事，皇帝拿破仑已带着新部队返回。原来他留下残兵败将，自己乘坐小雪橇先赶回首都巴黎，发出最后的号召征集更多的部队，以便能够保卫法兰西神圣的领土免遭入侵。

大批十六七岁的孩子追随他向东进发去攻打列强盟军。1813 年 10 月 16、18、19 日，可怕的莱比锡战役开始了。穿绿军服的士兵和穿蓝军服的士兵厮杀了 3 天，连埃尔斯特河都被鲜血染红了。10 月 17 日下午，兵源充裕的俄国军队突破法国防线，拿破仑再次仓皇逃跑了。

他回到巴黎，有意让位给幼小的儿子，但联军坚持要让路易十八——已故的路易十六的兄弟继承法国王位。这位目光呆滞的波旁王子在哥萨克人和德意志长枪骑兵的簇拥下，趾高气扬地开进巴黎。

至于拿破仑，他成为地中海一个叫厄尔巴小岛的最高主宰，他把他的马夫组成一支微型部队，在棋盘上厮杀。

他一离开法国，人们便开始意识到他们失去了什么。刚过去的 20 年中，尽管代价高昂，却无比辉煌和荣耀。巴黎因而成为世界之都。而现在大腹便便的波旁国王不但不学无术，好逸恶劳，而且对过去被放逐的日子耿耿于怀。

1815 年 3 月 1 日，正当盟军代表准备重新划分欧洲之时，拿破仑突然在奥纳附近登陆。不到一周的时间，法国军队撇下波旁王室，涌向南方投奔这个“矮小的下士”。拿破仑挥师于 3 月 20 日抵达巴黎。这一次他变得谨小慎微，他提出和谈，但联军坚决予以拒绝。全欧洲都联合起来，用战斗来反对这个“背信弃义的科西嘉人”。

拿破仑迅速移师北方，以便在敌人还未集结之前将他们击溃。然而，拿破仑已今非昔比，疾病缠身，易于疲劳，在指挥先头部队进攻的时候他却卧床不起了。冉说，他也失去了许多对他忠心耿耿的老将领。他们都已先后过

拿破仑走上流放之路

世了。6月初,拿破仑进入比利时。16日,他的部队击败了由布吕歇尔统帅的普鲁士军队。但是,他手下的一位将军没能按命令肃清溃退的敌军。

两天后,即6月18日,星期日,拿破仑在滑铁卢附近与威灵顿遭遇。下午2点,法军似乎已赢得了战争。3点,东方地平线上出现一线尘土,拿破仑相信那是他的骑兵到了,可以把已露败迹的英军彻底击溃。到4点,他才发现,原来是布吕歇尔一边叫骂着,一边把自己疲惫不堪的部队赶进了战场。法军阵脚大乱,又没有后续部队补充上去,拿破仑只得吩咐他的人自己保重,就逃走了。

他又一次要求传位给儿子。在他逃离厄尔巴100天后,他再次来到海边,他想去美国。1803年,仅仅为了一首歌曲,他把法国殖民地路易斯安那(当时险些被英国夺去)出售给年轻的美利坚合众国。"美国人会感激我,"他说,"他们会给我一小块地和一栋房子,让我在那儿平静地度过晚年。"然而,英国舰队把所有法国港口都封锁了。想外逃的法国人不是被英国舰队抓住就是落入联军之手。拿破仑别无选择。普鲁士人要将他枪毙,而英国人也许会对他网开一面。他等在罗什福尔,期待情况有变。滑铁卢之战结束一个月后,他接到法国政府的命令,限他在24小时以内离开法国。他到底是一个悲剧演员,在给英国摄政王(国王乔治三世正在疯人院)写的一封信中,告知尊敬的英王殿下,他愿意听任他的敌人摆布,愿意像泰米斯托克利那样在敌人宽容的壁炉旁得到一点立锥之地。

7月15日,拿破仑登上"柏勒丰号"战舰,将佩剑交给霍瑟姆海军上将。在普利茅斯,他被转移到"诺森伯兰郡号"驶往圣赫勒拿岛。他在那里度过了最后六年的时光。他曾想写点回忆录,常常跟看守争吵,缅怀已逝的岁月。奇怪的是,至少在他的想像中,他回到了他原来的起点。他追忆他为革命而斗争的日子,他试图让自己相信,他一直是那些在议会中身着破衣烂衫把“自由、平等、博爱”的伟大原则传播到世界各个角落的士兵们的真正的朋友。他喜欢回味他作总司令和执政官的日子,却很少谈及他失去的帝国。有时候,他思念儿子赖希施坦特公爵——他可爱的小鹰。后者逃到维也纳,被他的哈布斯堡表兄弟当作“穷亲戚”收留了下来。而当年这些表兄弟的父辈一提到拿破仑就会吓得两腿直哆嗦。在临终之前,他正在指挥部队走向胜利。他命令米歇尔·内伊带领卫队进攻,随后瞌然长逝。

如果你想要为他传奇的一生寻找注脚,如果你真想知道一个人靠他意志的力量是如何统治这么多人这么多年的,请不要去阅读有关他的书。那些书的作者不是仇视就是崇拜拿破仑。你将洞悉不少事实真相。然而,感觉历史或许比了解历史更为重要。在你有机会听一个优秀歌唱家演唱《两个掷弹兵》这首歌之前不要去阅读那些书。这首歌的歌词出自经历过拿破仑时代的伟大德国诗人海涅之手,由另一个德国人舒曼谱曲。舒曼去拜访他法国岳父时曾亲眼见过拿破仑,他祖国的敌人。因此,这首歌是两个有充分理由仇恨那个暴君的人的作品。

去听听这首歌吧!你会明白成千册的书籍也不可能告诉你的故事。

第53章

神圣同盟

拿破仑被送往圣赫勒拿岛后，那些曾经一再败于这个可恨的“科西嘉人”手下的统治者们就在维也纳会晤，力图废除法国大革命导致的多项变革。

那些皇家政要、特命大臣、王家显贵、分封公爵、全权大使和一般使节总督以及他们的秘书、侍从和随员们终于重返各自的岗位。他们的大小事务曾因可怕的“科西嘉人”（现已在圣赫勒拿的骄阳下倍受煎熬）突然回来而被粗暴地打断。庆祝胜利是情理之中的事。他们举行了宴会、花园晚会、舞会。在舞会上，跳起了一种令人耳目一新的华尔兹舞，这引起了那些怀念旧时期小步舞曲的女士先生们的极大的反感。

他们在退隐的状态中生活了几乎一代人的时间，因此危机终于熬过去之后，一说起曾经遭受的苦难，他们就难免喋喋不休。他们觉得，在雅各宾党人手里失去的每一个铜板，现在都应该得到补偿。那些罪大恶极的雅各宾党人竟敢杀害他们神圣的国王，废除假发，用巴黎贫民的破马裤取代凡尔赛宫廷的短裤。

你对我提到这样一些鸡毛蒜皮的小事是不是感到可笑？但是，你知道，维也纳会议就是由这些如此可笑的议程组成的。有关“长裤与短裤”的问题讨论竟达数月之久，代表们对这些无聊琐事的兴趣，甚至比对解决撒克逊人的命运或西班牙问题的兴趣更为浓厚。普鲁士国王陛下甚至特意订做了一条短裤，以此来显示自己对任何与革命有关的东西公开的蔑视。

另一个德国统治者,在这种对革命的贵族式仇恨中也不甘落后,他颁布法令,在“科西嘉人”统治时期,他的臣民交纳给法国篡位者的赋税须再交纳一次给合法的君王,他们在远方对遭受科西嘉恶魔蹂躏的人民深表关切。诸如此类难以尽述。这样的蠢事不断地出现,直到有人喘着气大呼:“看在上帝的份上,人们为什么不反抗?”的确,为什么不反抗?因为人们已疲惫不堪,绝望至极,只要和平降临,他们不愿再关心发生了什么事,以及由何人如何去统治他们。他们对战争、革命和改革感到从未有过的厌倦和厌恶。

19 世纪 80 年代,他们都围绕着自由之树载歌载舞。道貌岸然的王公们拥抱他们的厨娘,妩媚多情的公爵夫人和仆从一起在卡曼纽拉歌中起舞。他们衷心相信平等、博爱的清平世界终于降临在这个充满邪恶的世界上。可是,代替清平世界降临的却是革命委员,还带着十几个蓬头垢面的士兵来到他们的客厅。当革命委员回巴黎向政府报告“被解放了的国家”以极大的热情接受法国人民贡献给友好邻邦的宪法时,还顺手牵羊地“牵”走刻有族徽的银餐具。

当听说一个叫波拿巴或布拿巴的青年指挥官掉转枪口,在巴黎镇压了最后一次革命动乱时,他们不由得长长地松了一口气。牺牲一点自由、平等、博爱看来还是一件令人惬意的事。但不久,这位叫波拿巴或布拿巴的青年军官成为法国共和国的三个执政官之一,进而成为惟一的执政官,最后干脆做了皇帝。他的聪明才智超过以往任何统治者,正因为此,他对可怜的臣民压迫更重,毫无怜悯之心,他强迫他们的子弟充当炮灰,强迫他们的女儿嫁给他的将军,抢走他们的古玩字画来充实他的博物馆。他将整个欧洲变成一座兵营,屠杀了几乎整整一代人。

到特拉法尔加角去

但现在他已不在这个世界上了,人们(除了少数职业军人)只有一个愿望,他们想平安度日。他们曾经被允许实行自治,并选举市长、法官和其他市政官员,这种制度却惨遭失败,因为新执政官毫无经验并且好大喜功。出于失望,人们求助于旧制度的代表。“你们像过去那样来统治我们吧!”他们说,“告诉我们欠你

们多少赋税，只要不再干涉我们的生活就行。我们正忙着修复自由时代留下的创伤。”

著名的维也纳会议的幕后操纵者们肯定会尽其所能地满足这种对休养生息的渴望。维也纳会议的主要成果就是神圣同盟，它把警察的地位提到至高无上的位置，对那些胆敢批评官方任何做法的人给予最严厉的惩罚。

欧洲终于有了宁静之日，但却是死一般的宁静。

维也纳会议的三巨头是代表奥地利哈布斯堡王朝的梅特涅、亚历山大沙皇和奥顿的前主教塔列朗，后者完全靠诡诈和狡黠长期混迹于法国政坛。他现在来到奥地利首都，千方百计为法国在拿破仑造成的废墟中捞取任何可能的好处。就像五行打油诗中那位从不知自己遭到冷遇的快乐青年一样，这位不速之客一来到宴会厅就大吃大喝，好像他真的受到邀请似的。不久，他真的坐在餐桌的主席位置，他用有趣的故事逗大家开心，以自己迷人的风度赢得所有人的好感。

在抵达维也纳的前一天，塔列朗就了解到盟国分化为两大敌对阵营：一方是觊觎撒克逊的普鲁士和想霸占波兰的俄国；另一方是英国和奥地利。他们要阻止这些侵略行为，因为无论是俄国还是普鲁士称霸欧洲，都对他们不利。塔列朗巧妙地从中挑拨离间，使双方剑拔弩张。由于他的功劳，使法国人民免遭欧洲在皇权下所忍受的10年压迫。他争辩说，法国人民在这件事上别无选择。拿破仑强迫他们按其意志行事。但拿破仑已遭囚禁，路易十八在位。“给他一次机会吧。”塔列朗恳求道。盟国也愿意看到一个合法的国王来掌管这个革命的国家，于是痛快地作出让步，给了波旁王室“一次机会”。可他们大肆滥用特权，15年后又被驱逐出来。

维也纳三巨头的第二号人物是奥地利首相梅特涅，哈布斯堡王朝的外交政策的领袖。温泽尔·罗沙尔·梅特涅——温内堡王子是他的全名。他是个大领主，一位性情高雅的英俊绅士，腰缠万贯，精明能干。可惜他所成长的社会与在城乡挥汗劳作的贫苦大众相距太远。法国大革命爆发之际，他正就读于斯特拉斯堡大学。斯特拉斯堡是著名的《马塞曲》的诞生地，雅各宾派活动的中心。让梅特涅一直不能释怀的是他愉快的社交生活不幸被打断，一些不称职的公民突然被叫来从事他们不能胜任的工作，暴乱分子杀戮无辜者来庆贺新自由的到来。妇女和儿童把面包和饮水递给衣衫褴褛的军队，目送他们大踏步穿过市区，奔赴远方的战场去为法兰西祖国英勇献身。遗憾的是，梅特涅没能看到人民的真挚热情以及此时他们眼中闪烁着的希望之光。

这一切使这个奥地利青年深感厌恶，认为这是不文明之举。如果真要上战场，那也应该由身着漂亮军服英姿飒爽的年轻人骑着高头大马在绿色原野上冲杀。但是将一个国家变成臭哄哄的军营，流浪者一夜之间被任命为将军，这是何等的恶劣和愚蠢。“看看你们的奇怪想法会有什么结果，”他在一个奥地利大公爵（奥地利有无数这样的大公爵）举行的小宴会上遇到法国大使时说，“你们要自由、平等、博爱，你们却得到了拿破仑。如果安于现状，情况会比这好得多。”于是他便阐述自己的“稳定”的社会制度，竭力鼓吹回到战前的美好时光，那时人人高高兴兴，没有人奢谈“人人平等”。他的这种观点是发自内心的。也正因为他精明能干，具有坚强的意志力和惊人的说服力，使他成为革命思想的最危险的敌人之一。他直到1859年才去世，他看到了1848年的革命把他的全部政策抛到一旁的悲凉结局。接着，他成为欧洲最招人痛恨的人，不止一次险些被愤怒的群众处死。但是，直到生命的最后一刻，他仍坚信自己做得正确。

他固执地认为，人们对和平比对自由更喜爱，是他把最好的东西给予了他们。公平地讲，应该说他建立世界和平的努力是卓有成效的。各列强之间几乎有40年不再互相厮杀，直到1854年才爆发了俄国与英、法、意、土之间的克里米亚战争。这说明他创造了欧洲大陆最长时间无战事的纪录。

这个华尔兹式会议的第三号人物是沙皇亚历山大。他是在他的祖母，著名的叶卡捷琳娜女皇的身边长大的。这位精明厉害的老太婆成功地向他灌输了“俄国的荣誉高于一切”的观念。他还从他的私人家庭教师——一个崇拜伏尔泰和卢梭的瑞士人那儿，汲取了满脑子的人道主义博爱思想。这两种不同的教育，把这个男孩培养成为一个自私的暴君和悲天悯人的革命者的畸形儿。他在保罗一世（他的疯父亲）活着的时候曾尝尽屈辱，他不得不亲眼目睹了拿破仑战场的血腥场面。后来，时来运转，他的军队为同盟国赢得胜利。俄国一跃成为欧洲的救世主，这个强悍民族的沙皇被奉为能够治愈世界恶疾的活神仙。

让神圣同盟害怕的幽灵

可是，亚历山大并没有过人的

真正的维也纳会议

聪明才智。他不像塔列朗、梅特涅那样熟知人性，也玩不了你欺我骗的外交游戏。他爱慕虚荣(在这种环境中哪有不虚荣的呢)，喜欢听大家的溜须拍马。很快，他成为会议的“热点人物”。而此时的梅特涅、塔列朗和卡斯尔雷(能力非凡的英国代表)正围坐桌边，喝着匈牙利托考葡萄酒，决定真正该做哪些事。他们此时正需要俄国，因此对亚历山大以礼相待。但他愈少插手会议实际事务，他们就愈高兴。他们甚至怂恿他提出神圣同盟计划，以便他无暇他顾，这样他们可以无所顾忌致力于手头的工作。

喜好交际，喜欢参加晚会，结交各色人等，这就是可爱的亚历山大。在这些场合，他感到幸福、快乐。但他的性格中存在着截然不同的一面。他试图忘却一些难以忘怀的事。1801 年 3 月 23 日晚，他曾坐在彼得堡圣迈克尔宫的一个房间里，度日如年地等候他父亲退位的消息。但是，保罗拒绝签署那些醉醺醺的军官放在他面前桌上的文件，他盛怒之下用一条围巾将他勒死。随后，他们下楼来告诉亚历山大，他已是俄罗斯沙皇宝座的新主人。

那个可怕的夜晚一直盘踞在敏感的沙皇的脑海里。他接受了法国那些伟大的哲学家们的熏陶，他们不相信上帝，只相信人的理性。然而，仅仅靠理性无法叫沙皇摆脱困境。可怕的幻觉纠缠着他。他想求得使良心宁静的方法。他变得极其虔诚，开始沉迷于神秘主义，对像底比斯和巴比伦神庙一样古老的神秘未知世界具有一种奇特的热爱与向往。

法国大革命时期产生的那种可怕的激情以奇怪的方式影响着那个时代的人们的性格。经历过 20 年的焦虑和恐惧后的男男女女，已变得有些神经兮兮的了。门铃一响他们就可能惊跳起来，因为这也许意味着独生儿子“光荣牺牲”的噩耗。在痛不欲生的农民耳里，革命的“自由”啦“兄弟般情意”啦统统都是空洞的口号。他们抓住任何能让他们脱离苦海的东西。在忧伤和悲惨的无助之中，他们很容易轻信许多江湖骗子，这些人自封为先知，传播一种他们从《启示录》等晦涩难懂的篇章里发掘出来的古怪的新教义。为此亚历山大曾向许多江湖方士屈尊请教。

1814年，他听说一个新出现的女巫能预言世界末日的到来，并劝诫人们及早悔过。这个女巫就是冯·克吕德纳男爵夫人。作为一个年龄和名声都难以确定的女人，她在沙皇保罗时代曾是一个俄国外交官员的妻子。她挥霍掉丈夫的财产，不断用各种各样的风流韵事令其丈夫丢尽了脸。她的生活极其放荡，直至精神崩溃。她一度精神失常，随后因目击一个朋友的突然死亡而洗心革面。她开始鄙弃浮华，向她的鞋匠忏悔自己以前的罪孽。鞋匠是摩拉维亚教会的信徒，老宗教改革家约翰·胡斯虔诚的追随者。约翰·胡斯因异端学说被康斯坦丁宗教会议于1415年处以火刑。

在随后10年中，这个俄国女人在德国为王公贵族的"皈依"忙活。她平生最大的野心是要让亚历山大——欧洲的救世主相信他自己的罪孽。正巧郁郁寡欢的亚历山大愿意倾听任何给他带来一线希望的逆耳忠言，因而愿意会见这位男爵夫人。1815年7月4日晚，她被带进亚历山大的营帐。她发现他在读《圣经》。她究竟对他说了什么，我们不知道，但当她3个小时后离去时，他泪流满面，声言他的"灵魂终于得到安宁"。从那天起，男爵夫人就陪伴在他身边，充当他的精神导师。她先后跟随他到巴黎和维也纳，只要亚历山大不去参加舞会，他就把时间花在与男爵夫人的祈祷会上。

你也许要问为什么我要把时间浪费在这段有些无聊的往事上。难道19世纪的社会变革比不上一个不值一提的神经错乱女人的人生经历重要？当然社会变革更重要，但众多书籍已准确而详细地告诉了你其他东西。我希望你们能从历史中学到更多的东西，而不仅仅是一件件的史实。我不希望你怀抱偏见去了解所有历史事件。不要满足于这么一句话"某时某地发生了某件事"。要尽力去发掘每个行动背后隐藏的动机，这样你才能更好地了解周围世界，也会有更多的机会给别人以帮助，唯其如此，你才能获得一种真正满意的生活方式。

我不希望你认为神圣同盟只不过是1815年签署的一纸公文，早已全封在国家档案馆的某个角落了。神圣同盟可能被遗忘，但决不可能不产生任何影响，它直接催生了门罗主义，而提倡美洲属于美洲人的门罗主义给你本人的生活打上了鲜明的烙印。这就是我为什么要给你详细地告诉你这份文件是怎样形成的，以及隐藏在虔诚和基督奉献精神外表下面的真正动机是什么。

一个遭受过可怕的精神刺激的不幸男人，被扰乱的心灵竭力想求得安宁；一个在放荡生活中人老珠黄的野心勃勃的女人，靠扮演自命不凡的

宣扬新奇教义的弥赛亚来满足其对渴望名声的虚荣——这一男一女联手制造了神圣同盟。我告诉你这些细节,并不是在泄露任何秘密。像梅特涅、卡斯尔雷、塔列朗这类头脑清醒的人完全能理解这位喜怒无常的男爵夫人的能力有限。梅特涅可以很轻易地把她赶回她的德国庄园。只要给无所不能的皇家警察头子写个便条,事情就解决了。

然而,法、英、奥还要依靠与俄国的友好。他们不敢对亚历山大有所冒犯。他们不得不对这个愚蠢的老男爵夫人容忍让步。虽然他们把神圣同盟视为粪土,不值得书写成文,但他们耐着性子倾听沙皇朗读在《圣经》基础上创造的"世人皆兄弟"的大纲草稿。因为这正是神圣同盟所要达到的目的。文件的签署者庄严宣布:他们"在管理各自国家的过程中和与他国的政治关系中,把圣教戒律即正义、基督仁慈、和平作为惟一指导原则,此三者决不仅仅适用于个人,并且应对君主会议产生直接影响,作为强化人类制度、改正其缺陷的惟一方针来指导每一步工作"。于是,他们又继续互相保证:他们将继续保持联盟并依靠"真正的、牢不可破的友谊,靠把双方视为同胞,靠在任何场合、任何地方帮助对方"来更加紧密地团结在一起,等等。

最后,神圣同盟由奥地利皇帝签署,事实上他对此毫不理解。普鲁士国王也在上面签了字,因为他希望争取亚历山大同意他建立"大普鲁士"的计划;波旁王室签字是由于他们需要与拿破仑的宿敌和好如初;那些屈从于俄国的欧洲小国家也签了字。英国拒签,因为卡斯尔雷认为这尽是荒唐的鬼话。教皇也没有签字,因为他讨厌一个希腊东正教徒和一个新教徒来干涉他的事务。苏丹没有签字,因为他对此事也毫不理解。

很快,欧洲大陆的广大民众不得不对此加以注意。隐藏在神圣同盟空洞措辞背后的,是梅特涅在列强间组织起来的五国联军。这些军队可不是吃素的。他们要让世人相信,不能让所谓的自由派破坏欧洲和平,这些"自由人士"实际是伪装起来的雅各宾党人,他们梦想重返革命年代。人们对1812年至1815年的伟大解放战争的热情开始减退,在战场上冲锋陷阵的士兵也渴望和平,随之而来的是对即将到来的幸福生活的真诚信念。

等他们发现他们所需要的并非是神圣同盟和欧洲列强会议送给他们的那种和平时,他们惊呼他们被出卖了。但他们得十分小心,惟恐被秘密警察听到。反动势力占了上风。这股反动势力的发起人由衷相信他们的措施是有益于人类的。实际上,就像他们怀有的险恶居心一样,这样一股反动势力也叫人难以忍受。因为这已经给人们造成了不必要的痛苦,并且大大阻碍了政治发展的正常进程。

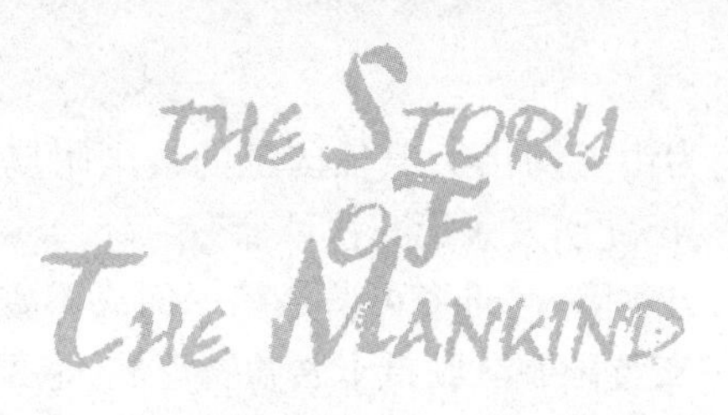

强大的反动势力

他们试图靠镇压一切新思想来为世界开创一个和平宁静的时代。他们赋予警察、密探以最高权力。不久,各国监狱人满为患,关押的都是那些要求"按照民意实行自治"的人。

想把横扫欧洲的拿破仑造成的损害彻底消除几乎是不可能的,年代久远的防线被冲得荡然无存。历经40个朝代的宫殿遭到破坏,达到无法居住的地步。其他王府豪宅拼命扩大地盘,殃及不幸的邻居。这场革命洪流消退后,遗留了一些奇思怪想,把它们连根拔除必然会危及整个欧洲社会。然而,国会的政治策划者们仍然不遗余力地消除革命的残留影响,他们也确实取得不小的成就。

法国多年来搅得世界不得安宁,这使人们本能地对该国产生了惧怕之心。波旁王朝尽管通过塔列朗许诺以后要进行有效管理,但"百日政变"使欧洲明白,如果拿破仑第二次逃跑将会出现何种情况。因此,荷兰共和国变成王国,比利时也成为荷兰新王国的一部分(16世纪时,它没有与荷兰共和国一起为独立而战,此后成为哈布斯堡王室领土的一部分,最初受西班牙统治,后又由奥地利管辖),无论是北方的新教徒还是南方的天主教徒,没有人欢迎这种联合,但却无人提出质疑。因为这看起来对欧洲的和平有利,而这才是该主要考虑的因素。

波兰曾怀着满腔希望,因为波兰王子亚当·查多依斯基是亚历山大的密友之一,并且在战争期间和维也纳会议中又是追随沙皇左右的高级顾

问。但波兰却被划为由亚历山大兼任国王的俄国附属国,这种解决方案不能令任何人满意,由此引发了第三次革命。

作为拿破仑的忠实盟友,丹麦可谓是从一而终不曾动摇,因而必须受到重罚。7年前,一支英国舰队驶抵卡蒂盖特海峡,炮轰哥本哈根,并将丹麦舰队掠走,以免它被拿破仑所用。维也纳会议更加过分,他们把挪威(自1397年的卡尔麦联盟以来一直与丹麦"臭味相投")从丹麦分割出来,作为给瑞典的查理十四世国王的犒赏,因为他背叛了把他扶上王位的拿破仑。令人不解的是,这位原本叫贝尔纳达特的瑞典国王曾是一位法国元帅,以拿破仑副手的身份被派往瑞典,当瑞典的最后一个统治者,霍伦斯坦——戈托普王室的最后一位君主去世,身后无子嗣,友好的瑞典人便请他当这个国家的国王。自1815年到1844年,他把这个继承来的国家(虽然他从未学会该国语言)治理得井井有条。他因为聪明能干而深受瑞典和挪威臣民的尊敬,但他没能成功地将这两个在天性和历史上不相同的国家捏合在一起。二元化的斯堪的纳维亚国家从来就成不了什么气候。1905年,挪威以和平而有序的方式建立起独立王国,瑞典则祝她"迅速发展",并且明智地让她走自己的路。

意大利自从文艺复兴时代以来,一直深受侵略之苦,所以他们对拿破仑寄予厚望。然而,拿破仑皇帝却令他们沮丧不已。他们没有看到一个他们希望看到的统一的意大利,反而见到自己的国家被分割为众多的小公国、公爵领地、共和国和教皇国。这个教皇国成为继那不勒斯王国之后整个半岛最混乱、最悲惨的地区。维也纳会议废除了拿破仑的几个小共和国,把它们还原为古老的公国,作为礼物赐给了哈布斯堡王室男女成员。

灾难深重的西班牙人曾发动反抗拿破仑的伟大的民族运动,并不惜为他们的国王牺牲了他们的优秀儿女。然而,当维也纳会议允许他们的国王陛下返回他的领土时,西班牙人却被推向水深火热之中。这位斐迪南七世生性邪恶,他余生的最后四年时光是在拿破仑的狱中度过的,靠给他心爱的守护神像编织外套来度日。他重新恢复已被大革命废除的宗教法庭和酷刑室来庆贺自己的衣锦还乡。这个令人讨厌的家伙,深为他的臣民乃至他的4个妻子所蔑视。然而,神圣同盟却把他扶上他的合法王位。为摆脱这个万恶之源,以及为建立君主立宪制,正直的西班牙人做出了种种努力,但均以流血和被处死而告终。

葡萄牙自1807年王室逃到在巴西的殖民地时起,国王的宝座就一直空着。在"半岛战争"中这个国家被惠灵顿的军队当作后勤仓库。这场战争从1808年一直打到1814年,葡萄牙始终是英国的一个行省,直到布拉冈

扎家族重新掌握巴西王权。这个维持了若干年的美洲惟一的帝国，于1889年倒台后变成为共和国。

在东欧，希腊人和斯拉夫人仍受苏丹国的统治，他们的悲惨境况从未得到任何改善。1804年，塞尔维亚的养猪人黑乔治（卡拉乔戈维奇王朝的创始人）率先举起反抗土耳其人的义旗，但被敌人击败，被一个叫米洛谢·奥布伦诺维奇的家伙（奥布伦洛维奇王朝的创始人）杀害。此君也是塞尔维亚领袖，表面上是黑乔治的朋友，实则是他的对头。此后，土耳其人在巴尔干地区的霸主地位再无人敢去动摇一下。

早在2000年前，希腊人就丧失了独立地位，先后向马其顿人、罗马人、威尼斯人和土耳其人俯首称臣。他们指望他们的同胞卡波·德·伊斯特利亚（一位科手岛的上著人）和查托耶斯基一起能为他们做点什么。但维也纳会议对希腊人不屑一顾，他们感兴趣的是所有"合法的"君王，无论是穆斯林还是基督徒等都应保住他们各自的王位。就这样，希腊的旧貌并没有换成新颜。

维也纳会议一个最后的也许是最大的错误是对德国的处理。三十年战争和宗教改革不仅摧毁了该国的繁荣，而且把它变为一堆无可救药的政治废墟，它被划分为好几个王国、大公爵领地、众多的公爵领地。上百个小公国、候爵领地、男爵领地。选帝侯领地、自治城市和自治村，由一些只有在喜剧舞台上能看到的各种小丑一样的统治者统治着。弗德里希大帝在创建强大的普鲁士时扭转过这种局面，但普鲁士在他故去后没有多久便土崩瓦解。

拿破仑大笔一挥，大部分小国家的独立要求便被无情否决，总数为300多个国家中，只有52个挣扎存活到1806年。在为独立而斗争的伟大年月里，许多年轻战士梦想出现一个强大、统一的国家。但是，如果没有强有力的领导，统一是不可能的。这个领导者将会是谁呢？

在讲德语的地区有5个王国，普鲁士和奥地利是其中的两个。其国王就职时均由教皇加冕过。另外3个，即撒克逊、巴伐利亚、维滕堡是由拿破仑分封的。由于他们是拿破仑皇帝的左膀右臂，其他德国人不免对他们的爱国心心怀疑虑。

维也纳会议确立了新的日耳曼联邦，即38个主权国家的结成的联盟，由奥地利国王担任掌管人。这种轮流执政形式令所有人不满意，但不失为一种权宜之计。事实上，日耳曼议会在兴行加冕仪式的古老城市法兰克福成立，创造性地讨论了"共同政策及其重要性"。可是，在这个议会里，38个成员代表各自38个小国的利益，如果没有一致通过的投票（这条议

会规则在前几个世纪毁灭了强大的波兰王国)，这个大名鼎鼎的德意志同盟很快就会被全体欧洲人所耻笑。于是，这个古老帝国的政治家们不得不开始模仿上个世纪四五十年代我们中美洲邻国的那些做法。

这对于为民族理想而牺牲一切的人们来说，简直是奇耻大辱。但维也纳会议并不关心“臣民们”的个人感情，有关这方面的辩论就此告一段落。

难道没有人站出来反对？当然有。当人们对拿破仑的仇恨之情消散，对伟大战争的热情减退，对在“和平和稳定”的幌子下所犯下的罪恶有了充分的认识，人们便开始牢骚满腹，他们甚至扬言要举行暴动。但他们能做什么呢？他们手无寸铁，无权无势，在世界上最残暴最富有效率的警察制度之下，他们只能像羔羊一样任人宰割。

参加维也纳会议的成员真诚地相信，“革命的思想导致了拿破仑犯下了篡夺王位的罪行”。他们觉得他们是顺应时势来消灭所谓“法国思想”的信徒的，就像菲利普二世根据自己的良心来绞死摩尔人或烧死新教徒那样。16 世纪初的教皇和 19 世纪初的国王或首相，都可以用他认为合适的方式统治百姓，如果谁胆敢质疑这一神圣权利，那他就是“异教徒”，所有忠实的国民都有责任就近向警察大人告发他，使他得到应有的惩罚。

但是，1815 年的统治者们却从拿破仑思想中学到不少东西，光在如何提高效率这一点上，他们的工作就比 1517 年的工作要出色得多。1815 年到 1860 年这段时间是政治间谍大显身手的时代。从宫廷到最低级的酒店，间谍无孔不入。他们偷听在市政公园长凳上乘凉的人闲聊，从大臣密室的锁孔窥探。他们严密地监视边境，没有正当签证的人不准出境。他们检查所有的行李，任何一本带危险的“法国思想”的书都不允许带进他们皇家主子的领地。他们坐在大学礼堂里和学生们一起听课，教授如讲一句反对当局的话就要遭祸。他们尾随男孩女孩去教堂，以防他们逃学。

他们的许多任务是在教士的帮助下完成的。教会在革命年代吃尽了苦头，财产被没收，几位神甫被杀。所以，当公安委员会于 1793 年 10 月取消给上帝做礼拜时，受伏尔泰、卢梭等法国哲学家熏陶的那一代人竟在理性的祭坛旁翩翩起舞，教士们只得随“逃亡贵族”踏上了长期流亡之路。现在他们跟随联军回归故里，并开始着手复仇。

甚至耶稣会教士也于 1814 年杀了一个回马枪，重新拾起他们过去教育年轻人的工作。他们打击教会敌人的作法未免太过火了。他们在世界各地建立起“大主教管辖区”，大肆输出基督教教义，但不久他们就发展成为经常干涉当局的正规贸易公司。在葡萄牙伟大的改革首相庞博尔侯爵掌权期间，耶稣会教士们被驱逐出葡萄牙土地。1773 年，在欧洲许多天主教势力的要求下，教皇克雷芒十四世废止了他们的作法。然而，他们现在又旧业重操，向父母曾租赁过商店橱窗做生意的孩子们宣扬“顺从”信条和“热爱合法王朝”的意义，以防孩子们在看到被拉上断头台去结束性命的玛丽亚·安托瓦内特时发出笑声。

可是，在普鲁士这样的新教国家里，各方面的情况也未有转机。1812年那些伟大的爱国领袖和那些鼓动对篡位者发动圣战的诗人和作家们，现在竟统统被按上一顶危险的“煽动分子”的帽子。他们的信件被检查，家被抄，被迫定期去向警察大人汇报自己的近况。普鲁士教官把满腹怨恨往年轻一代身上发泄。当一些学生在古老的瓦特堡吵吵嚷嚷但无伤大雅地纪念宗教改革300周年时，患了臆想症的普鲁士官僚们就以为革命风暴就要到来；在一位诚实但不聪明的神学院学生杀死一个在德国活动的俄国间谍时，各个大学受到警察的监视，教授们未经过任何形式的审讯就被解除教职甚至被捕入狱。

俄国在这些反革命行动中做得更加荒唐。从突发的虔诚狂热中恢复过来后，亚历山大又逐渐患上了抑郁症。他对自己的才疏学浅和能力有限很有自知之明，也终于明白自己在维也纳给梅特涅和那个男爵夫人要弄了。于是他对西方的态度越来越冷淡，并开始努力做一个真正的俄国统治者，把兴趣放在君士坦丁堡——曾经作为斯拉夫族第一表率的古老神圣城市。他年纪愈大，工作愈卖力，但成绩却越来越差。当他坐在书房时，整个俄国已被他的大臣们变为巨大的兵营。

这绝不是一幅美妙动人的图画。也许我该早点结束对这股强大的的反动势力的描述。但你同样也应该对这个时代有一个透彻的了解。让历史车轮倒转的企图已经不是第一次了，结果都是以失败而告终。

第55章

民族独立

不论怎样,渴望民族独立的情绪是如此强烈,难以压抑。南美洲人民率先揭竿而起,反对维也纳会议的反动方案。希腊、比利时、西班牙及其他欧洲国家纷纷效而仿之。19 世纪充满与独立战争有关的传奇。

有人也许会说:“假如维也纳会议不是采取这样那样的方式,而是作出诸如此类的决定,19 世纪欧洲的历史将会重写。”这样说其实是毫无意义的。出席维也纳会议的人们刚刚经历了一场伟大的革命和连年征战的 20 年。他们聚集在一起,是为了给欧洲带来“和平与稳定”,他们认为这是人们所希望和需要的。这些人就是我们所说的反动势力。他们自以为是地认为人民大众没有能力自治。他们想将欧洲版图重新划分,妄图确保永远成功。然而他们并未得逞,这倒不是因为他们用心险恶。而是因为在很大程度上,他们是沉缅于对平静的青年时代的幸福日子的回忆的守旧派,热切希望重返那美好的时光。他们没有认识到许多革命的思想已经在欧洲大陆深入人心。这是一种不幸,但还算不上罪恶。但是,法国大革命的成果一是教育了欧洲,二是教育了美洲,人们开始认识到,世界人民必须有自己的民族自主权。

狂妄自大的波拿巴·拿破仑曾以极其粗暴的态度对待民族感情和爱国热忱。而早期革命将领却宣扬这样一种新理论:“民族性既不属于政治范畴,也不是什么圆脑壳大鼻子的问题,它是一种事关人的心灵问题。”在他们教育法国的孩子们说法兰西民族伟大时,也鼓励西班牙人、荷兰人和意大利人做同样的事情，这些人很快跟卢梭一样相信“高贵的野蛮人”的至高美德，开始挖掘过去，并在封建制度的废墟下发现伟大种族的遗骸，而他们却自认为是这个种族无能的后裔。

19世纪前半期堪称一个历史大发现的时代。各地的历史学家们忙于将中世纪的宪章和早期中世纪编年史编纂出版，结果在每一个国家都引发了对自己古老祖国新的自豪感。这种自豪感绝大部分是建立在对历史事实错误的解释上。但在现实政治中，事实真相是不重要的，重要的是一切事情都取决于让人们相信这就是真相。在大多数国家中，国王和他们的臣民对他们祖先的荣耀和名望深信不疑。

维也纳会议没有打算感情用事。他们的首相和大臣以6个王朝的最大利益来划分欧洲版图，并把“民族感情”与所有其他危险的“法国学说”一起归入禁书目录。

但历史并不对维也纳会议特别垂青。由于这样或那样的原因（这可能是至今仍未引起学者们注意的历史法则），“民族”对人类社会的有序发展是不可或缺的，任何遏止这股潮流的企图就像梅特涅极力阻止人们思考一样地必然遭到失败。

让我们为之惊奇的是，第一个出事的地方竟是在世界遥远的地方——南美洲。那块大陆上的西班牙殖民地在拿破仑战争时经历了多年相对独立的时期。当西班牙国王被法国皇帝投进监狱后，他们仍然效忠这位国王，当1808年约瑟夫·波拿巴被其弟拿破仑任命为西班牙国王时，他们拒绝承认。

事实上，美洲受大革命影响最深的地方是哥伦布首航到达的海地岛。1791年，法兰西议会突然送发出博爱和人类的兄弟之情，把迄今为止他们白人主子所享受的一切特权赐予黑人兄弟。然而突然间，冲动过后的他们又反悔了，想将原先的承诺收回，这使得拿破仑内弟勒克莱尔将军和黑人首领藤森·路威杜尔之间爆发了一场持续多年的残酷战争。

1801年，路威杜尔应邀与勒克莱尔会见，协商和平条款的签订事宜。得到决不加害于他的郑重保证后，路威杜尔相信了他的白人对手，登船而去，不久之后就死在法国人的囚牢中。但黑人仍然获得了独立并建立了共和国。顺便说一句，在第一位伟大的南美爱国领袖为把祖国人民从西班牙的奴役下解放出来而进行的斗争中，这些黑人曾作出了很大的贡献。

西蒙·玻利瓦尔是委内瑞拉加拉加斯人，生于1783年，曾在西班牙受过教育，曾到巴黎考察过，在那里他看到了革命政府是如何工作的。在美国住了一段日子后，西蒙回到家乡，发现针对宗主国西班牙的不满情绪已

门罗主义

四处蔓延。1811 年，委内瑞拉宣布独立，西蒙成为一名革命首领。起义不到两个月就失败了，西蒙仓皇出逃。

接下来的 5 年里，他领导着这项毫无成功希望的事业。他用尽了自己的全部财产，但如果没有海地总统的援助，他根本不可能开始他最后的胜利远征。随后起义的烈火燃遍整个南美洲，显然西班牙在没有外援的情况下已不可能把这烈火扑灭，于是便求助于神圣同盟。

这种局势令英国深为忧虑。英国船主们已取代荷兰垄断了世界海运业，他们眼巴巴地等着在宣布独立的所有南美国家中大捞一把，他们企盼美利坚合众国加以干涉。但美国参议院并未制订这方面的计划，众议院里也有许多人主张不应干涉西班牙的事务。

正在这个时候，英国内阁更迭。辉格党下台，托利党上台。乔治·坎宁被任命为外交大臣。他暗示，只要美国政府宣布不同意神圣同盟制止南美大陆反抗殖民统治的计划，英国很愿意用实力强大的舰队给美国政府以全力支持。于是，门罗总统于 1823 年 12 月 2 日致函国会道：“我们将同盟国向西半球任何地方扩展的企图视为对美国的和平与安全的威胁。”他并且警告说：“美国政府把这种企图看作同盟国对美利坚合众国不怀好意的具体表现。”四星期之后，“门罗主义”全文在英国报纸刊登，神圣同盟诸国被迫作出抉择。

梅特涅犹豫了。他本人愿意去冒险得罪美国人（自 1812 年英美之战结束以来，美国陆海军一直军备懈怠）。但是，坎宁咄咄逼人的威胁以及欧洲大陆的动荡局面迫使他不得不小心谨慎。因此，远征未能进行，南美洲和墨西哥获得了独立。

欧洲大陆的动乱来势迅猛。1820 年，法国军队被神圣同盟派往西班牙充当和平卫士；当烧炭党人（烧炭工人的秘密组织）正在为建立一个统一的意大利而大造声势，并起义反抗那不勒斯的斐迪南时，奥地利军队开进了意大利。

坏消息也从俄国传来。亚历山大之死成为圣彼得堡一场革命的前奏。这是一场短暂但血腥的暴动，也即“十二月暴动”（因为发生在12月）。结果是一大批优秀的爱国者被送上绞架，他们是亚历山大晚年的反动分子的眼中钉，因为他们竟想在俄国成立立宪政府。

比这更糟糕的是，梅特涅在艾克斯夏佩侬、特洛波、莱巴科和维也纳召开了一连串的会议，试探是否能够确保欧洲各君主国继续对他支持。各国来的代表团及时赶到了这个奥地利首相经常来度假的美丽的海滨胜地。他们一直承诺尽力来镇压反叛，但无人敢说胜券在握。人们变得惶惶不安，尤其法国国王更是深感朝不保夕。

然而，真正的骚乱是从巴尔干半岛开始的。这里是欧洲大陆的侵略者进入西欧的门户。骚乱首先爆发于摩尔达维亚（即古罗马的达西亚省）。这块土地于公元3世纪脱离罗马帝国的版图，自以后这地方成了一个像阿特兰提斯（大西国）一样被遗忘的角落，那里的人们一直讲古老的罗马语，称自己为罗马人，称他们的国家为罗马尼亚。1821年，一位年轻的希腊人亚历山大·易普希兰提王子在这里发起反抗土耳其人的斗争。他告诉他的追随者，他们能够获得俄国的支持。然而梅特涅派遣的特使飞快抵达圣彼得堡，沙皇彻底被奥地利维护“和平与稳定”的论调所说服，拒绝提供援助。易普希兰提被迫逃往奥地利，在那儿的监狱里呆了七年。

1821年这一年，希腊也发生了叛乱。早在1815年，一个希腊爱国者的秘密组织就一直在为暴动做准备。他们在摩里亚半岛（古老的伯罗奔尼撒半岛）突然举起独立的旗帜，驱逐了土耳其驻军。土耳其人用惯用的手段回击。他们逮捕了被希腊人和许多俄国人奉为教皇的君士坦丁堡的希腊大主教，在1821年的复活节那天，把他连同他手下的几个主教一起处以绞刑。希腊人则返回摩里亚半岛首府特里波利，向全体伊斯兰教徒大开杀戒。作为报复，土耳其人攻占了西俄斯岛，屠杀了那里的25000名基督徒，并把45000人作为奴隶卖到亚洲和埃及。

随即，希腊人向欧洲各国求援，但梅特涅一再坚持说他们是“自作自受”（在此我并未使用双关语，而是引用那位尊贵殿下的原话，他对沙皇说，“这场叛乱之火应该在文明世界的范围之外自行熄灭”）。于是，所有边界都对那些希望去营救希腊爱国者的人关闭了。希腊人的事业眼看就要失败。在土耳其人的要求下，埃及的一支部队在摩里亚登陆，不久，土耳其国旗又飘扬在雅典的古老堡垒——雅典卫城上空。

叛乱被埃及军队“按土耳其方式”平息了。梅特涅饶有兴趣地静观事态的发展，以为这“破坏欧洲和平的企图”成为历史陈迹的那一天就要到来。

梅特涅的计划被自己的同胞再一次打乱了。英国最值得赞美的事并不是它广大的殖民地、财富或强大的海军，而是每一个普通公民不引人注目的英雄主义和独立性。英国人遵守法律，因为他懂得尊重别人的权利是区别动物世界与文明社会的标志。但他却不承认别人有干涉他人思想自由的权利。如果他的国家做了他相信是错误的事情，他会站起来批评，而受到他批评的政府也会对他表示敬意，并全力保护他免遭不法暴徒的攻击。这些暴徒像苏格拉底那个时代一样，经常想消灭在勇气和智慧上胜过他们的人。从来没有一项正义的事业，无论多么距离遥远或多么不受人欢迎，在坚决拥护这项事业的人们之中，总是能发现大批英国人的身影。英国民众与其他地方的民众并没有什么区别。他们是现实主义者，没有时间从事"不切实际的冒险活动"。但是他们很赞赏他们难以理解的邻居竟放弃一切去为亚洲或非洲的那些微贱的平民而战斗。如果他的邻居战死，他们就为他举行葬礼，并以他英勇的骑士精神作为榜样来教育孩子们。

即使是神圣同盟的暗探对这种民族个性也无可奈何。1824 年，一个富有的英国人驾着自己的游艇，高扯风帆驶向南方，去增援希腊人。这就是年轻的拜伦爵士，他澎湃的诗歌让全欧洲人为之热泪盈眶。3 个月后，一条消息传遍了整个欧洲，这位英雄死于希腊最后一个要塞麦索隆吉。他孤独地死去，唤醒了沉睡中的人们。各国纷纷成立各种组织来援助希腊人。在法国的美国革命中的老英雄拉法耶特，站出来为希腊人的自由事业大声疾呼。巴伐利亚国王派出数百名官兵，救济金和物资大量涌向麦索隆吉正在忍饥受饿的人们。

此时，挫败神圣同盟在南美洲计划的乔治·坎宁，当上了英国首相。他发现现在正是第二次击败梅特涅的天赐良机。英俄舰队已抵达地中海，这两国政府再不敢对人民支持希腊爱国者的热情泼冷水。不甘落后的法国海军也来了，因为在十字军东征结束之后，法国一直充当伊斯兰教国土上的基督徒护卫者的角色。1827 年 10 月 20 日，三国舰队在纳瓦里诺湾进攻并摧毁了土耳其舰队。胜利的消息传来，民众欢庆的场面空前热烈，在国内享受不到自由的西欧人及俄国人能为受压迫的希腊人打一场梦想中的自由之战感到非常欣慰。他们的努力没有白费，希腊于 1829 年宣告独立，反动的绥靖政策又一次以惨败告终。

倘若我试图在这短短的篇幅里向你们详尽地描述各国人民的独立斗争史，那是一件荒谬可笑的事。已有许多优秀的著作对这方面的情况做了阐述。我之所以把希腊独立战争娓娓道来，是因为这是第一次对维也纳会议确立的要"维护欧洲稳定"的反动堡垒成功的袭击。尽管这个反动堡垒

还在顽抗,梅特涅仍在发号施令,但他们的末日即将来临。

在法国,波旁王朝根本无视文明社会的法则,建立了一个叫人忍无可忍的警察统治,想以此来消除法国大革命的影响。路易十八于1824年死去后,人们享受了九年的"和平",可这九年比帝国十年战争期间更为悲惨。路易十八的王位由他弟弟查理十世继承。

查理十世是著名的波旁王室的成员。这个不学无术却事事耿耿于怀的新皇帝,在听到他兄长被砍头的噩耗的那天早晨的情景,时时纠缠着他,他也就不断地提醒自己,要以那些不能正确认清时代潮流的国王们的下场为前车之鉴。然而,查理又是一个愚蠢无知头脑空空的家伙,他游手好闲,20岁之前就欠下了5000万法朗的私债。他一继位就建立一个"教士所立、教士所治、教士所享"的政府。尽管我们不能把说这话的惠灵顿公爵看成激进的自由派,但查理奉行的完全是无视法律和秩序的统治。当他试图压制胆敢批评政府的报纸,解散支持言论自由的会议,他倒台的日子就指日可待了。

1830年7月27日晚,巴黎爆发一场革命。3天后查理渡海逃往英国。一场持续15年的著名滑稽戏就此收场。人们终于把波旁王室从法国王位上赶走了。波旁王室成员实在是无可救药。在当时,法国完全可以恢复共和政府形式,但这恰是梅特涅所不能容忍的。

形势十分危险。越过法国边境的叛乱火焰,点燃了另一个充满民族怨恨的火药库。新成立的荷兰王国没有成功。比利时人民和荷兰人民毫无共同之处,他们的国王奥兰治王室的威廉("沉默的威廉"的一位叔叔的后裔)是一位勤奋和富有经济头脑的人,但缺少机智和圆通手段来维持两个不同种族之间的和平。此外,那些刚从法国逃出来的教士又在比利时找到了出路。所以,无论身为新教徒的威廉做什么,大批情绪激愤的人群都向他大喝倒彩,因为他们认为这又是针对争取"天主教会的自由"的新阴谋。8月25日,布鲁塞尔爆发了公开反对荷兰当局的大规模暴动。两个月后,比利时宣布独立,把英国维多利亚女王的叔叔——科堡的利奥波德推举为国王。这样就把问题圆满解决了。本就不该合而为一的两个国家就此分道扬镳,以后一直像亲密的邻居一样友好相处。

由于那个年代只有几条短程铁路,消息传播的速度并不快。但当法国和比利时革命成功的喜讯传入波兰,立刻在波兰人民和沙俄统治者之间激起一场斗争。可怕战争持续了1年,最终俄国取得完全胜利。俄国人以他们众所周知的俄国方式"在维斯拉河沿岸重建秩序"。1825年,继承他兄弟亚历山大王位的尼古拉一世坚信自己家族的"王权神授"。于是,那些涌到西欧避

难的成千上万的波兰难民亲眼目睹了这样一个事实：神圣同盟的原则在“神圣的俄国”决非一纸空文。

意大利也出现了骚乱，但时间短暂。帕尔马女公爵玛丽亚·路易丝曾是前拿破仑皇帝的妻子，在丈夫兵败滑铁卢之后，她离弃了他。这一次她被自己的国家驱逐出境。在这片教皇辖区，群情激愤的人民想要建立独立的共和国，但是，奥地利军队开进了罗马，不久一切照旧。梅特涅继续安住在哈布斯堡王朝外交大臣的普拉茨官邸，警探们又恢复了工作，一切又平静如常。只是在18年后人们才又进行了一次成功希望很大的尝试，以期把欧洲从维也纳会议的统治之下解救出来。

又是在法国，这个革命的风向标再一次发出暴动的信号。著名的奥尔良公爵的儿子路易·菲力普取代查理十世成为国王。这位公爵倾向雅各宾党，并投票赞同把他的表兄国王处死，以“平等的菲力普”活跃在早期革命舞台上。后来，罗伯斯庇尔为了清洗国内所有“叛国分子”（他安在那些不同意他本人观点的人身上的罪名），将他处死，他在革命军队中的儿子路易·菲力普被迫逃往异国他乡，从此四处飘泊。他在瑞士当过老师，花了数年时间到不为人知的美国西部探险。拿破仑垮台后，菲力普返回巴黎。他显然比他的波旁表兄聪明。他生活简朴，腋下总夹着一把红布雨伞漫步于公园，后面跟着一群孩子，俨然一个慈父。但是法兰西已不再需要国王了，而菲力普对此一无所知。1848年2月24日清晨，愤怒的人们冲进杜伊勒利宫，把国王陛下赶了出去，宣布成立共和国。此时，菲力普才了解到民众的真实想法。

当这一消息传到维也纳时，梅特涅认为这不过是1793年旧戏的重演，神圣同盟于是再次派联军攻入巴黎，以结束这场不好看的民主闹剧。可是，两周之后，他自己的奥地利首都也发生了起义，梅特涅偷偷溜出王宫后门，侥幸逃脱。斐迪南皇帝在臣民们的强迫下颁布了一部宪法，其中包括了近30年来那位首相企图压制的大部分革命思想。

这一次，整个欧洲都为之震动。匈牙利宣布独立，并在路易·科苏特的领导下向哈布斯堡王朝开战。这是一场力量悬殊的战争。一年多后，沙皇尼古拉的军队翻越喀尔巴阡山脉镇压了起义，匈牙利才又恢复了君主专制。随后哈布斯堡王朝设立特别法庭，将一大批他们在公开战斗中未能打败的匈牙利爱国者处以绞刑。

在意大利，西西里岛宣布脱离那不勒斯而独立，并把波旁王朝的国王赶走。在教皇辖区，首相罗希被杀，教皇仓皇出逃。翌年，他在一支法国军队的保护下，才返回本国。此后，这支军队在罗马一直驻守，以保护教皇不受

其臣民的侵扰。直到1870年,军队奉命回法国抵御入侵的普鲁士人,而罗马成为意大利首都。在北方,威尼斯和米兰奋起反抗他们的奥地利主子,撒丁岛的艾伯特国王予以大力支持。但是,一支由拉德茨基率领的强大的奥地利军队开进波河河谷,在库斯托扎和诺瓦附近击败撒丁岛人,并迫使艾伯特将王位让给了他的儿子,也就是后来统一了意大利的第一代国王维克多·伊曼纽尔。

在德国,1848年发生了全国性大示威,要求实现政治上统一和建立代议制政府。在巴伐利亚,国王把大量的时间和金钱都浪费在一个自诩为西班牙舞蹈家的爱尔兰女人身上(她叫洛拉·蒙狄茨,死后葬在纽约的波特墓地),情绪激愤的大学生将这位国王赶下台。在普鲁士,国王被迫向在巷战中死去的人们脱帽致敬,并许诺建立立宪政府。1849年3月,550名来自全国各地的代表参加的德国议会在法兰克福成立,会议并提议普鲁士的弗里德里希·威廉担任统一的德国皇帝。

然而,此时的时代潮流已经有所转变,软弱无能的斐迪南让位给其侄儿弗朗西斯·约瑟夫。训练有素的奥地利军队仍旧掌握在军阀首脑的手中。刽子手格外忙碌,素以偷偷摸摸的古怪天性闻名的哈布斯堡王室又一次迅速巩固了他们作为东、西欧主人的地位。他们熟练地运用政治手腕,利用德意志其他邦国的忌妒心理阻止普鲁士国王晋升帝国皇帝。他们在长期失败的痛苦中受到磨炼,既懂得忍耐的价值,更懂得等待的价值,因而一点也不急于求成。那些毫无实际政治经验的自由党人大发议论,喋喋不休,在自己美妙的演说辞中自我陶醉。这时,奥地利人已经悄悄地集结力量,一举解散了法兰克福议会,重新建立了维也纳会议并强加给毫不提防的世界以过时而不起任何作用的日耳曼联盟。

乔赛普·马志尼

但是,在那次由毫无实际经验的激进分子组成的奇怪的议会中,有一个叫俾斯麦的普鲁士乡绅,他善于眼观六路,耳听八方,且对夸夸其谈深恶痛绝。像所有用行动说话的人一样,他深知空谈将一事无成。身为一个独特而真诚的爱国者,俾斯麦受过旧式外交理论的训练,说谎的本领也像他在远行、饮酒和骑术方面一样远胜他的对手。

俾斯麦深感小国家之间的松散联

盟只有转变为强有力的统一国家,才有可能与其他欧洲列强抗衡。由于深受封建的忠君思想熏陶,他认为应由忠心耿耿的霍亨索伦王室取代无能的哈布斯堡王室来统治新国家。而要达到这一目的,他首先必须消除奥地利的影响。于是,他积极着手为施行这个痛苦手术作准备。

此时,意大利人民已经解决了自己的问题,摆脱了他们所憎恶的奥地利主子。意大利的统一应归功于三个人:加富尔、马志尼和加里波第。这三人之中,戴着一架钢丝框近视眼镜的土木工程师加富尔是小心谨慎的政治舵手;马志尼曾为了躲避奥地利警察而在欧洲东躲西藏,他是暴乱鼓动者;而加里波第及其粗犷的红衫骑士战友们,则能唤起民众的觉醒。

马志尼和加里波第都信奉共和制政府。但加富尔则是一名保皇分子。马志尼和加里波第因为认识到加富尔非凡的处理实际事务的经纬之才,所以接受他的决定,宁可放弃自己要为亲爱的祖国提供更美好未来的理想。

加富尔更愿意让撒丁王室执政,就像俾斯麦对霍亨索伦家族情有独钟一样。他小心而精明地诱导撒丁王室担负起领导全体意大利人的责任。欧洲动荡的政治局面使他得以顺利实现自己的计谋。法兰西——意大利值得信任的(常常不可信赖的)老邻邦,为其独立作出了突出的贡献。

1852 年 11 月,那个动荡不安的国家里,诞生不久的共和国突然垮台了。这也在人们意料之中。拿破仑三世,这位有一个伟大叔叔的年轻人,前荷兰国王路易·波拿巴之子,重新建立起帝国,并且按照“上帝的旨意和人民的意愿”自封为皇帝。

由于在德国受过教育,这个年轻人的法语带刺耳的日耳曼喉音(就像拿破仑一世说法语时带浓重的意大利口音一样)。他极力利用拿破仑家族的传统来为自己谋利。但是他政敌太多,对能否戴上已准备好的皇冠心中没底。他赢得了维多利亚女王和她手下大臣的青睐,这当然是很重要的,也不是一件难事。因为这位好心肠的女王并不特别英明,而且喜欢别人奉承。至于欧洲其他君主,他们不仅傲慢地对待这个法国皇帝,并且还竭尽心智地谋划用新的方式表达他们对这位新贵“好兄弟”的鄙视。

拿破仑三世不得不寻找一项消除这种敌视的办法:要么令人敬爱,要么令人惧怕。他深知“荣誉”一词对他的臣民仍具有吸引力。既然为了王位不得不赌一把,他决定下大赌注。

于是,他利用俄国对土耳其的入侵,挑起克里米亚战争。他和英国并肩站在土耳其一边反对沙皇。这是一桩代价高昂、得不偿失的战争。无论法国、英国和俄国都没得到多少荣耀。

然而,克里米亚战争多少算是做了一件好事。它使撒丁王室能有机会自愿站在胜利者的一方。当宣布战争结束时,加富尔乘机要求英、法两国对他表示感谢。

加富尔利用国际局势使撒丁王室和它的国家成为公认的欧洲重要列强之一。1859 年 6 月,这位聪明的意大利人又挑起一场撒丁人与奥地利人的战争。利用萨伏依的几个省和原属意大利的城市尼斯作交换条件,他取得了拿破仑三世的支持。法意联军在马詹塔和索尔费里诺击败奥地利人,原奥地利的几个省份和公爵属地被纳入了统一的意大利版图。佛罗伦萨成为这个新意大利王国的首都,直到 1870 年法国人为了防止德国入侵唤回他们在罗马的军队抵御德国人为止。法国军队一撤走,意大利军队就进入不朽的罗马城。撒丁王室住进古老的奎里那尔宫,这座豪华宫殿是古代教皇在君士坦丁大帝浴室的废墟上修建而成的。

此时,教皇已经越过台伯河,在梵蒂冈的高墙深院里避风躲雨。这里曾是他的不少前任自 1377 年从流放地阿维尼翁返回后的温暖家园。教皇大声抗议这种强夺他的领土的暴徒行为,并且向那些同情他损失的忠实的天主教徒发出呼吁信。但他们为数不多,而且还在逐渐减少。

不过,教皇从国家事务中脱身出来后,就能把全部时间用于精神方面的研究。超然于欧洲政客的世俗纷争之外,教皇自然就可以获得一种新的尊严。对于教会来说,这是很有利的一件事情,因为天主教会从此可以摇身一变,成为推动社会、宗教进步的一股国际势力,这股国际势力在现代经济问题上显示出比绝大多数新教教派更加明智的理解力。

由此,维也纳会议在解决意大利问题时想把意大利半岛并入奥地利的企图最终没有得逞。

然而德国问题尚未得到解决,而且看来这是十分棘手的一大难题。1848 年革命的失败让德国人中的自由派活跃分子大批流亡国外。这些人去了美国、巴西和美洲、亚洲的新殖民地。另一些不同类型的人接下了他们在德国未竟的事业。

在法兰克福召开的新议会上,由于旧德国议会垮台而自由党人又没有能够建立起统一的国家,所以那位奥托·冯·俾斯麦(我曾在前面几页提到他)代表普鲁士王国出席了在法兰克福拼凑的议会。此时,俾斯麦已经深为普鲁士国王所信任。这也正是他所希望的。他对普鲁士议会或普鲁士人民利益毫不关心。他亲眼目睹了自由党人的失败,深知不通过战争便无法摆脱奥地利的控制,因此他开始加强普鲁士军事力量。他的独断专行激怒了州议会,他们拒绝给他提供必要的经费。俾斯麦甚至懒得跟他们理论。他继续我行我素,用普

鲁士皮尔斯王族和国王提供的钱财来扩军备战。随后,他伺机寻找机会挑起民族争端,以便能在全体德国人民中燃起巨大的爱国主义热情。

在德国北部的荷尔斯泰因和石勒苏益格两个公国,从中世纪以来一直是个多事之地。两国都居住着一定数量的德国人和丹麦人。尽管他们都属于丹麦国王的臣民,却不是丹麦的组成部分,这成了无休止争端的源头。我并非有意要重提这已经被遗忘的问题,而是因为最近召开的凡尔赛会议似乎已通过协议把它解决。可是,当时荷尔斯泰因的德国人仍在咬牙切齿地咒骂丹麦人,而石勒苏益格的丹麦人则竭尽全力维护丹麦的传统。欧洲各国都在对这个问题大作讨论。但是德国体育协会和男声合唱队正在聆听这些“失去的兄弟”的伤感演说,各国使节竭力想弄明白这其中的原因时,普鲁士却派出大批军队去收复“失去的省份”了。作为日耳曼联邦的官方领袖,奥地利在这样重大的问题上是决不允许普鲁士单独行事的,因此哈布斯堡也把军队动员起来。两个强国的联军越过丹麦边界,尽管丹麦一方顽强抵抗,他们还是占领了这两个公国。丹麦向欧洲请求援助,但欧洲有心无力,可怜的丹麦人只好听任命运的摆布了。

随后,俾斯麦开始为他的帝国计划走出第二步棋。他以分赃不均为借口,挑起与奥地利的争端。哈布斯堡落入了设好的陷阱。新普鲁士军队(由俾斯麦和他的忠诚将领一手创建)侵入波希米亚,不到6星期的时间,就在柯尼拉茨和萨多瓦将奥地利残余部队全歼,通向维也纳的大道就这样被打开了。

然而俾斯麦没有打算做得太过分,他很明白他在欧洲需要几个朋友。他向战败的哈布斯堡提出:只要他们让出德国联邦的统治权,他可以提供体面的和平条件。但他对站在奥地利一边的许多德意志小国家却毫不心慈手软,把它们统统并入普鲁士版图。就这样,大部分北部小邦成立了一个新的组织——“北德意志联邦”,获胜的普鲁士成为德意志人民非正式的统治者。

这样快的侵吞速度令欧洲目瞪口呆。英国对此漠不关心,但法国却有些于心不甘。拿破仑三世对法国人民的控制在逐渐放松。克里米亚战争耗资巨大且毫无战果。

第二次冒险发生在1863年。一支入侵的法国军队试图迫使墨西哥人民接受一位奥地利大公马克西米利安作为他们的皇帝。当北方在“美国南北战争”中获胜时,法国的这次冒险行动却以惨败告终。华盛顿政府勒令法国撤军,这使得墨西哥有机会清除其国内的敌人,并处决了那位不受欢迎的皇帝。

我们该给拿破仑三世的皇冠再涂上一层荣耀的色彩。几年之内,北德意志联邦就会成为法国强硬的对手。拿破仑三世认为,向德国开战对他的王朝大有好处。他在寻找借口。而被连年不断的革命动乱所扰的西班牙给他创造了一个好机会。

恰在此时,西班牙王位空虚。本应由信奉天主教的霍亨索伦家族继承。但法国政府提出反对,于是霍亨索伦委婉地拒绝了王位。此时的拿破仑三世已显病容,并且受美丽的皇后欧仁尼德·蒙蒂约的影响甚深。蒙蒂约的父亲是一位西班牙绅士,母亲是驻马拉加(著名的葡萄产地)的美国领事威廉·基尔帕特里克的女儿。她虽然精明过人,但像当时大部分西班牙妇女一样没有受过良好教育。她对她的宗教顾问言听计从,而这些可敬的绅士对普鲁士的新教国王毫无好感。"胆大一点",这是她给皇帝丈夫的劝告。可她把这句告诫英雄的著名普鲁士谚语的下半句"但不可鲁莽"给省略了。拿破仑三世过于相信他的军队的力量,他写信要求普鲁士国王向他做出"决不允许另一个霍亨索伦家族的候选人接受西班牙王位"的保证。由于霍亨索伦家族刚刚拒绝了这个荣誉,他的要求可谓多此一举。俾斯麦也据实照会了法国政府,但拿破仑三世仍然心怀不满。

1870 年,威廉国王正在埃姆斯河的温泉进行疗养。一天,来了想重开会谈的法国大臣。国王愉快地回答说,天气不错,西班牙问题已经解决,没有什么谈的必要了。作为例行公事,这次会晤的"成果"以电报的形式发给负责外交事务的俾斯麦。俾斯麦将电文修改后发给普鲁士和法国报界。不少人为此咒骂他。俾斯麦却找借口说,修改官方消息并非他的首创,而是所有文明政府自古以来的特权之一。当这则"编辑"过的电文发表后,柏林善良的人们认为那位傲慢的法国小矮子戏弄了他们有着可爱白胡须的可敬的老国王,而巴黎的善良民众也同样愤愤不平,认为他们彬彬有礼的大使受到了一个普鲁士皇家走狗的驱逐。

于是双方诉诸战争。不到两个月,拿破仑三世和他的大部分军队都被德国人所俘虏。第二帝国就此寿终正寝。第三共和国正准备奋起保卫巴黎,抵抗德国人的入侵。坚守了 5 个月,在巴黎失陷前 10 天,在附近的凡尔赛宫里(这是德国危险的敌人法皇路易十四建造的),普鲁士国王公开宣布成为德国皇帝。隆隆的枪炮声告诉了饥饿的巴黎人,由德意志各公国和小国组成的没有受到任何伤害的旧联盟已经被一个新的德意志帝国接管了。

德国问题就这样草草地解决了。1871 年末,值得纪念的维也纳会议结束后 56 周年,这个会议的成果被完全破坏了。梅特涅、亚历山大和塔列朗企图给欧洲人民带来持久和平,然而他们的做法却导致了无休止的战争和革命。随着 18 世纪"四海之内皆兄弟"的意识而来的是一个至今尚未结束的极端民族主义时代。

机器时代

在欧洲人民为各自的民族独立而浴血奋战的时候，一系列的科技发明使他们的世界发生了翻天覆地的变化。18世纪发明的看似笨重的老式蒸汽机成为人类最忠实、最有效率的奴隶。

早在五十多万年以前，人类最伟大的恩人就已逝去。他是个低眉、凹眼、大下巴的带毛动物，牙齿像虎牙一样结实尖利。在现代科学家的集会上，他那副尊容是不会让人喜欢的，但科学家们会尊他为他们的鼻祖。因为他曾用棍子撬起过巨石，用石头敲开坚果。他是我们最初的工具锤子和杠杆的发明人。他不仅比继他之后的任何人做的工作都多，而且为人类带来的巨大贡献也远远超过与他在这个美好世界里共享生机的其他动物。

自那以后，人类一直沿着依靠使用更多工具来改善自己的生活的路上走下去。第一个轮子(用老树做的圆盘)在公元前10万年的人群所引起的轰动不亚于几年前刚发明的飞行器。

有这么一个和华盛顿一位专利局局长有关的传说。传说在上个世纪30年代初，这个局长建议取消专利局，因为“可能发明的一切都已被人类发明出来了”。当史前人在木筏上升起第一面帆，人们不必再撑篙、摇橹、拉纤就能把船驶来驶去的时候，那个史前世界也肯定会被一种同样的喜悦之情所充满。

也许，历史最有趣的一页，是人类总想方设法让别人或别的东西为他工作，使他有空闲或坐着晒着温暖的太阳，或在岩石上挥笔作画，或驯养狼崽、虎崽,使之成为温驯的家畜。

当然,在远古时代,常常发生强者奴役软弱的邻居并迫使别人做些自己不愿意做的事之类的不公平现象。古希腊人、罗马人和我们一样聪颖智慧,但他们没有发明出更有意义的机器,其原因之一就是当时广为盛行的奴隶制度。当一位伟大的科学家可以到市场上廉价买到他所需要的全部奴隶时,又何必把时间浪费在那些金属导线、滑轮以及齿轮上呢? 又何必使空气中充斥着烦人的烟雾和噪音呢?

在中世纪,尽管奴隶制已被废除,只存在着较为宽容的农奴制,但那时的行会并不主张使用机器,因为在他们看来这会使大量同业的人失业。此外,中世纪对大量生产物品根本不感兴趣。当时的木匠、屠夫、裁缝都是为了满足他们社区里的人们的生活所需才工作的。他们不屑于与邻近的人竞争或生产更多的不急需的东西。

文艺复兴时期的教会,对于科学研究的偏见已经不像先前那样强加于人。许多人开始埋头研究数学、天文学、物理学及化学。在三十年战争爆发前两年,苏格兰人约翰·内皮尔出版了一本小册子,论述了他对于对数的新发现。在战争期间,莱比锡的戈特弗里德·莱布尼茨全面完善了微积分学。在威斯特伐利亚和约签订前8年,英国伟大的自然科学家牛顿来到人间。同年,意大利天文学家伽利略去世。与此同时,三十年战争几乎将中欧的繁荣彻底摧毁,当时突然兴起一股"炼金术"热,贪婪的人们希望借此将普通金属炼成金子。事实证明这纯属中世纪一种奇特的伪科学,实际上是根本无法做到的,但是那些炼金术士们在实验室里仍然产生了许多奇思妙想,这对继他们之后的化学家们的研究工作提供了很大帮助。

现代城市

无疑,所有这些人的工作为后来的人们奠定了一个扎实的科学基础。站在这一基础上,许多富有实际经验的人使制造更复杂的机器成为可能。中世纪,木头曾被人们用来制造一些机器的钻头,但木头很不耐磨。铁是一种好材料,但当时除英国外,铁是稀罕之物。因为,大多数的冶铁业集中在英国。冶铁需要高温。一开始用木头做燃

料，但森林渐渐被砍个精光。后来便使用煤炭。众所周知，煤必须从地下开采，并运往冶炼炉旁，而且矿井必须保持干燥，不受水的侵袭。

这是当时亟待解决的两大难题。当时，马还在用来拉煤车，但是，矿井的抽水问题就必须用特殊的机器才能解决。为解决这一难题，一些发明家为此绞尽脑汁。他们都清楚，他们的新机器只有使用蒸汽。

其实，人们使用蒸汽的想法已不是一朝一夕的事了。早在公元前1世纪，亚历山大港的一位英雄就已经描绘过几台用蒸汽作动力的机器。文艺复兴时代的人们就已有了制造蒸汽驱动的战车的想法。牛顿的同时代人涅斯特候爵，也在他有关发明的著作中提到了蒸汽机。不久后的1698年，伦敦的托马斯·萨弗勒申请了抽水机专利。就在此时，荷兰人克里斯琴·海更斯正努力对发动机加以改进，内部用火药定时起爆，就如同我们今天在发动机中用汽油一样。

当时，整个欧洲都在忙于此项试验。法国人丹尼斯·帕平是海更斯的朋友兼助手，他曾在几个国家进行过蒸汽机实验，发明了用蒸汽机驱动的小蹼轮和小货车。但是，当他正要驾船试航时，接到船业工会指控的市政当局将它没收了。船业工会害怕这种船的出现会砸了他们的饭碗。帕平倾其全部家产从事发明，最后贫病交加，死于伦敦。

也就在帕平辞世之际，另一个名叫托马斯·纽科曼的机械迷正在进行一种新型气泵的研制工作。50年以后，格拉斯哥的一名仪器制造工人詹姆斯·瓦特对他的机器作了改进，1777年，世界第一台真正具有实用价值的蒸汽机在瓦特手里诞生了。

在对“热力机”进行实验的几个世纪中，世界政治局势发生了巨大变化。英国人成为继荷兰人之后的世界海运业霸主。他们开拓了新的殖民地，并把殖民地生产的原料运往英国，在那里制成成品，然后把制成品销售到全世界去。17世纪，卡罗来纳州和佐治亚州开始种植一种奇特的灌木，能长白色的绒毛，当时人称“棉毛”。这种“棉毛”摘下后运往英国，兰卡郡人把它织成布匹。纺织都是在手工作坊进行的。不久，有人对纺织工序作了一些改进。1730年，约翰·凯发明了“飞梭”。1770年，詹姆斯·哈格里夫斯的“詹妮纺纱机”取得了专利权。一位名叫依莱·惠特尼的美国人发明了分离棉籽的轧花机。而在此前这项工作一直是手工劳作，一天只能脱一磅。理查德·阿克顿特和牧师埃德蒙·卡特赖特发明了水力驱动的大型纺纱机。18世纪80年代，法国召开了著名的三级会议，提出彻底变革欧洲政体，此时瓦特发动机被用在阿克顿特的纺纱机上。一场经济及社会的大革命由此展开，它将在全世界范围内改变人与人之间的关系。

固定式发动机发明成功之后，发明家又把注意力转向了借助机械装置推动船和车的研究。瓦特曾制定了研制“蒸汽机车”的方案，但他尚未实现他的设想，理查德·特里维西克已经于1814年在威尔士矿区佩尼达兰发明了能载重20吨的大型机车。

与此同时，来自美国的一名珠宝商兼肖像画家罗伯特·富尔顿正在巴黎竭力想说服拿破仑，使用他的“鹦鹉螺号”汽船和潜水船，法国人定能摧毁英国的海上霸权。

富尔顿的汽船想法以前就有。他显然抄袭了康涅狄克特州的约翰·菲奇的想法，早在1787年，这个机械天才巧妙建造的轮船就在特拉华河上进行了处女航。然而，拿破仑和他的科学顾问却用怀疑的目光来看待自动船的实用性，尽管苏格兰造的带发动机小艇欢快地在塞纳河上吐着浓烟，但伟大的皇帝还是与这个有益于他的可怕武器失之交臂，这种机器或许能为他报特拉法尔加角之战的一箭之仇呢。

作为一个务实的实业家，富尔顿在回美国之后与罗伯特·阿·利文斯特一起成立了一个汽船公司。罗伯特·阿·利文斯特是《独立宣言》的签名人之一。富尔顿在巴黎兜售自己发明的时候，他是美国驻法国的大使。他们生产的第一艘轮船“克勒蒙号”应用了英国伯明翰博尔顿和瓦特制造的发动机，于1807年开始了纽约和奥尔巴尼之间的定期航班业务。这条船在一段时期里垄断了纽约州所有水域的航运。

而第一个把汽船用于商业目的的那位约翰·菲奇则凄惨地死去。在他的用螺旋桨推动的第五艘船被毁后，他到了倾家荡产的地步，变得一贫如洗，疾病缠身。邻居们讥笑他，正像100年后因制造滑稽可笑的飞行器而

第一艘汽船

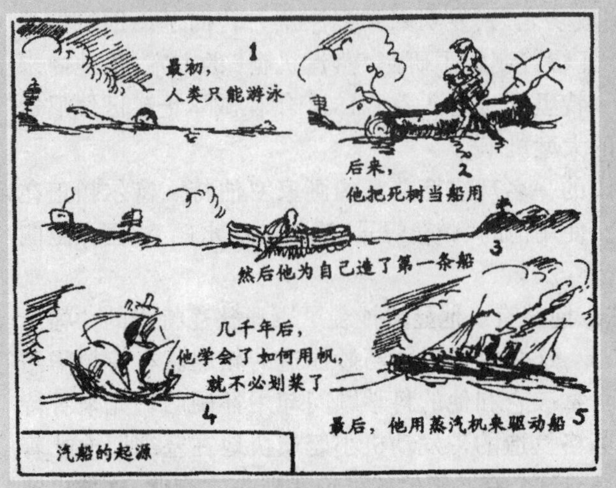

汽船的起源

遭到人们的嗤笑的兰利教授一样。可怜的菲奇一直想为自己的国家开辟一条捷径，可以快捷地来往于西部辽阔的江河，但他的同胞却宁愿乘平底船甚至步行。最后因绝望和痛苦，菲奇于1798年服毒自杀。

但是20年后，"萨瓦纳号"——一艘载重为1850吨、航速6节的轮船，创造了从美国的萨瓦纳跨越大洋到利物浦共25天的纪录（"毛里塔尼亚号"也只比它快3倍）。人们的嘲笑就此结束，并热忱地把这一发明归功于不该领功的人。

6年之后，为了能把煤从矿井运往炼炉和棉花加工厂，苏格兰的乔治·史蒂文森建造了著名的"移动式发动机"，这个发明几乎把煤价降低了70%，曼彻斯特和利物浦之间有规律的客运业芬由此成为可能。那时，人们就以每小时15英里的这一前所未闻的速度从一个城市到另一个城市。又过了多年后，速度提高到每小时20英里。今天，性能良好的福特牌小汽车（上个世纪80年代莱瓦沙和戴姆勒牌小型机动机车是它的"前辈"）比早期的那些"喷汽小船"要棒得多。

正当这些拥有实用思想的工程师们在努力改善他们那些喀吱作响的"热力机"之际，一群"纯"科学家（他们每天花14小时研究使机械进步成为可能的科学现象"理论"）正沿着一条新的线索前进。这条线索有可能引领他们向大自然中最隐蔽最神秘的领域迈进。

2000年前，希腊和罗马的一些哲学家（著名的有米利都的泰勒斯和普林尼。公元79年，当庞培和赫库兰组姆被埋于灰烬之下时，普林尼在研究维苏威火山爆发时去世）注意到毛皮摩擦过的琉璃会吸住稻草屑和羽毛这种怪异现象。中世纪的经院哲学家对这种神秘的"电"现象不感兴趣。但就在文艺复兴之后不久，伊丽莎白女王的御医威廉·吉尔帕特就有关磁力现象和特性发表了他著名的论著。三十年战争期间，气泵发明家、马格德堡市长奥托·冯·格里克制造了第一台发电机。在这之后的一个世纪里，大批科学家投身于电力现象的研究。1795 年,至少 3 名教授发明了著名的莱顿电瓶。与此同时,本杰明·富兰克林,这位继本杰明·汤姆森(因亲英而逃离新罕布什尔,后以朗福德伯爵而闻名)之后的世界著名天才也致力于这项研究。他发现闪电和电火花都是同一种电力现象。他对于电力的研究一直持续到他繁忙而宝贵的生命结束。接下来就是伏特和他著名的“电堆”,还有伽伐尼、戴伊、丹麦教授汉斯·克里斯蒂安·奥斯蒂德、安培、埃拉格和法拉第等,他们都在不倦地探索着电力的本质。

他们把自己的发现无偿地献给了世界。而塞缪尔·莫尔斯(像富尔顿一样最初也是从事艺术生涯的)打算用钢丝和他发明的一部小机器把信息从一个城市传到另一个城市。人们当然给了他以无情的嘲笑。莫尔斯不得不自己筹钱做实验,并很快用尽了所有的钱。人们对一贫如洗的他嘲笑得更厉害了。后来,他向国会请求帮助,结果一个商务特别委员会答应赞助他的研究。但国会议员对此毫无兴趣,莫尔斯等了 12 年才等到国会一小笔拨款。就这样,他在华盛顿和巴尔的摩之间建起了第一条“电报”系统。1837 年,他在纽约大学的演讲厅里成功地演示了他的“电报”发明。1844 年 5 月 24 日,一条长途讯息从华盛顿传至巴尔的摩。而今电报线已经布满全世界,将消息从欧洲发到亚洲只需几秒钟。23 年后,亚历山大·格拉姆·贝尔利用电流发明了电话。五十多年后,马可尼发明了完全摒弃老式金属线的讯息传送系统。

正当新英格兰人莫尔斯还在致力于他的电报研究时,1831 年,第一台“发电机”在约克郡人米歇尔·法拉第的手里诞生了。那时的欧洲刚经历了七月大革命,局势还十分动荡,而这次革命严重打乱了维也纳会议计划。第一台发电机自发明以来不断得到完善,为我们今天的生活提供了热能和光亮(我们现在所用的小白炽灯是 1878 年爱迪生在四五十年代法、英两国的实验基础上首次制成的)以及开动各种机器的强劲动力。如果我没弄错的话,不久,发电机将完全取代蒸汽机——就像古代较高级的史前动物取代了他们

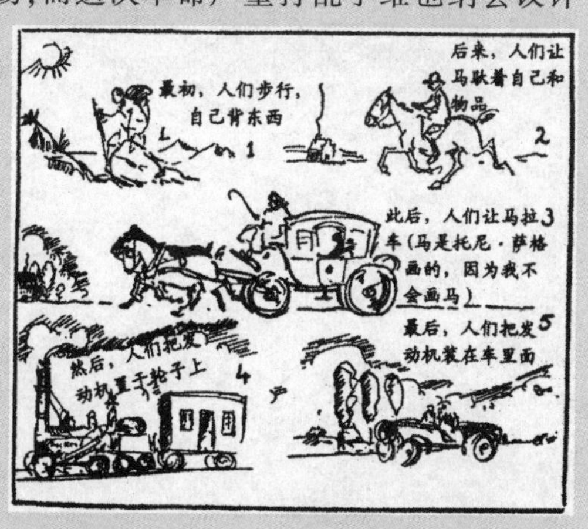

汽车的起源

较低等的邻居一样。

就我个人来说(我对机械一窍不通),我对此深感快慰。因为靠水力开动的电机是干净而友好的人类仆人,而18世纪的奇迹蒸汽机则是个充满噪音的肮脏玩艺儿,它使地球上遍布可笑的大烟囱,灰尘、煤烟污染着天空和大地,而且要烧煤,从地下采煤极端不便,需要成千上万的人冒着生命危险去采挖它们。

如果我是一个善于发挥想像力的小说家,而不是一个必须尊重事实不能有任何虚构的历史学家,当最后一辆蒸汽机车被放进历史博物馆,安置在恐龙、飞龙和其他古代绝种动物的骨架旁边时,我要好好描绘这一时刻到来时的愉快情景。

第57章 社会革命

新的机器造价昂贵,只有富人买得起。古老行业中的木匠或鞋匠原本是旧小作坊的主人,但只能被迫受雇于拥有大型机械工具的资本家。他的钱虽然比以前赚得更多,可却失去了过去的独立性,这使他大为郁闷。

在古代,世上的产品都是由坐在自家门前的独立小作坊的工人制作的。他们拥有自己的工具,可以任意打自己学徒的耳光,只要在行会允许的范围之内,可以随心所欲地管理自己的业务。他们生活简朴,每天工作很长时间,但他们一切可以由自己做主。当他在起床后,看到今天是个钓鱼的好天气,便真的可以带上钓具去钓鱼了,没有人能命令他“不许去”。

但机器的使用改变了这一切。事实上,机器只不过是放大了的工具。火车不过是以每分钟1英里速度行驶的飞毛腿,把巨大铁板敲平的空气锤实际上是硕大无比的钢铁拳头。

尽管我们每个人都不乏一双好腿和一对有力的拳头,但火车、气锤、棉花加工机都是非常昂贵的机器,单个的人根本买不起,而是属于一帮人共同拥有。他们集资入股,根据按投资的多寡来分享棉纺厂或铁路的利润。

因此,当机器改进到能实际应用并用于牟利的时候,这些大型工具的制造者,也就是机器制造商们便开始寻找那些能付得起现金的买主。

早期的中世纪,土地几乎是财富的惟一象征,而只有贵族才被看成是有钱人。正如我在前几章中讲过的,他们拥有的金、银派不上太多的用场,

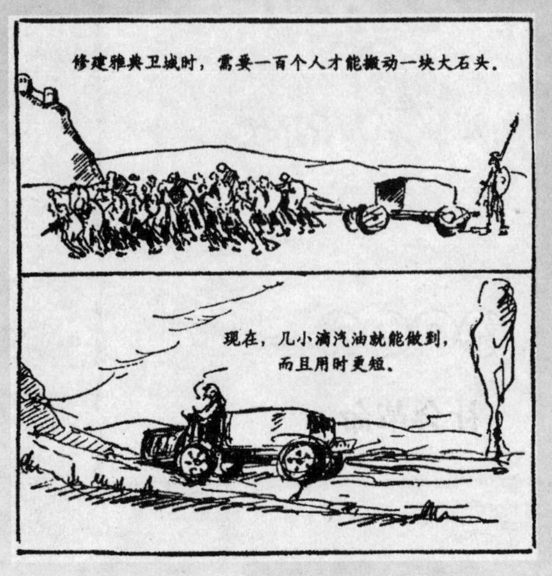

人的力量与机器的力量

因为他们采用古老的以物换物的贸易形式——用牛换马、用鸡蛋换蜂蜜等等。在十字军东征时期，市民们已能通过东西方的贸易而致富，成为贵族老爷和骑士们最有力的竞争对手。

法国大革命彻底破坏了贵族的财富，并使中产阶级（或者说“布尔乔亚阶级”）的资产大幅增加。在大革命后的动荡年代中，中产阶级乘机赚取比他们理应得到的更多财富。法国议会没收了教会的财产并全部进行了拍卖。其中贪污受贿的数额十分惊人。地产投机商窃取上千平方英里的肥沃土地。在拿破仑战争期间，他们利用资本在谷物和军火上牟取暴利。现在他们拥有的财富已大大超过他们的家庭所需，所以他们有资本建造工厂和雇佣男女工人来操作机器。

这迫使成千上万人的生活发生前所未有的剧变。短短几年间，许多城市人口急剧增加，曾是市民的真正家园的老市中心被充斥着廉价的劣质建筑的阴暗郊区所围困。在工厂里卖命的工人们，在工作了 11、12 或 13 小时后才能回到这些郊区房睡觉。只要工厂汽笛一响，他们就得匆匆从这里返回工厂去。

在农村，到处都有人在传说城里能赚大钱。习惯于野外生活的农村青年只身来到城市，他们在早期通风设备极差的车间里操纵机器，他们在烟灰和污浊之中挣扎。原本健康的身体日趋衰弱，其结局常常不是在贫民窟就是在医院里悲惨地死去。

当然，对于绝大多数的农民来说，并非没有任何反抗就能实现由农村到工厂的这一转变。既然一台一个人操纵的机器能干 100 人的工作，99 个失业的人就可能仇视它。他们常常冲进工厂，焚烧机器设备。但自从 17 世纪起，新成立的保险公司就开始对工厂主的利益加以充分保护。

不久之后，更完善的新机器安装起来了，工厂周围也筑起了高墙，于是骚乱就此结束。在这新的蒸汽和钢铁世界里,古老的行会已经无法再存在下去,慢慢也就销声匿迹了。随后,工人们试图成立正式的工会。但资本家们借助财富向各国政客施加巨大影响,迫使立法机构通过法律,以工会会干涉工人的“行动自由”为由,禁止成立这种工会。

请不要把赞成通过这些法律的善良议员都归入“不道德的暴君”行列。他们是大革命时期真正的追随者。在大革命时期,人人谈论“自由”,却常常杀死自己的邻居,因为他们的邻居对自由的热爱不像他们应该做的那样赤诚。既然“自由”是人们的第一美德,那么由工会来制定工人们该工作多长时间该拿多少工资,就必定是错误的。工人应该始终“在自由市场上自愿出卖自己的劳动力”,雇主也应同样“自由”地以他认为合适的方式来处理他的事务。由国家控制整个社会工业生命线的重商主义时代已行将就木。新的“自由”思想的倡导者坚持认为,国家应彻底靠边站,应该让商业按其自身规律自由发展。

18 世纪后半叶既是一个对智力和政治提出质疑的时代,更是古老的经济思想被更符合时代需要的新思想所取代的时代。法国大革命初期,路易十六失败的财政大臣蒂尔戈曾对其新的“经济自由主义”(即“不干涉主义”)大加宣扬。蒂尔戈所在的国家饱受过多的条条框框的限制,而且,太多的官员试图推行太多的法律。“取消官方监督”,他这样写道,“让人们做他所想做的事,局面会好得多。”

一时间,他的“不干涉主义”成为团结经济学家们的著名战斗口号。

工厂

在这一时期，英国的亚当·斯密正在写作他伟大的专著《国富论》，再一次为“自由”和“自然贸易权利”大声疾呼。30年后，拿破仑倒台，欧洲反动势力在维也纳获得胜利，于是，那种在政治关系中拒绝给予人民的所谓“自由”，却在工业生活中强加在他们头上。

正如在本章开头我所谈到的，机器的普遍使用被证明对国家大有帮助。财富在快速增长。机器使一个国家（例如英国）有可能承担拿破仑战争的所有费用。那些出钱买机器的资本家们也凭借机器大发其财。他们的野心随着腰包的膨胀而膨胀，开始想插手政治，他们想与仍旧对欧洲大部分国家政府影响巨大的拥有大量土地的贵族一决雌雄。

在英国，议会的议员们仍根据1265年皇家颁布的法令来选举。在一大批刚刚兴起的工业中心没有派出代表的情形下，他们通过了1832年的“修正法案”，对选举制度做了修改，使工厂主得以对立法机构产生更多的影响。

然而，这激起了数百万产业工人的强烈不满，因为他们在政府中没有哪怕一点点的发言权。他们积极展开争取选举权的行动，他们将各项要求正式写在文件上，这就是后来著名的“人民宪章”。有关这个宪章的大辩论日益激烈，一直持续到1848年革命爆发。由于对这预示着新的雅各宾主义暴乱的威胁心怀恐惧，英国政府委任已年届八旬的惠灵顿公爵担任军队统帅，召募大量的志愿兵。伦敦已被四面包围，对即将来临的革命的镇压已准备就绪。

但是宪章运动因领导不力而夭折，暴力行为终于没有发生。新兴的富裕工厂主阶层（我并不太喜欢“资产阶级”这个词，因为它已成为鼓吹社会新秩序者们的陈词滥调）逐步控制了政府，大城市的工业发展局势将继续把广阔的牧场和麦田变成悲惨的贫民窟，也正是这些贫民窟坚定地推动着每一座欧洲城市向现代化迈进。

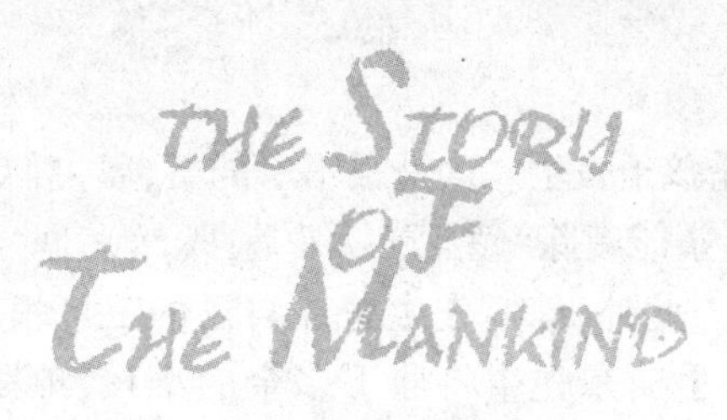

废除奴隶制度

当人们看到铁路取代驿站马车的时候,他们以为一个繁荣昌盛的幸福时代即将来临。可是,机器的普遍运用没有做到这点。尽管人们提出了几种补救的措施,但也无济于事。

1831年,就在第一修正法案通过前夕,一位研究立法方案的伟大学者,也是那个时代最务实的英国政治改革家杰利米·本塞姆在给朋友的信中说:“获得幸福的方式就是让别人生活得幸福;使别人幸福的方式就是要爱他们;爱的方式就是要全心全意地去做。”本塞姆是个诚实正直的人,他说出了他认为是真理的话。他的成千上万的同胞对他的见解持有同感,他们感到他们有义务让他们不幸的邻居获得幸福。他们应尽力去帮助他们。上帝知道,现在已经到了做些事情的时候了。

“经济自由”(迪尔戈的“不干涉主义”)在中世纪的严格限制下而受到阻碍的旧工业时代来说,是一种十分必要的理想。但是作为国家最高法律的“行动自由”却把国家引向了极端可怕和混乱的状态。工厂的工作时间延长到工人的体力极限。一个女工只要能坐在纺织机前不因疲劳而昏倒,她就得干下去。为了不让五六岁的儿童在街上发生危险或到处游荡,也被带到了纱厂。国家颁布了一项法令,强迫穷孩子工作,否则就要用铁链子栓在机器上以示惩戒。作为他们的酬劳是:勉强维持他们活命的粗劣食品和猪圈般的夜晚休息处。他们常常累得在工作时睡着了,为了使他们清醒,手拿皮鞭的监工来回地巡视,如有必要,就击打他们的指关节,并让他们继续干活。在这种

环境下当然有上千孩子丧生。这是很不幸的事,雇主们毕竟也是有良心的人,他们真诚地希望能废除“童工”。但是,既然人是“自由”的,那么儿童也应是“自由”的。此外,琼斯先生曾在自己的工厂里尝试不用五六岁的童工,但是他的对手斯东先生将雇下多余的小孩,琼斯就会破产。所以,琼斯不得不雇佣童工直到议会通过法令禁止所有雇主这样做为止。

由于议会不再由原来的土地贵族(他们鄙视腰缠万贯的工厂主,并公开表示对那些暴发户的憎恶)掌握,而是在工业界代表的控制之下。只要法令不允许工人们联合起来组成工会,事情就不会有进展。当然,那个时代理智和正派的人们对这种触目惊心的情景并不是熟视无睹,他们只是无可奈何。机器已令人震惊地征服全世界。要把机器摆回它应该在的位置,使之成为人类的仆人而不是人类的主人,这得经过成千上万高尚男女的多年长期努力。

奇怪的是,最早对这种世界范围内的残酷的佣工制度发起“攻击”,起因竟是为了非洲和美洲的黑人奴隶。奴隶制是由西班牙人引人美洲大陆的,他们曾试着用印第安人作为农田和矿井的劳工,但印地安人一旦脱离了他们的野外生活就成批地死去。为使印第安人免遭灭绝的危险,一位好心的教士建议从非洲运黑人来干这种活。黑人身体强壮,能够适应恶劣的环境。再说,通过与白人的接触,他们能有机会学习基督教义,这种方式还有助于拯救他们的灵魂。因而从各种可能的方面来看,这对仁慈的白种人和无知的黑人兄弟都是一项极好的安排。然而,随着机器的使用,对棉花的需求量日益增加,黑人的劳动量大大超过以前,他们也像印第安人一样,死于监工的虐待下。

在欧洲,令人难以置信的惨剧不断地被披露。在所有的国家,男人和女人们积极开展废奴运动。在英国,威廉·威伯佛斯和扎克林·麦考里(一位伟大的英国历史学家的父亲。如果你想了解怎样把一本历史书写得引人人胜,你不妨读读这个历史学家写的英国历史)组织了一个废除奴隶制的社团。首先,在他们的力争下,通过了一项确认“贩卖奴隶非法”的法律。1840 年后,所有英国殖民地再也找不到一个奴隶。1848 年,一场革命使法国在其属地上宣布结束了奴隶制。1858 年,葡萄牙通过一项法律,确保 20 年后所有奴隶均可获得自由。1863 年,荷兰人废除奴隶制。同年,沙皇亚历山大二世也将两个世纪前剥夺的奴隶的自由权利,重新归还给了他的农奴。

在年轻的美国,这一问题的解决不仅阻碍重重,甚至导致了长期战争。尽管《独立宣言》中规定“人人生而平等”,可是那些黑皮肤的男人和女

人们以及在南部各州种植园劳动的人除外。随着时间的推移，北方人愈来愈厌恶奴隶制，而且他们对此毫不隐瞒。然而，南方人却声称如果没有奴隶劳动，他们就无法种植棉花牟利。这场激烈的辩论在国会和参议院差不多持续了半个世纪。北方坚持己见，南方也毫不让步。当和解无望时，南方各州以脱离联邦相威胁。这在联邦历史上是最危险的时刻。许多事情都可能会发生，而之所以没有发生，是因为一个极其善良而又伟大的人努力的结果。

1860年11月6日，伊利诺伊州的一名自学成才的律师亚伯拉罕·林肯，被共和党推上总统的宝座，而共和党在反奴隶制的诸州中势力强大。林肯深知蓄奴制度的罪恶，并洞察到在北美大陆上不可能存在两个敌对的国家。当南方的某些州独立出来，组成“美国南部联邦”时，林肯接受了挑战，在北方各州征召了自愿军。成千上万的人以极大的热情应召，长达4年之久的艰苦内战开始了。南方备战充分，又有李和杰克逊的英明领导，不断击败北方军。不过，后来新英格兰和西部经济实力开始发挥作用，一位叫格兰特的出身微贱的军官在伟大的奴隶解放战争中成了著名的“查理·马特”。他挥兵长驱直入，狠狠打击南方军并瓦解了南方防线。1863年初，林肯总统签署《解放宣言》，宣布所有奴隶获得自由。1865年4月，李将军带领他最后的一支英勇的军队在阿波马托克斯向北方投降。几天之后，林肯遭到一个疯子刺杀。但他的事业已经完成。除了在西班牙统治下的古巴，奴隶制度终于在这个文明的世界上消失了。

正当黑人享受着越来越多的自由权利的同时，欧洲的“自由”工人们的日子却很不好过。对许多当时的作家和观察家来说，大批称为无产阶级的工人未在这悲惨境地之中灭绝堪称奇迹。他们住在贫民区中极为破陋的肮脏房子里，吃劣质食物，仅仅接受工作技能的训练。一旦死亡或遭其他不测，他们的家属就将生活无着。但是酿酒行业(即能对立法施加巨大影响的行业)以极其低廉的价格向他们提供无限量的劣质威士忌和杜松子酒，鼓励他们借酒浇愁。

诚然，从上世纪三四十年代开始发生的巨大改进不能归功于某一个人。为了把整个世界从突然采用机器作业而造成的灾难性的结果中拯救出来，两代人中的伟大人物进行了不懈的努力。他们并不打算摧毁资本主义制度，因为那样做将会是非常愚蠢的。他们深知，别人快速增加财富，如果运用得当，将对整个人类大有益处。但他们要与这种思想作斗争，那就是，认为拥有财富和工厂并可随意将之关闭也不会挨饿的人，与什么活都干，工资多少都得接受，否则妻儿老小和他自己就会挨饿的劳工之间，存在着真正的平等。

他们努力制订出许多法律来调和工厂主与工人之间的关系。在这一点上,各国的改革家们都在不断取得胜利。如今,大多数劳工得到良好保障,他们的工作时间降到了最好的平均值8个小时,他们的孩子不再被送进矿井或纱厂的梳棉车间而是送进了学校。

但另有一些人,注视着冒着浓烟的烟囱,,聆听着隆隆作响的火车,打量着堆满各式各样多余物资的仓库,在心里琢磨着这种庞大活动在未来的岁月里会产生什么样的最终后果。他们知道,人类在没有商业和工业的竞争中已生活了几十万年,他们能改变现存秩序,摒弃时常为利润而牺牲人类幸福的竞争制度吗?

对美好未来产生的这种殷切的希望并不仅限于某一个国家。在英国,拥有多个棉纺厂的罗伯特·欧文,建立了一个所谓的“社会主义公社”,并且获得初步的成功。但他去世以后,新拉纳克的繁荣已开始衰落。法国记者路易·布朗试图在整个法国建立“社会主义工场”,亦无起色。的确,信仰社会主义的作家日益增多,但他们不久就看到游离于正常工业生活之外的小型单个社团不可能有所作为,所以,在提出可行的补救措施之前,有必要对以整个工业和资本主义社会为基础的基本原则做一番深入的研究。

继罗伯特·欧文、路易·布朗和弗朗索氏·傅立叶这些实用社会主义者之后,研究社会主义理论的学者卡尔·马克思和弗里德里希·恩格斯横空出世。这两人之中,马克思最为著名。他是个异常聪颖的犹太人,长期居住在德国。他听说过欧文和布朗的试验后,开始对劳工、工资和失业问题发生兴趣。但他的自由主义观点遭到德国警察的强烈反对,于是被迫逃到布鲁塞尔,然后又去了伦敦,在英国当了一名《纽约论坛报》的记者,过着窘迫的生活。

在当时,没有人对他有关经济学的论著感兴趣。但在1864年时,他组织了第一个国际工人协会。3年后,也就是1867年,他出版了他的著名著作《资本论》第一卷。马克思认为,人类的全部历史就是一部“有产者”和“无产者”的漫长斗争史。机器的引进和普遍使用在社会上创造了一个新阶级,即资本家。他们用剩余财富购买了工人作为工具,从而产生了更多的财富,然后再用这笔财富建造更多的工厂,永无止境。根据马克思的理论,第三等级(即资产阶级)越来越富,第四等级(即无产阶级)越来越穷。他预言最后会出现一个人将拥有全人类的财富,其他人都受雇于他,仰仗他的善心生活的社会。

为了防止这种现象发生,马克思号召全世界工人阶级联合起来,共同为争取他在《共产党宣言》中列举的政治、经济措施而斗争。

马克思是在1848年——即欧洲最后一次伟大的革命的那一年——发表的《共产党宣言》中,列举了这些措施。欧洲各国政府对这些观点当然深恶痛绝。许多国家,尤其是德国,通过了打击社会主义分子的严厉法律,警察授命解散社会主义者的集会,逮捕演讲者。但是这种迫害从来无济于事。烈士们是这场被认为不得人心的事业的最佳广告。在欧洲,社会主义者的人数在稳步增长。不久之后,发现社会党人不是在策划暴力革命,而是运用他们在各国议会逐渐增强的影响力为劳工阶级谋取利益。社会主义者甚至被任命为内阁大臣,并与进步的天主教徒和新教徒一起来消除工业革命所造成的损失,把由于机器的引进和财富的生产增加而获得的利润进行更合理的分配。

科学的时代

世界经历了另一场比政治或工业革命更重要的变革。经过许多代的压制和迫害之后,科学家们终于获得行动的自由。他们试图发现统治宇宙的基本规律。

埃及人、希腊人、巴比伦人、迦勒人和罗马人都对科学最初模糊的概念与科学研究做出过各自的贡献。但公元4世纪的大迁徙破坏了地中海的古老世界,当时的基督教更注重人类的灵魂而不是人类的肉体,并把科学看成是人类夜郎自大的表现形式,因为他们竟然企图窥探属于万能上帝领域的神圣事务。因此,科学也与该罚入地狱的七大重罪有关。

文艺复兴运动在某种程度上——应该说是有限的程度上冲破了中世纪偏见的樊篱。然而,在16世纪压倒了文艺复兴运动的宗教改革运动对“新文化”充满敌意,科学家如果想要跨越《圣经》规定的有限的知识范围,就有可能招来杀身之祸。

哲学家

在我们的世界上到处可见伟大将军的雕像,他们跨在腾跃的战马上,带领着欢呼的士兵取得光荣的胜利。但偶尔在各处也有一些并不起眼的大理石碑，表明某位科学家最终找到了自己的长眠之所。从现在算起1000年后，人们可能会采取截然不同的方式来对待这些问题，那一代的幸福的孩子将会理解这些抽象知识的开拓者所具备的出色勇气和几乎难以置信的对科学的忠诚，而且仅仅由于这些抽象知识的发现，我们所看到的现代世界才得以成为现实。

许多科学的先驱饱尝贫困、歧视和屈辱。他们住在简陋的阁楼上，死于阴暗的地牢中，他们不敢在自己著作的封面印上自己的名字，不敢在自己的家乡出版他们的研究成果，而是将手稿偷运到阿姆斯特丹或哈勒姆的某家秘密印刷作坊。他们遭到无论是新教还是天主教的极端仇视，成为煽动教民反对异教徒的无休止的布道主题。

他们东躲西藏，到处寻找避难所。当时，荷兰人的宽容精神最为强烈。尽管当局也对科学研究不屑一顾，但他们不愿对他人的思想自由加以干涉。于是，荷兰成为英国、法国和德国哲学家、数学家和物理学家的小小庇护所，他们得以在这里稍作放松，同时呼吸一点自由的空气。

我曾在另一章中提到过罗杰·培根，这位13世纪的伟大天才在多年里被禁止发表任何作品，否则会重新触怒教会当局，给自己带来麻烦。500年后，哲学史上的世著《百科全书》的编纂者一直受到法国宪兵的严密监视。又过了半个世纪，因为敢于向《圣经》中披露的上帝创造人的故事挑战，达尔文在每个讲坛上被作为人类的公敌而遭到谴责。时至今日，对那些胆敢进入未知领域的人的迫害并未完全结束。当我在写作此书时，布莱恩先生正向广大群众大谈“达尔文主义的危害性”，他警告听众要反对这位伟大的英国生物学家的谬论。

然而，不要以为这仅仅是一些细枝末节。该做的工作还是无一例外地被科学家们完成了。而各种科学发明和发现的最终利益，仍然为那些一向将具有远见的人说成是不合实际的理想主义者的人所分享。

伽利略

17世纪仍醉心于探索遥远的天空以及我们的星球在太阳系的位置。即便如此，教会仍然反对这种越轨的行为。第一个证明太阳是宇宙中心的哥白尼直到逝世那一年才得以出版他的著作。伽利略的大部分生活都处在教会的监视之下，但他继续用他的望远镜，为艾萨克·牛顿提供了大量的实际观察数据，为

飞艇

这位英国数学家发现坠落物体的那个有趣习性的存在，也就是闻名于世的万有引力定律，提供了巨大的便利。

这一定律的发现至少在当时减弱了人们对天体的兴趣，科学家们开始转而研究我们居住的地球。17世纪下半叶，安东尼·范·利文霍克发明的便于操作的显微镜(一个奇特且笨重的玩艺儿)给人们提供了研究导致多种疾病的微生物的机会，同时为细菌学这门科学奠定了基础。在本世纪最后的40年里，细菌学通过发现引起疾病的极小的组织结构向人们揭示了许多疾病产生的原因，从而挽救了许多病患者。显微镜也使地理学家能够更仔细地研究各种不同的岩石和古老化石。这些研究使他们相信地球远比《创世纪》中提到的要更为古老。

1830年，查理·莱尔爵士出版了《地质学原理》一书，对《圣经》中上帝创世的故事予以否定，对逐步缓慢的进化发展过程作了一番极为精彩的描述。与此同时，拉普拉斯候爵致力于创立一种新理论，这种理论把地球说成是在形成行星系的一片星云状海洋中的一个小斑点。而邦森和基希霍夫这时用分光镜研究星球及我们的好邻居太阳的化学成份。最初发现太阳上奇怪斑点的是伽利略。

这时，在与天主教和新教教会当局进行了一场艰苦的、不屈不挠的斗争之后，生理学家和解剖学家终于获准解剖人体，从而得以使人类对人体器官及习性的正确认识取代了中世纪江湖医生的胡乱猜测。

在从1810年到1840年的短短的30年中，在所有科学领域取得的进步已超过所有前人所做的总和。自从人类最初观望星星并惊奇于为什么挂在那里以来，已经过去了几十万年。对于在旧体制下接受教育的人们而言，这是个极为不幸的时代。我们可以理解他们对像拉马克和达尔文这一类人的仇恨心态。这两人虽然并未明确地说人类是“猴子的后裔”(我们的祖辈把此看成是侮辱人类自身的一种罪状)，但认为值得骄傲的人类是从一系列的祖先进化而来的,其家谱可追溯到我们星球的第一代居民——小小的水母。

19 世纪是富有的中产阶级占据统治地位的世纪,他们乐于使用煤气或电灯,接受许多伟大科学发明在很多方面的实际应用,但纯粹的研究者,那些没有他们世界就不能进步的“科学理论”的创始人仍然得不到信任。直到今天,他们所做的贡献才得到公认。如今,那些在过去年代捐钱修建教堂的富人修建了大型实验室,让那些埋头苦干的人们在里面与人类暗藏的敌人进行着无声的斗争,这些人类的精英常常为了下一代的幸福奉献出自己的一切乃至生命。

事实上,许多疾病曾被我们的祖先看成是不可避免的“上帝的旨意”,这不过表明了我们的无知和疏忽。现今的每个孩子都知道,对饮用水只要稍加注意就能避免患伤寒症。但医生们经过长期的艰苦努力才使人们相信这一事实。现在很少有人害怕去找牙医了。对于口腔内的微生物研究防止了我们患上龋齿。如果必须拔牙,我们也满不在乎地吸一口某种气体然后高高兴兴地做自己的事儿。1846 年,美国靠乙醇的帮助施行“无痛手术”的消息见报之后,欧洲善良的人们大摇其头。对他们来说,人逃避应该承受的疼痛,这有违上帝的旨意。所以又过了很长一段时间,把乙醇和氯仿用于手术的新技术才开始普及。

人类要求进步的战斗终于获胜了。古老偏见樊篱上的缺口越来越大,随着时间的推移,古老的无知的里程碑突然崩塌了。代表一种新的更幸福的社会制度的急切改革者突出了重围。可是,不久他们就发现自己遇到了新的障碍。在古老沉寂的废墟上又建起了另一座反动堡垒。为了摧毁人类进步道路上的最后一道堡垒,无数的人又将献出自己宝贵的生命。

关于艺术的一章

一个吃饱睡足后的健康婴儿,常常会哼一种调子来表示快乐。对成年人来说,这哼哼不具备任何意义,不过像“咕咕,咕咕,咕咕咕……”的声音而已,但对婴儿来说,这是美妙无比的音乐,是他的第一部艺术作品。

等他(她)再长大一点,能坐起来之后,做泥饼的时期便开始了。其他人对这种泥饼丝毫不感兴趣,世上有成千上万的幼儿同时制造了无数的泥饼。但对幼儿来说,这代表对愉快的艺术领域的另一次进军,他们在这时已经是雕塑家了。

三四岁的时候,孩子的双手开始服从大脑的支配,一个天才小画家便这样诞生了。他亲爱的母亲给了他一盒彩色笔,每一张废纸很快就涂满了奇形怪状的图案,用来表示他心目中的房子、马和可怕的海战。

可惜好景不长,这种随机“创作”的快乐没有持续多久即告结束。开始上学了,他们每天大部分时间都花在做功课上。生活之道或不如说谋生之道成为每个男生和女生生活中的头等大事。在背诵“九九表”和学习法语不规则动词的过去分词形式之余,他们很少有从事“艺术”的时间。除非这个孩子有纯粹为取乐而创作、不求实际回报的强烈欲望,否则,他长大成人后,他会全然忘记他生命的头五年曾那么醉心于艺术。

各个民族的发展历史也与孩子们相似。当洞穴人从漫长的冰川期的危险中逃生,重建好家园之后,他开始制作一些他认为美的东西,尽管这些东西在他与丛林野兽搏斗时毫无用处。他在居住的洞穴里画上他捕获的象和鹿，还用石头敲打出他认为最漂亮女人的粗糙形象。

埃及人、波斯人、巴比伦人以及其他东方人沿尼罗河和幼发拉底河建立起各自的小国家后，就开始为他们的国王修建富丽堂皇的宫殿，为他们的女人制造闪闪发光的首饰，种上绚丽的鲜花点缀他们的庭园。

我们的祖先是来自于遥远的亚洲草原的游牧民族，过着一种战士和猎手的逍遥自在的生活，谱写出了赞美他们伟大领袖英勇事迹的颂歌，创作了流传至今的恢弘史诗。一千多年后，当他们成为希腊大陆的永久居民，并建立起他们的"城邦国家"时，他们用庄严的庙宇、雕塑和悲剧、喜剧以及各种能想到的艺术形式来表达他们的喜怒哀乐。

跟他们的对手迦太基人一样，罗马人忙于统治其他民族和聚敛财富，不愿花时间去玩那些既无用又无利可图的精神活动，他们攻城掠地，架桥铺路，对希腊的艺术照单全收。他们也创造了符合他们那一时代需要的几种实用的建筑形式。但他们的雕像、历史、镶嵌工艺和诗歌完全是希腊的仿制品。没有那模糊不清，难以界定的被人们称为"个性"的东西，便不可能有艺术。而罗马人排斥这种特殊的"个性"。帝国需要的是勇敢的士兵和精明的商人，写诗、画画这一类活儿还是让给外国人去干吧！

接下来，"黑暗时代"来临了。野蛮人有如谚语里所说的那头闯进西欧瓷器店的公牛。他不理解的东西对他毫无用处。用今天的话来说，他喜欢杂志封面上的漂亮的女郎，而将他继承来的伦勃朗蚀刻画扔进了垃圾堆里。事后，他似有所悟，想弥补他几年前造成的损失。但垃圾堆已荡然无存，名画也随之消失了。

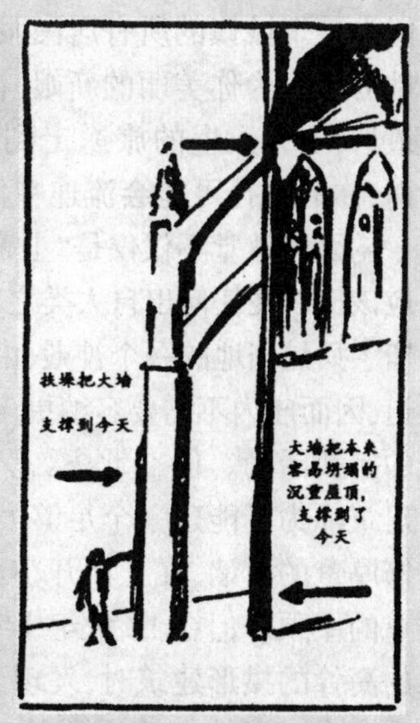

哥特式建筑

这时，他从东方带来的自己的艺术已逐渐发展并放出异彩，弥补了他过去的疏忽和对"中世纪艺术"的漠视。就北欧而言，这种艺术是日耳曼的精神产物，很少借助希腊和拉丁艺术，也与古埃及和亚述艺术毫无瓜葛，更不用说印度和中国了——对当时的人们来说，印度和中国是根本不存在的。

的确，由于北方民族受到南方邻国影响非常有限，他们的建筑完全不被意大利人所理解，因而长期遭到后者的蔑视。

你们可能都听过“哥特式”这个词，并会把这个词与一幅有着高耸入云的尖塔的美丽而古老的教堂图画联系在一起。可这个词的真正含义是什么呢？

这个词包含有“不文明的”、“野蛮的”的意思，是对来自蛮荒之地的“粗野民族”——“未开化的哥特人”的蔑称。他们毫不尊重已确立的古典的艺术准则，不把古罗马广场和希腊卫城模式放在眼里，创造了“极其糟糕的现代艺术”以迎合他们的低级趣味。

然而，这种哥特式的建筑形式正是一种纯真艺术的最高表达。这种艺术激励了北欧大陆长达数百年。你应该还记得上一章中讲过的这些中世纪末期的人民是如何生活的。除了居住在乡村的农民之外，就是城市公民或古拉丁语意义上的“部落”公民。“城市”这个词在古拉丁语里是部落名称。居住在高高的城墙和深深的护城河内的善良自由民是真正的部落成员，他们有福同享，有难同当。

在古希腊和罗马的城市里，建有神庙的市场曾是市民生活的中心。在中世纪，这样的中心非“上帝之家”的教堂莫属。如今的新教徒每星期才去一次教堂，而且只有几个小时，所以很难理解中世纪教堂对社区的意义。那时，你刚出生不到一星期，就被带到教堂去受洗。从小，你就得去教堂学习《圣经》中的神圣故事。后来，你就自然成为教堂的一名教友。如果某人很有钱，他可以修建一座自己的小教堂，供奉自己家族的守护神。神圣的教堂日夜开放，在某种意义上，它犹如现代的一个俱乐部，专门为某个城镇的所有居民服务。在教堂里，你可能和某位姑娘一见钟情，她后来成为你美丽的新娘，在庄严的圣坛之前跟你举行隆重的结婚典礼。最后，当你人生的旅途走到尽头时，你被埋在这座熟悉的建筑的石头下面，你的子孙可能会流连在你的墓前直到审判日的来临。

因为教堂不仅仅是“上帝之家”，也是广大市民的日常生活中心，其建筑应该比以往任何出自人类之手的建筑有所不同，埃及人、希腊人和罗马人的庙宇只是当地的一个神殿，由于人们无需在奥西里斯、宙斯或朱庇特像前布道，因而庙内不需要容纳更多人的空间。古地中海人习惯在露天进行所有的宗教活动。但在北方，恶劣的天气使得大部分活动都在教堂内进行。建筑师为了能建一个足够大的建筑努力了很多年。罗马的传统教导他们修厚重的石墙，在上面开小窗以免降低墙的支撑力，然后用石头建一个沉重的屋顶。但在12世纪十字军东征开始之后，当建筑师见到伊斯兰同行的高耸的拱形建筑时，发现了一种新的风格，使他们得以有机会建造一种适合当时宗教生活需要的建筑。然后，他们在意大利人轻蔑地称为“哥特式”的或野蛮的基础上又发展了这种新风格。为了达到目的，他们发明了一种“肋骨”支撑的拱顶。可是，这种屋顶如果过重，就容易把墙压碎，就像一个体重达300磅重的人坐在童椅上，肯定会将它压垮。为了克服这个难题，几位法国建筑师采用大批重型石块筑起扶垛以帮助墙支撑屋顶。并且，为了进一步确保屋顶安全，他们用一种扶壁拱架来支撑屋脊。这是一种颇为简易的建筑方法，你一看我们的插图就会明白。

这种新的建筑样式能开大扇的窗户。在12世纪，玻璃还是罕有之物，不用说私人住宅很少安装，就连贵族的城堡也没有这种挡风设施，因而阻挡不了穿堂风的长驱直入。这就是为什么那时的人在室内要像室外一样穿着毛皮衣服的原因。

值得庆幸的是，古地中海沿岸人民熟悉的彩色玻璃制作工艺并未完全失传，这时又再度兴盛起来。不久，哥特式教堂窗户都装上了由小块鲜艳的玻璃片拼成《圣经》的故事，再用铅框固定住。

于是，辉煌壮丽的新的上帝之家挤满了热切的群众，这使宗教重新焕发了空前绝后的生命力。不惜工本的人们，一心要把这座神之殿、人之家建造得精美绝伦，自罗马帝国灭亡后一直失业的雕刻家又旧业重操，在教堂的正门、廊柱、扶垛和上楣上面，全都留下了雕刻家精心雕刻的上帝和圣徒的形象；绣工们也开始制作装饰墙面的挂毯，珠宝匠使出浑身解数，用最精巧的工艺点缀神圣的祭坛，使之无愧于信徒们的顶礼膜拜。甚至画家也尽了自己最大的努力，可惜他们因缺少合适的颜料溶解剂而束手无策。

正因为此，一段故事留传了下来。

行吟诗人

基督教初期，罗马人已开始用小块彩色玻璃组成的画来镶嵌他们的庙宇和住宅的地和墙。但这种工艺难度极大，使画家没有机会表达自己的思想感情，所有玩过用彩色积木拼图的孩子们都对这点一清二楚。因此，镶嵌图案的工艺到中世纪晚期，除了在俄国还存在之外，在其他地方已近绝迹了。君士坦丁堡失陷后，拜占庭镶嵌画家投奔到俄国，为东正教教堂装饰，直到布尔什维克时代停建一切教堂为止。

当然，中世纪画家可以把彩色颜料

用熟石膏水调兑,涂在教堂的墙上。这种"新鲜涂料"作画的方法流行了数百年之久。时至今日,壁画就像手稿中的微型画一样稀有,在我们现代城市的成百上千名画家中,恐怕只有一个是调制这种溶剂的好手。但是,在中世纪没有别的办法,艺术家们无一例外都是"新鲜涂料"画工。这种方法有致命的缺陷,几年后,石膏常常从墙上剥落,或画面受到潮湿的侵蚀,如同潮湿损坏了我们墙纸的图案一样。人们竭尽所能,试验了各种各样的便利方法以取代这种石膏调料。他们曾试图用酒、醋、蜜和蛋清来调制颜料,但总不能令人满意。这些试验持续了1000年。中世纪画家在羊皮纸手稿上绘画是成功的,但一遇到在较大面积的木板和石块上用发粘的颜料作画就常常以失败告终。

终于,在15世纪的前半叶,这一难题由荷兰南部的扬和霍·范·艾柯解决了。这两位著名的佛兰芒兄弟用特制的油调兑颜料,这使得他们能够在木板、帆布、石头或其它任何材料上放心地作画。

然而这一时期中世纪的早期宗教狂热已成为过去。城市中的富人已取代教会的主教成了艺术的保护者。由于艺术不可避免地投靠报酬丰厚的一方,艺术家便开始为世俗主子工作,为国王、大公和富有的银行家作画。于是,这种新的以油料作画的方法很快传遍了欧洲,各个国家出现了不同画派,这些画派的肖像画和风景画大都很符合那些国家人民的特殊口味。

例如在西班牙,迪戈·贝拉克斯画一些宫廷小丑、皇家挂毯厂的织工以及所有跟国王和宫廷有关的人和事。而在荷兰,伦勃朗、弗朗斯·海尔斯和弗美尔却专画商人家中的仓前空场、他衣衫不整的妻子和健康而顽皮的胖孩子以及给他带来财富的商船队。另一方面,在意大利,教皇依然是艺术最大的庇护人,米开朗基罗、柯雷乔继续画他们的圣母和圣徒。而在法国国王至高无上,在英国贵族有钱有势,于是艺术家就为国王陛下美丽的女友和官场上的显贵作肖像画。

由于对旧宗教的忽视以及一个社会新阶层的兴起而在绘画中所引起的巨大变化在艺术的其他所有形式中也得到了充分的反映。印刷术的发明使作家得以靠为大众写作而赢得声誉。专职作家和插图画家就这样产生了。但买得起新书的人并不喜欢晚上坐在家里望着天花板发呆。他们需要更多的娱乐。中世纪的游吟诗人已经不能满足他们的娱乐需求。自从两千年希腊早期城邦国家诞生以来,职业剧作家首次有机会在这一行业大显身手。在中世纪人们只知道戏剧是某种宗教庆祝活动的一部分。13和14世纪的悲剧主题讲述的都是基督受难。但随着16世纪的到来,世俗戏剧重新粉墨登场。当然,早期的职业演员和剧作家的地位并不高,威廉·莎士比亚被视为用悲喜剧取悦邻人的马戏班式的角色,但当他1616年离开人世时,他已经开始赢得周围人的敬意,演员们也不再成为警察监视的对象。

莎士比亚的同时代人,西班牙出色的剧作家洛佩·德·维加写出不少于1800部世俗剧和400部宗教剧。作为一位贵族,他的剧作受到教皇的嘉许。100年后,法国剧作家莫里哀被认为不愧为国王路易十四的好伙伴。

从那时起,戏剧日益受到民众的喜爱。如今剧院已成为每个城市不可缺少的组成部分,而无声电影已深入到乡村的每个角落。

不过,另外一种艺术是所有艺术中最受欢迎的,这就是音乐。绝大多数古老的艺术形式需要高超的技巧。如何使我们笨拙的手听从大脑的指挥,使我们的想像力得以在帆布或大理石上再现,需要长年累月的艰苦训练。写一部优秀小说或学习演戏需消耗毕生光阴。对于群众来说,只有经过大量训练才能更好地欣赏绘画、写作、雕塑中的精品。但是,只要不是十足的聋子,随便哪一个人都能哼调儿,随便哪一个人都能欣赏某种形式的音乐。中世纪时能听到一些音乐,但都是宗教音乐,这种音乐受严格的节奏与和声格式的限制,不久之后就令人感到单调乏味。此外,这些被称为圣歌的作品也不能拿市井或大街上演唱。

文艺复兴运动改变了这一切。音乐再一次回到它原来的位置——人类在喜悦和悲伤时的好朋友。

埃及人、巴比伦人和古犹太人都曾是酷爱音乐的民族,他们甚至把不同的乐器组合成一个正规乐队。但希腊人对这种“野蛮的外国噪音”毫无好感。他们喜欢听人吟颂荷马和品达的恢弘诗篇,允许朗颂者用里拉(所有古希腊弦乐器中最不好听的一种)伴奏。那种情形也只是在没有遭到众人反对的时候进行。与此相反的是,罗马人喜欢在宴会和晚会上演奏管弦乐。现今我们仍在使用的乐器多数都是他们发明的。早期教会对这种音乐极为蔑视,因为它回荡着刚刚毁灭的异教世界的味道。3至4世纪主教所能容忍的只是教会成员演唱的少数几首歌曲。由于没有乐器伴奏,演唱者们容易跑调,教会才允许使用风琴伴奏。这是2世纪发明的,由一对风箱和一组古潘神箫组成。

接着是大迁徙时期。最后的罗马音乐家不是被杀就是沦落为街头的提琴手。从一个城市流浪到另一个城市为人演奏,就像现代渡轮上乞讨的竖琴手一样乞讨几个铜板。

可是,在中世纪末期,城市里更加世俗化的文明复兴,对音乐家有了进一步的要求。像号角一类的乐器曾仅用于狩猎和战斗时发送信号,后来

经过不断改进,可在舞厅和宴会厅演奏出令人惬意的音乐。一种以马鬃作弦的弓成为了老式的吉他。到了中世纪行将结束的时候,这种六弦乐器(可以追溯到埃及和亚述时代的最古老的一种弦乐器)演变成我们现代人所使用的提琴,而思特拉迪瓦利斯以及其他18世纪的提琴制造者则使之臻于完美。

最后,现在所有的乐器中最为普及的乐器——现代钢琴被发明出来,人们把它带到野外的露营地和格林兰岛的冰天雪地。风琴是最早的键盘乐器,但演奏者需要有一个拉风箱的人与之配合(如今这项工作已靠电力完成)。因此,音乐家开始寻找更方便的、不太受环境限制的乐器来帮助他们训练教堂中的唱诗班。在伟大的11世纪,阿莱佐城(诗人彼特拉克的出生地)一个名叫基多的本尼迪克教团的僧侣为我们讲述了现代音乐体系。在11世纪的某个时期,由于人们对音乐产生的广泛兴趣,使得既有键盘又带弦丝的乐器首次应运而生,它听上去有点像任何玩具店都能买到的儿童钢琴一样发出悦耳的叮咚之声。在维也纳,中世纪的流浪音乐家(曾被归为玩杂耍和赌博骗子一类的人)首次于1288年组成独立的音乐家协会。就在这座城市,小小的一弦琴发展成现代斯坦威钢琴的雏形。那时候被称为"敲弦古钢琴"的乐器从奥地利传人意大利,在意大利被改善为"斯毕涅特"(即键琴),这是因威尼斯的发明者斯毕涅特而得名的。到18世纪时(大约在1709年至1720年间),巴托罗梅伊·克里斯托佛制造了一架"键盘乐器",使演奏者能弹出强音和弱音,用意大利语说那是"pi-ano"和"forte"。这种经过改进的乐器,就成了我们现在趵"pianoforte"或"piano。"(钢琴)。

于是,世界终于首次出现了一种可以在数年之内掌握的容易方便的乐器。它无需像竖琴和提琴那样需要不断调音,并且比中世纪的大号、长号、单簧管和双簧管要更为悦耳动听。就像留声机让成千上万的现代人成了音乐爱好者一样,早期的钢琴也把音乐知识传播到更大的圈子里。音乐成了每个有教养男女的必修功课。王公富商们养着自己的私人乐队。音乐家也不再是四处游荡的"吟游诗人",而成了有较高社会地位的人。戏剧演出也配上了音乐,这种结合诞生了我们今日所看到的歌剧。最初,仅有少数十分富有的王公贵族负担得起"歌剧团"的费用,但随着这种娱乐越来越受人喜爱,许多城市修建起自己的剧院,意大利歌剧以及后来的德国歌剧给全体民众以无穷的欢乐,只有少数极为严格的基督徒例外,他们以极端怀疑的目光将音乐视为过分轻松愉快的东西,认为它们腐蚀了人们的心灵。

到了18世纪中叶,欧洲的音乐生活进入全面繁荣时期。这时,一个天

才音乐家脱颖而出。他的名字叫约翰·塞巴斯蒂安·巴赫,是莱比锡托马斯教堂的一名普通风琴师。巴赫为每一种知名乐器谱曲,他的创作范围囊括了喜剧歌曲、流行舞曲到最庄严的赞美诗和圣乐,为我们所有的现代音乐打下了基础。巴赫1750年去世后,莫扎特继承了他的事业,后者创作的优美动听的旋律就如同用和声和旋律编织的美妙花边。随后就是路德维希·冯·贝多芬,一位最富于悲剧色彩的人。他为我们奉献了现代交响乐,但却听不见自己伟大作品的演奏,因为他在贫寒岁月中感染上的感冒使双耳失去了听觉。

经历了法国大革命的贝多芬,对由这大革命带来的新的光辉未来充满希望,曾将自己的一首交响乐曲献给拿破仑,但这却让他抱憾终生。在他1827年去世时,拿破仑已退出历史舞台,法国大革命也云散烟消。而蒸汽机的问世,让世界充满了与梦幻般的《第三交响曲》截然不同的声音。

的确,蒸汽机、铁、煤和大型工厂组成的新秩序用不上任何艺术:绘画、雕塑、诗歌和音乐。那些艺术庇护人——中世纪和17、18世纪的教会、王公贵族及富商已无影无踪了。新兴工业世界的首脑们所受的教育有限,也过于忙碌,无暇顾及奏鸣曲、蚀刻画和牙雕,更不用说去关心创造这些艺术作品的人了——这些人似乎也对他们所居住的社会毫无实际用处。工厂中的工人整天听着他们机器的轰鸣声,丧失了对他们农民祖先的笛声和提琴调儿的欣赏力。艺术成为新工业时代的弃儿。艺术和生活完全分开。残留的绘画艺术在博物馆慢慢等死。音乐成为少数"艺术鉴赏家"的专利品,他们将它从家庭中带走转移到音乐厅去。

然而,虽然缓慢,但艺术却稳步地复元了。人们开始意识到伦勃朗、贝多芬和罗丹是真正的先知和他们民族的首领。一个没有艺术的世界如同没有笑声的托儿所。

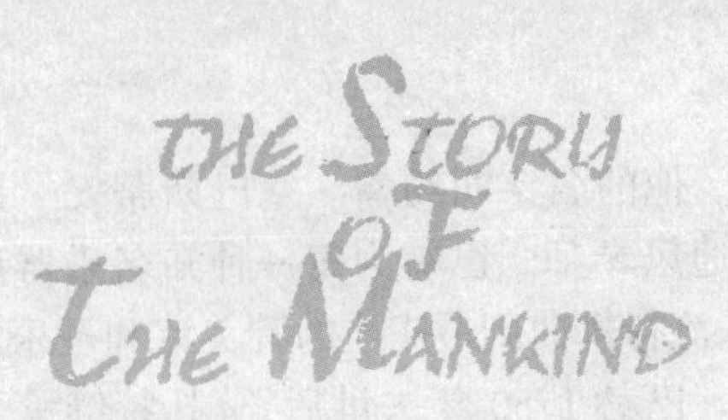

殖民扩张与战争

这一章本该为你提供大量的最近50年的政治改革信息,但事实上包含的是几点说明和几分歉意。

如果早知道写一部《世界史》会如此之难,我决不会尝试这项工作。当然如果有足够的毅力,花上六七年埋头于图书馆故纸堆里,任何人都能编纂出一部记载每个国家在每个世纪所发生的事件的大部头作品。但这不是本书的出发点。出版商要求出版的不是一本平缓推进的故事,而是节奏感强带跳跃性的历史书。

现在,在我即将要完成本书的时候,却发现某些篇章犹如天马行空,而另一些篇章却好像在久已遗忘的年代的荒凉沙漠中蹒跚跋涉,也就是说尽管有些部分已经在富于动感和浪漫色彩的爵士乐中陶醉之时,另一些部分却毫无进展。我对此颇不满意,建议将原稿毁掉,再从头开始。但出版商不让我这样做。

另一个可以解决我困难的最佳办法是,我拿着打字机打出的稿子,去找几个乐于助人的友人,请他们给我提一些有益的建议。这一办法同样令我失望。因为每个人都有他自己的成见和偏爱,他们都想知道为什么我不提及他们可爱的国家、心爱的政治家,甚至他们最喜欢的罪犯。在他们中的某些人看来,拿破仑和成吉思汗应获得最高评价。我解释说我已尽力对拿破仑保持公正的态度,但就我的评价,他远远不如乔治·华盛顿、古斯塔夫斯·瓦萨、奥古斯都、汉莫拉比或林肯及许多其他人。由于篇幅有限,我

拓荒者

只得满足于寥寥数段的描述。至于说成吉思汗，我只承认他在战役中大规模屠杀的“伟大”本领，我不打算违心为他大做宣传。

“到现在为止写得很不错嘛”，另一个批评者说，“但关于清教徒的问题呢？我们最近在庆祝他们抵达普利茅斯海岸300周年。应当多写一些他们。”我的回答是，假如我是在写一部美国史，清教徒理应占据头十二章的一半。而这是一部关于人类历史的书，普利茅斯海岸（美洲第一批移民登陆地）上发生的事，直到许多世纪之后才具备深远的国际意义。况且美国是由13个而不是一个殖民地建立起来的。我们历史头20年中的杰出领袖来自于宾夕法尼亚、弗吉尼亚、和尼维斯岛，而不是来自于马萨诸塞州。因此，用一页篇幅外加一幅特制的地图来描述清教徒就已经足够了。

随后我面对的是史前专家的质问。他以恐龙的名义责问我：为什么不对神奇的克罗马努人进行更多的描述？他们可能在10000年前就已创造了相当高级的文明。

是的，为什么不呢？理由很简单。我并不像一些著名的人类学家那样对这些早期人类的成就给予高度关注。卢梭和18世纪哲学家创造了“高贵的野蛮人”一词，假定这些人在远古时代生活在完美幸福的状态中。现代科学家舍弃了这种误为我们祖辈所喜爱的“高贵野蛮人”，代之以法兰西谷地“了不起的野蛮人”。这些“了不起的野蛮人”在35000年以前消灭了一统天下的野兽般的低额、低等的尼安德特人和其他日耳曼邻居。他们向我们展示了古石器时代欧洲大陆原始人画的大象及雕刻的人像，成为他们莫大的光荣。

我并不想说他们不对。但我固执地认为我们对那一整个时期所知甚少，极难准确地(即使勉强准确也可)对那个早期西欧社会加以描述，因而，我宁可少写一点，也不愿冒叙述错误的危险。

还有另外一些批评。这些批评直接了当地指责我不公正。我为什么抛开了像爱尔兰、保加利亚和暹罗，而把荷兰、冰岛、瑞士这些国家硬拽进来？我的回答是我并没有把任何国家硬拽进来。是由于当时局势的主流将它们推向了我，使我无法把它们排除在外。为了让大家理解我的观点，请让我阐明一下这本历史书选择主要成员的依据。

原则只有一条，那就是："所阐述的国家或人物有没有倡导了某种新思想或进行了某种开拓性的创举，以致于这些改变了整个人类历史？"这不是个人好恶问题，这是一种冷静的、近乎于数学运算般精确的判断。没有哪个民族比蒙古人在历史上起到更突出的作用。但每个民族从成就和智力进步方面来看，都不输于任何其他民族。

亚述王提克·拉特拉萨的生涯充满戏剧性的传奇色彩。但就我们所知来说，也可能根本不存在他这个人。同样，荷兰共和国的历史可能不是因为德·鲁伊特的水手在泰晤士河钓过鱼而吸引人，而是因为北海沿岸的这片泥泞沙洲为各种各样的怪人大方地提供了一个友善的避难所，而这些人对这样或那样不受欢迎的论题有着千奇百怪的看法。

事实上，即便是在繁荣的全盛期，雅典或佛罗伦萨的人口也不过是堪萨斯城的十分之一。但如果这两个地中海盆地的小城市只要有一个不曾存在过，我们的现代文明就将是完全不同的另一番景象。所以，我不可能把这个密苏里河上的繁华大都会跟它们相提并论。

既然我持的全是个人观点，请允许我陈述另一件事实。

当我们去看医生时，我们首先得弄清那是一个外科大夫、一个诊断医生、一个顺势治疗师还是一个通过祈祷治病的医生，因为我们要知道他将从哪个角度来治疗我们的疾病。我们选择历史学家时也应该像挑选医生那样谨慎行事。"好吧，历史就是历史"——我们这样认为，然后不再理会。但一个受到苏格兰的边远落后地区严格的长老会家庭教育的作者，和一个自小就被拉去听反对所有天启的魔鬼的罗伯特·英格索尔劝诫的精彩演说的邻居，对人类关系的每一个问题看法必然是不一样的。到了一定的时候，这两人都会忘记早年受到的教育，既不再去演讲厅，也不去教堂。但是，那些年月在他们身上烙下了的深刻印记，无论在写作上还是言行中总会不自觉地流露出来。

在本书的前言中，我已说过我不是个一贯正确的向导。

现在,当我们将为本书划上句号时,我再提出这一告诫。我在一个老式的自由主义环境中出生并接受教育,并在这个对达尔文的发现及其他19世纪的先驱持宽容态度的环境中成长。在童年时代,我大部分时间都与我一个叔父呆在一起。他对16世纪伟大的法国随笔作家蒙田情有独钟。由于我出生在鹿特丹,在古达城接受教育,不断接触到伊拉斯漠尔这位伟大的宽容的倡导者,他无可名状地抓住了我那颗并不宽容的心。后来,我发现了阿那托尔·法朗士;而我第一次跟英语打交道的经历来自于偶然发现的一本萨克雷的《亨利·艾斯芒德》,这是一本令我最难以忘怀的英文小说。

如果我是在偏僻的中西部美国城市出生,那我或许会对儿时在教堂听到的赞美诗怀有某种感情。偏偏我对音乐的最早记忆是母亲带我听了一下午的巴赫赋格曲。这位伟大的现代音乐大师的完美杰作对我影响至为深远,以致于我一听到祈祷会唱的日常赞美诗,就会坐立不安、苦不堪言。

然而,如果我出生在意大利,在阿尔诺山谷快乐地沐浴着温暖的阳光,我或许会喜欢上色彩灿烂、充满阳光的绘画。而现在我对此毫无感觉,因为我早期的艺术熏陶源自这样一个国度,那里在屈指可数的有限的晴天里,酷热的太阳毫不留情地炙烤着浸透雨水的大地,使一切都呈现黑白分明的景色。

我特地举出这些事例,以便让你了解本书作者的倾向,并希望你理解他的观点。

征服西部

在这简短而必要的题外话之后，让我们回到最近50年的历史上来。在这期间发生了许多事情，但似乎均不是至关重要的。绝大多数强国不再仅仅是政治上的代言人，也成为大型商业企业主。他们修铁路，开拓并资助通向世界各地的航道，用电报线把各个属地连接起来，稳步地攫取其他大陆的租借地。每一块可能的亚、非领土都被这些敌对列强国家中的某一个所攫取。法国占领了阿尔及利亚、马达加斯加、安南及东京湾而成为殖民国家。德国占有了西南和东部非洲的部分地区，在非洲西海岸的喀麦隆、新几内亚和许多太平洋的岛屿建立了殖民地；与此同时，还以几个传教士被杀作为冠冕堂皇的借口，强占了中国黄海的胶州湾。意大利企图占领阿比西尼亚（现埃塞俄比亚），结果被内格斯（埃塞俄比亚皇帝的爱称）打得落花流水，只好靠占领北非土耳其领地的黎波里聊以自慰。俄国在占领了整个西伯利亚后，又从中国夺走了亚瑟港（今旅顺）。日本于1895年的战争中击败中国，后占领了福尔摩莎（今台湾），1905年声称对朝鲜王国拥有主权。英国这个世界上最大的殖民帝国，于1883年对埃及加以“保护”，它竭尽全力担负起这一职责，并且掠取这个被忽视了的国家的巨大物质财富。因为自1868年苏伊士运河开通以来，埃及就一直陷于外国侵略的威胁之中。在随后的30年里，英国在世界各地展开一系列的殖民战争，经过3年苦战后于1902年征服了德兰士瓦和奥兰治两个自由州组成的独立的布尔共和国（今南非）。同时，它又鼓动塞希尔·罗德兹为一个巨大的非洲国奠定基础，这个国家从好望角几乎一直延伸到尼罗河口，还一个不漏地把没有欧洲主子的岛屿或省份均划归自己名下。

1885年，利用亨利·斯坦利的发现，狡猾的比利时国王利奥波德建立了刚果自由政府。这个辽阔的热带帝国原本是“君主专制国”。

然而，经过多年丑恶可耻的昏庸管理后，比利时将其吞并，于1908年将它变为殖民地，革除了那位肆无忌惮的皇帝所纵容的官僚腐败现象。这位皇帝只要能得到象牙和橡胶，根本不顾当地人的死活。

至于美国，他们拥有广阔的土地，因此没有扩张的欲望。但西班牙在她的西半球上的最后一个殖民地古巴施行暴政，这实际上迫使华盛顿政府采取行动。一场短暂而毫不起眼的战争之后，西班牙人被赶出古巴、波多黎各和菲律宾，后两个国家沦为美国的殖民地。

世界经济的这种发展是十分自然的。在英国、法国和德国等国家，由于工厂数量的急剧增加，导致原料的需要也不断增加。而同样在增加着的欧洲工人需要愈来愈多的食物供应。到处都在呼吁更多更丰富的市场，更易开采的煤矿、铁矿、橡胶种植园和油井，更多的小麦和谷物供应。欧洲大陆单纯的政治事件在人们眼里已变得无足轻重,这些人正雄心万丈地计划开通维多利亚湖的轮船航线和建设通往山东省内地的铁路。他们知道有不少欧洲问题有待解决,但他们却漠然视之,结果仅仅由于麻木和疏忽,他们的子孙后代不得不继承他们留下的一笔可怕的仇恨和痛苦遗产。

不知从何时开始,欧洲东南角落成为几个世纪叛乱和流血的场所。在19世纪七十年代,塞尔维亚、保加利亚、门的内哥罗和罗马尼亚的人民又一次试图获得自由,而土耳其(在许多西方列强的支持下)则企图加以阻止。

1876年,在保加利亚的一场极为残暴的大屠杀之后,俄国人忍无可忍。犹如麦金利总统不得不去古巴哈瓦那阻止惠勒将军的残杀一样,俄国政府出面干涉。1877年4月,俄国军队跨过多瑙河直取西普卡要塞,在攻下普列温那之后,又挥师南下,兵临君士坦丁堡城下。土耳其急忙向英国求援。不少英国人纷纷谴责他们的政府站在苏丹一边。但首相迪斯雷利决定出面干涉,他已使维多利亚女王成为印度女皇,他喜欢活泼的土耳其人,讨厌在国内残酷虐待犹太人的俄国人,决定进行武装干涉。1878年,俄国被迫签订圣斯蒂芬诺和约,而巴尔干问题就留到同年6、7月间的柏林会议上解决。

这次著名的会议完全由迪斯雷利一个人所操纵。这位机智的老头,满头的卷发擦得油光可鉴,傲慢自大却又带有一种玩世不恭的幽默感,尤其是其出色的谄媚本领,连俾斯麦都甘败下风。在柏林,这位年老的英国首相费尽心机地呵护着他的朋友——土耳其人的命运。塞尔维亚、门的内哥罗和罗马尼亚宣布为独立的王国。保加利亚公国在沙皇亚历山大二世的侄子巴登堡王子亚历山大的统治下处于半独立状态。然而,没有一个国家得到发展其实力和资源的机会,如果英国不那么用心地维护苏丹的利益,这些国家是完全可以有机会发展的。但是,苏丹的领土对大英帝国的安全十分必要,因为它们是英帝国防止俄国进一步入侵的必要的安全屏障。

更糟的是,柏林会议允许奥地利从土耳其手里接管黑塞哥维尼亚和波斯尼亚,并入哈希斯堡王朝的版图,使得整个事情更加恶化。奥地利干得很出色,这两个被忽略的省份像英国最好的殖民地一样被治理得井井有条,为众人所称道。但是,那里住着许多塞尔维亚人,早年它们属于斯蒂芬·杜山的大塞尔维亚帝国的一部分。杜山早在14世纪就帮助西欧抵御土耳其人的入侵,首都乌斯库勒在哥伦布发现新大陆一个半世纪前已经是一个文化中心。塞尔维亚人牢记他们昔日的光荣,又有谁不是这样呢?他们对出现在这两个省内的奥地利人充满仇恨,因为他们认为这是属于

他们的领土。

就是在波斯尼亚的首都萨拉热窝，奥地利皇位继承人斐迪南大公于1914年6月28被刺身亡。暗杀者是一名塞尔维亚大学生，他这样做纯粹是出于爱国动机。

这场可怕的灾难——因它虽然不是世界大战的惟一起因，但是那场战争的直接导火索——不应归咎于这位几近疯狂的塞尔维亚青年或他的奥地利牺牲者，而应追溯到著名的柏林会议的年代，那时欧洲正为建设物质文明而忙碌，无暇顾及生活于巴尔干半岛冷清角落里的一支被遗忘民族的抱负与梦想。

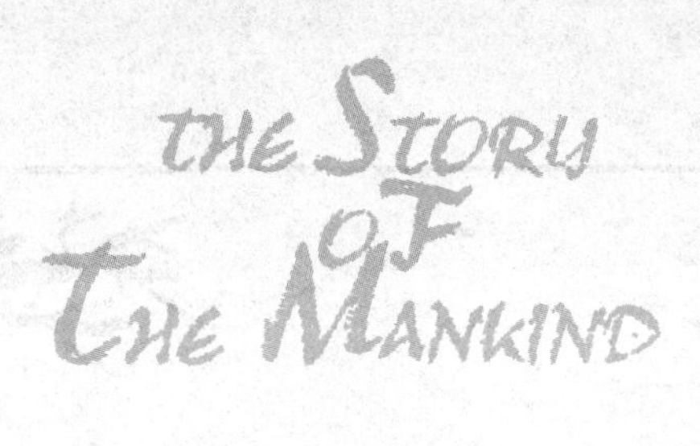

新世界的诞生

大战实际上是一次争取更美好世界的斗争

在应对法国大革命爆发负责的那些人中间有一小群正直的拥护者，而孔多塞侯爵就是其中最高尚的一位。他为不幸的穷苦大众的事业献出了生命。作为德·阿朗贝尔和狄德罗撰写著名的《百科全书》时的助手之一，在大革命的头几年，他曾是温和主义者的领袖。

国王及王党的叛国行为使极端激进分子有了可乘之机，他们控制政府并铲除异己。孔多塞的宽容、善良和坚定的平民意识使他变成了一个被怀疑的对象。他被宣布为“不受法律保护的人”，或者说是一个任凭每一个“真正爱国者”摆布的被放逐者。他的朋友愿意冒着极大的危险把他隐藏起来，但孔多塞不愿他们为他做出牺牲。他逃走了，想回到自己的家乡，或许那儿会是一处安全之地。他在外面露宿了 3 天后，衣衫褴褛，心力交瘁，只得走进一家小旅店要些食物充饥。多疑的乡下佬对他进行搜身，从他身上搜出一本拉丁诗人贺拉斯的诗集。这证明他们的俘虏出身高贵。在这个凡是受过教育的人都被看成是革命的敌人的非常时期，这种人不该无故地到处乱跑。于是他们把他绳捆索绑，塞住嘴，扔进村拘留所。第二天早上，士兵们要把他押到巴黎砍头时，天哪！他已经死了。

这个人奉献了一切却不曾得到任何回报，他有充分的理由对人类丧失信心。但他写下的几句话，在今天听来仍像 130 年前那样不失为至理名言。我把这几句话摘录如下，以飨读者。

战争

“自然赋予我们无限的希望，”他写道，“人类挣脱了锁链，正以坚定的步伐行进在真理、美德和幸福的大道上。这一美好图景使哲学家在仍旧玷污和折磨人间的谬误、罪恶和不公正中能聊以自慰。”

世界刚刚经历了一场巨痛——第一次世界大战，法国大革命与之相比，不过是一次小小的偶然事件。这场大战给予人们以沉重的打击，扑灭了上百万人心中的希望之火。他们日夜唱着歌颂进步的赞美诗，却不曾想到，为和平而作的祈祷，换来的却是4年的残杀。他们问道：“为这些尚未超越早期洞穴人阶段的人类拼命工作是否值得？”

只有一个回答：

“值得”！

世界大战是一场可怕的灾难。但它并不代表着世界的末日，相反，它导致了新时代的到来。

写一部希腊、罗马史或中世纪史是很容易的。在那个早已被人遗忘的舞台上，扮演角色的人都已化为一抔黄土或一缕轻烟了，我们可以冷静地对他们加以评判。朝他们欢呼的观众也已散去，我们的指责也不会对他们的感情有任何伤害。

可是，要对现代发生的事件作出真实的评述却很困难。和我们一同生活的人所面临的思想问题也是我们自己的问题。这些问题不是叫我们欣喜，就是叫我们悲伤。当我们在书写历史而不是做鼓动宣传时，我们必须公正地描写那些伤害我们特深或令我们异常欣喜的事。无论如何，我还是要努力告诉你我为什么同意可怜的孔多塞对美好未来所表达的坚定信念。

过去，我经常提醒你们注意这种划分法所造成的错误印象。我们把人类的历史分成四个部分：古代、中世纪、文艺复兴运动和宗教改革运动以及现代。这最后一个称谓最是含混不清。“现代”这个暧昧的词暗示我们这些20世纪的人已达到人类成就的巅峰。半个世纪前，以格拉斯通为代表的英国自由主义者认为，真正代议制民主政府的问题已由于第二次大“改革方案”一劳永逸地解决了，因为这个法案使工人在政府中享有与雇佣他们的雇主同等的权力。当迪斯雷利及他的保守派朋友批评这是危险的举动时，自由党人回答说“不是”。他们坚信自己的事业，固执地认为此后社会各阶层会携手把他们的共同国家引向成功之路。自那以后发生了许多事情，那些还在世的自由主义者开始明白他们所犯的错误。

任何历史问题都不可能有一个明确的答案。

每一代都必须重新去奋斗，不然就会像那些进化迟缓的史前动物一样永远地消失。

如果你们一旦理解了这一伟大的真理，你就会获得更开阔的人生新视野。然后不妨再往前跨一步，想像到了10000年后，你处在你的后代的位置时的情况，他们也将学习历史。那时，他们又将对记录下了我们的所作所为的思想的短短的4000年历史有什么想法呢？他们可能会把拿破仑当作亚述的征服者提克·拉特拉萨的同时代人，或许会把他和成吉思汗或马其顿的亚历山大混为一谈。刚刚拉上帷幕的第一次世界大战会被他们当作罗马和迦太基之间的长期的商业上的冲突，当时双方为争夺地中海霸权曾展开长达128年的战争。19世纪巴尔干半岛上的骚乱（塞尔维亚、希腊、保加利亚和门的内哥罗为争取自由而进行的斗争）在他们看来那只是“大迁徙”造成的混乱状况的继续。他们看着不久前被德国大炮毁坏的兰兹教堂的照片，就如同我们看250年前被威尼斯和土耳其之间一场战争所摧毁的希腊卫城一样。他们将把在许多人中普遍存在的对死亡的恐惧看成是幼稚的迷信，这在直至1692年还在把巫婆处以火刑的某个种族中，也许视为极自然。甚至让今天的人们引以为豪的医院、实验室和我们的手术室也会被他们看成是稍加改进的炼丹术士和中世纪外科医生的工作室。

造成这一切的原因再简单不过——我们这些现代男女并不“现代”。相反，我们依然属于穴居人的最后几代。新时代基础只是在不久前才奠定的。只有当人类敢于对一切产生疑问，只有当人类敢于质疑一切并能在“知识”和“理解”的基础上创造出一个更理性更现实的人类社会时，人类才能真正地获得文明化的机遇，而世界大战正是催生这个文明新世界的阵痛。

在将来一段较长时期里，人们会写出一本又一本的书籍，振振有词地声称这个或那个人导致了这场战争。社会主义者会纷纷著书，谴责“资本家”为

"商业利益"而发动了这场战争。资本家将回答说,这场战争他们首先是受害者——他们的子女最先奔赴战场并战死,他们还会证明各国银行家如何竭尽全力阻止爆发敌对行动。法国历史学家将历数德国从查理曼时期直到霍亨索伦家族的威廉时期的暴行,而德国史学家也会以牙还牙,罗列出法国从查理曼时期到普恩加莱时期的种种罪状。然后他们自以为是地做出结论,说另一方是"战争的罪魁祸首"。各国已故和在世的政治家纷纷著述,自圆其说地说他们如何尽力防止战争爆发,而那邪恶的对手又是如何迫使他们卷入了战争。

今后的100年间,历史学家不会理会那些道歉和辩白,他们会懂得真正的内在原因,他明白个人的野心、邪恶与贪婪与最后的战争爆发关系不大。导致这一切灾难的根源在于科学家们开始制造出一个钢铁、化学、电力的新世界,却忘了人类的意识比谚语中那个闻名的树懒还要懒惰,比乌龟还要迟缓,跟随一小撮胆大妄为的领导后面从100年走到300年。

正如穿长袍的祖鲁人仍然是祖鲁人,一只受过专门训练的狗会抽烟和骑自行车,也仍然是一只狗。带着16世纪商人思维开着1921年的劳斯莱斯轿车的生意人,仍旧是只有16世纪商人思维的人。

如果你一开始不明白这点,不妨多读几遍,你就会明白,最近6年来为什么发生了这么多事情。

也许我应给你举出另一个更熟悉的例子来说明我的意思。在电影院,幽默与诙谐的话语常在银幕上出现。下次你有机会不妨观察一下观众的反应。有几位似乎完全对其意思心领神会。其他一些人则较为缓慢一些,还有一些人需要花上二三十秒钟。最后就是那些勉强能识几个字的人,他们在反应快的人开始破译下一段话时才刚弄懂前面那一段话的真正含意。我将要向你们说明的是,人类生活也正是如此。

在前面的章节中,我曾指出罗马最后一个皇帝去世整整1000年后,罗马帝国的概念依然并未随之消失。这使得一大批"帝国复制品"得以诞生。它使罗马主教有机会自封为整个教会的领袖,因为他们代表罗马教廷最高权力这一理念。它驱使一拨本无意害人的野蛮部落酋长去犯罪,去无休止地开战,因为他们被这个富有魔力的"罗马"一词迷住了心窍。所有这些人:教皇、皇帝和普通士兵与你、我,都没有多大差异,只不过他们生活在罗马传统至关重要的世界里,这个传统是某种水不磨灭的东西,父亲、儿子、孙子对它都记忆犹新。这些忠诚的子民为了一种今天很难寻觅的无可取代的事业而斗争,直至献出生命。

在前面另一章中,我还讲到,在宗教改革开始一个多世纪以后,宗教战争爆发了。如果你将"三十年战争"所在章节与"科学时代"那一章作一番比较，你会发现那场血腥的大屠杀发生之际，第一台笨拙的蒸汽机已在德国和英国一些科学家的实验室里噗噗喷着热气。但世界上大多数人对这种模样古怪的新玩艺儿不感兴趣，继续开展如今只会令人打哈欠但不会引发愤怒情绪的神学讨论。

事情就是这样。从现在起1000年后，历史学家将会用同样的语言来描述已经过去的19世纪的欧洲。他将会看到，人们如何热衷于残酷的民族斗争的时候而他们周围的实验室全是一些对政治毫不关心的人，这些人只要能揭开自然界的无穷奥秘，政治对他们毫不相干。

你会慢慢理解我的意图。仅仅在二三十年里，科学家、化学家和工程师就使他们的大型机器、电报、飞机和煤焦油产品充斥了欧洲、美洲和亚洲。他们创造了一个让时间和空间变得无足轻重的全新的世界。他们发明新的产品并降低价格，使人人都买得起。我前面曾谈到过这些，但我认为值得在这里重复一下。

为了让不断增加的工厂开工，那些业已成为国家统治者的工厂主需要原材料和煤炭，尤其是煤炭。同时，大多数人仍旧在16、17世纪的思维方式上徘徊，死抱住国家即王朝或政治团体这一陈腐观点不放。当这个僵化的中世纪机构突然间要应时代要求去处理机械、工业世界的高度现代化问题时，它只好根据几个世纪前定下的陈规旧习尽力而为。各国创建了庞大的陆军、海军，用来夺取远方的土地。哪儿还剩下一小块土地，哪儿就会出现英、法、德、俄国殖民地。假如当地人奋起反抗，就会惨遭屠杀。多数情况下，他们如果不反抗，不骚扰钻石矿、煤矿、油矿、金矿或橡胶种植园，就能过上安宁日子，并且还能从外国人的占领中捞到不少好处。

有时，正巧寻找原料的两个国家同时垂涎于同一块土地，于是便导致了战争。这种事发生在15年前，俄国人和日本人为争夺一块属于中国人民的土地而大打出手。然而这样的冲突只是个例外。没人愿意打仗。事实上，对于20世纪初期的人们来说，把军队、战舰、潜艇混在一起作战的念头似乎很荒唐。暴力在他们看来只限于把独裁君权和勾心斗角的王朝联系到一起。每天他们在报刊上看到的是各种新奇的发明创造，看到英国、美国、德国的科学家们通力合作，以求得航空和医学领域的进步。他们终日忙碌在商业和工业的世界，只有极少数人注意到国家制度发展(抱有某种共同理想的人类大社团)已落后了好几百年。他们试图提醒其他人，但那些人正忙于自己的事务。

我已举了过多的比喻，但请容许我再举一例。埃及、罗马、希腊、威尼

斯和17世纪商业冒险家们的“国家之舟”（这个古老而可信的称谓总是那么新鲜而生动形象）是一条坚固无比的船，由经过良好干燥处理的木头造成，船长们既了解船员，也了解船，并且对祖先传下来的导航术的局限性了如指掌。

接下来是钢铁和机械的新时代。先是这只老船的一部分，然后是整只船都作了改进。蒸汽机取代了船帆。船的容积大为扩大。客舱的生活条件得到改善，但更多的人要下到锅炉舱去。尽管工作较为安全，报酬也很优厚，但船员们对这项工作跟过去给船装配桅帆及索具的危险工作一样，并不那么喜欢。后来，古老的木制方形船逐渐改变为新式远洋轮船。但船长和海员没有任何改变。他们仍照一个世纪前的方式被指定或推举上来。他们学习的仍是15世纪海员们所学的那一套陈旧的航海体制。他们船舱挂着与路易十四和路德里希大帝时代一样的航海图和信号旗。这虽然不是他们自己的过错，但他们已经完全无法胜任这项工作。

国际政治的海洋并不太辽阔。当那些皇家的和殖民地的海轮开始在海洋中互相角逐时，就注定要发生事故，而且也确实发生了。如果有谁敢于冒险穿过那一片水域，他会看见失事的船骸。

这个故事的道理简单明了。世界迫切需要那些能担当起新的领导职责的人才，他们具有胆识和远见，能清楚地认识到，我们仅仅在航程的起点，需要认真地学习一整套新式航海术。

他们还必需当多年的学徒，要与可能遇到的各种阻挠和反对势力斗争。当他们登上驾驶台时，心怀妒忌的水手可能会哗变，把他们杀死并扔进大海。但是总有那么一天，会有一个人脱颖而出，把“国家之舟”安全地带进港口，他将成为时代的英雄。

第63章 继往开来

赠言

“我越对我们生活中的各种问题深入思考，就越坚信我们应该选择‘讽刺’和‘怜悯’来做我们的陪审员和法官，就像古代埃及人为他们的死者呼唤伊西斯和内芙获丝两位女神一样。”

“‘讽刺’和‘怜悯’都是很好的人生顾问。前者用她的笑声使人生充满愉悦，后者用她的眼泪使生活变得圣洁。”

“我祈求的‘讽刺’并非残忍的女神。她既不嘲弄爱情也不讥笑美丽。她温柔善良。她的笑声消除了我们的怒气。是她教会我们嘲笑恶棍和傻瓜，假如没有她，我们对那些家伙就敢怒而不敢言。”

我引用一个伟大的法国人（法朗士）的智慧话语给读者作为临别赠言。

房　龙

于纽约巴罗街8号

1921年6月26日

星期六

第64章

七年后

《凡尔赛条约》是在刺刀的逼迫下签订的。弗塞格上校的发明创造不管在肉搏战中如何实用,但作为和平手段,没有人会认为它是一种成功之举。

更糟糕的是,掌握这种致命武器的都是一些老人。一群青年人相互厮打是一回事,他们在愤怒的驱使下相互斗殴。而一旦被压抑的愤怒发泄出来,他们就又能心平气和地回到日常生活中去,不再对刚才还是敌人的那些人怀有个人的深仇大恨。然而,围坐在绿色会议桌旁的是一群胡子刮得干干净净的老人,他们因自己的野心受挫而窝了满腔无名之火,由他们来处置束手就擒的对手就是另外一回事了,特别是,后者在获得全面胜利的辉煌时期可以置任何法律和国际礼仪准则于不顾。

遇上这种情况,我们就只有祈求上帝保佑了。

可是,在此之前的4年间,仁慈的上帝一直遭到肆无忌惮的诋毁,现在他没有心情向他的子民伸出怜悯的援手,他们也不配得到这种仁慈。

唉,他们一手造成了这场大屠杀,就让他们自己去想出最好的解决方法对这些难题作个了断吧!

这个"最好方法"究竟是什么呢?这,我们在那时起就有幸领教过了。最近这7年的历史简直是对卑鄙无耻、贪婪暴戾、鼠目寸光的卑劣行为的不断翻版——一个无耻而愚蠢的时代,乃至在人类愚蠢史上也堪称是登峰造极的(如果允许我这么说的话)。

对于这场毁坏欧洲文明并且将毫无准备的美国人推举到人类领导地位的大混乱,公元2500年的人们将会如何看待,我们自然无从得知。然而,这些国家成为高度组织化商业团体后所发生的事,难免会让一些人得出这样的结论,即两个相互对立的大商业团体中间的某种冲突不但不可避免,而且早晚会爆发。明白地讲,英国人认为:德国已对英帝国的繁荣构成威胁,因而决不能再容许他们以世界各种需要的供应者而获得进一步的发展了。

亲历过这场战争的人们发现,当时就历史的本来面目来评价近10年所发生的事件是一件颇为困难的事。然而7年之后,今天的我们应该有可能在不惊动和平的友邻的情况下,得出几个比较公平明确的结论。

最近500年的历史是一部真正庞大的战争史,记载了所谓的"列强"与打算夺取他们的幸运地位和取代他们成为海上霸主的国家之间的纷争。西班牙人踏过意大利商业共和国与葡萄牙的死尸登上了称霸的顶峰。在西班牙刚刚建立起威名赫赫的日不落(出于地理或诚实的原因)帝国时,荷兰就企图抢夺它的财富。由于两国领土的面积差异,荷兰共和国赢得了这场并不体面的争斗。

然而,荷兰正在庆祝能带来巨大直接利润的刚刚到手的那部分领土时,法国和英国半路杀将进来,将荷兰人的胜利果实一抢而光。英法做到这点后,又为分赃互相厮杀起来。经过长期代价高昂的争斗,英国胜出。此后,英国统治这个世界达一个世纪之久。它不能容忍任何对手存在。不自量力的小国被其踩于脚下,对难以用一国之力战胜的某些大国,就采用神秘的政治联盟与其对峙,这就是英国那些善于玩弄外交政治阴谋的统治者惯用的秘密武器。

就这些早已为人熟知的经济发展来看(在小学历史书中有翔实的记载),德国统治者在20世纪前20年里奉行的对待英国的政策就显得非常幼稚。一些人声称德皇应为此受到谴责,他们的说法很值得我们注意。威廉二世是个诚实的人,能力有限,性好自哄自瞒。在那些生来就处于高位的人们中间,这种奇特的自欺是十分常见的事。由于总是带着帝国的优越感高高在上地俯视世界,他们自然就与人类普遍的发展趋势失掉了联系。有一点可以十分肯定,那就是威廉二世为讨好英国人所作出的努力任何人都无法与之相比,并且没有一个外国人同他一样可悲地失败于不了解英国人的真正本性。

在北海对岸的那个奇特岛屿国家因贸易而生,由贸易而成,并且为贸易而战。那些不干涉英国商业的国家即使并非真正的朋友,至少可归于

"可容忍的陌生人"这一范畴。但是那些对帝国霸权形成威胁的国家,不管距离多远,都是英国的死敌,一旦机会来临,就坚决地予以消灭。无论亲英的德国皇帝作了多少漂亮的演说,无论他怎样露骨地显示自己的善意和友谊,都不能让英国人忘掉德国人是他们最危险的竞争对手。他们总有一天会把其廉价的商品倾销到世界各个开化或未开化地区。

这仅仅是问题的一个方面,当然也是最重要的一个方面,但仅此还不足以导致这场以大屠杀为特点的战争。

在铁路、电报问世以前的幸福日子里,每个国家在不同程度上都是一个坚实的独立实体,并以大象推马戏车的坚定信心从事自已的事业。两国之间为争夺商业霸权而引起的争端,也是逐渐发展起来的,老谋深算的旧派外交家在使冲突局部化上非常成功。然而不幸的是,在1914年,整个世界已经变成了一个巨大的国际车间。阿根廷的罢工有可能给柏林带来痛苦;伦敦某种原材料价格的上涨会使从未听说过泰晤士河上这座大城市存在的千千万万的在苦难中挣扎的中国劳工雪上加霜;德国三流大学的无名的编外讲师的发明常迫使智利多家银行倒闭;古老的瑞典哥德堡某家商行的管理不善竟能使澳大利亚成百上千的儿童失去上大学的机会。

当然,并不是一切国家都达到工业发展的同一水平,有些国家还完完全全是农业国,有的则刚刚从差不多是中世纪的封建时期中解放出来。但在他们的工业化邻国看来,他们也有拉拢结盟的价值。因为这些国家几乎都拥有用之不竭的人力资源。要说当炮灰,俄国农民是无人与之匹敌的。

怎样并以何种方式能把所有这些不同的互相冲突的利益组织在一个庞大的国家联合体内,为何他们同意连续四年多为共同的目标而战斗——这些问题我们最好留给后代去解决。在对那些把欧洲大陆变成巨大的屠宰场的误入歧途的"爱国者"进行审判之前,人们更应比今天了解更多的关于一战前的情况。

在公元1926年8月盛夏的酷热里,我们所希望做的就是注意这样一个明显的事实——这个事实差不多无一例外地被那些自称为历史学家的人所忽视,即这场以世界大战形式出现的欧洲大冲突最后却以世界革命形式而告终,并且它并不意味着正常事物发展的短暂停滞(像最近3个世纪来的一切战争一样),而是标志着一个全新的社会、经济时代的开始。那些促成《凡尔赛和约》签订的老人们都是自己所处环境的产物,因而他们很难认识到这一点。

他们想的、说的和做的都依据过去时代的老方法。

这也许就是为何他们的努力被证明是造成全人类灾难的原因。

然而,但是还有另外一种导致了这场为了弱小国家的民主和权利而进行的战争所造成的灾难性结局,因为美国参战太晚而没能避免。

由于美国人民认为自己被三千多海里的大洋安全地护卫着,所以从不曾对外国政治产生过什么兴趣。威尔逊总统的大多数同胞已习惯于用口号、字幕和标题的形式来考虑问题,对欧洲(及世界各地)近 2000 年的历史从不了解也不想去了解,因而只能从二手历史资料中去对世界作一个模糊的了解。当美国人得知某些德国陆军和海军将领制造的惨绝人寰的暴行后,盟国的宣传鼓动家便毫不费力地让他们的美国朋友看到,这场战争是正义和邪恶之间的较量、白种人和黑种人之间的冲突、盎格鲁一撒克逊民族的自由天使和条顿的独裁恶魔之间的生死对决。心地善良和好感情用事的美国人(所以有容易冲动和残酷的极端主义倾向)因此认为,如果他们对这场战争袖手旁观,就有损他们大丈夫豪气所包括的美德和体面。于是,一股如十字军东征似的狂热浪潮席卷了全国。庞大的美国工业机器开始缓慢而有节奏地运转起来。不久,200 万士兵匆匆奔向欧洲战场,去阻止难以容忍的德国佬的丑恶行径。这上百万严肃热情的青年必然要重新评价他们的战争思想,以便让所有美国人理解。于是就出现了"结束战争的战争"的口号,产生了国际正义新十诫——威尔逊总统著名的十四点,迸发了争取小国家独立自主权的热情,产生了"让世界安全地向民主制过度"的热切愿望。

在鲍尔福、普恩加来和丘吉尔之流看来(且不提旧俄国政体中被流放的领导人),这些话纯属反叛言论。如果他们的国人也一边游行一边高喊这类口号,就可能立刻会被抓去枪决。然而,对 200 万人的司令官,对所有世界财富的守护者,他们不得不毕恭毕敬地听从。因此,欧洲各国领导在战争的最后一年半里为某种共同理想而斗争。而这种理想与现在克里姆林宫城墙上发出的荒谬的有关经济革新的叫嚷一样毫无用处。德国人听到他们惧怕的美国对头的合理说法后喜不自胜,于是将他们的皇帝扔到海里,将国名从"帝国"改为"共和国",用红帽章作装饰,唱着流行的《国际兄弟情》开始了著名的莱茵河大撤退。一见此景,盟国首领急匆匆扔掉愚蠢而令人难堪的美国理想,作好签订和平条约的准备,这些条约理所当然地更遵守"让败者痛苦"的原则。自从人类的洞穴时代以来,这已是公认的对有组织的激烈冲突的最合理裁决。

假如威尔逊总统亲自参加 1919 年的外交谈判,欧洲列强的任务就简单多了。如果他呆在家里,他们会根据他们自己对正义与非正义的理解来拟定和平计划。但在美国人眼里,他们是大错特错的。但不管如何,那些结

论都是某种思想的真实表述。然而，现在美国理想同欧洲理想可怕地交织在一起(从未混为一谈)，因而从未切实地解决过任何问题，盟国的每个成员都感到不满，结果和平比战争的代价更为高昂。

《凡尔赛和约》所造成的混乱起了推波助澜作用的还有另一个因素。威尔逊总统本身是半独立国家联邦的首领，他想组成一个世界大联邦。这种事在美洲大陆已成为可能。一百多年来，这种体制给不断增加的主权州带来一定程度的政治自由与经济繁荣，使美国成了地球上最繁荣昌盛的国家。欧洲人民为什么不能从宾夕法尼亚、弗吉尼亚和马萨诸塞州在1776年认真考虑的事中吸取教训呢？

为什么不这样？

因此，当威尔逊总统阐述他的国际联邦计划时，盟国领导人便只有洗耳恭听的份，他们被环境压力所逼迫，甚至对于将“世界联邦”列入和平条款不敢提出任何异议。但是，一俟总统的船刚一起锚驶向西半球时，他们就将这个伟大总统的伟大计划抛在一边，又回到秘密条款中去实践成立私下联盟这种古老的外交思想。

同时，美国自身也对“联邦国”产生了一种厌恶之情。当然，在威尔逊的很多同时代人眼里，大可简单地将这种美国态度的转变归咎于他的某种个性，但还有其他更微妙的力量也发挥了作用。

首先，大量参战的士兵回到家乡。这些人对欧洲情况有切身体会，并不急于和欧洲继续保持最后两年的亲密关系。其次，所有美国人开始从战争的狂热中清醒过来，不必再为自己儿女的生命担惊受怕，并能冷静下来思考问题了。传统的对欧洲的不信任情绪又重占上风。不久，乔治·华盛顿对“纠缠不清的联邦”的不祥警告，明显地又像一个世纪以前那样在1918年的人们的耳边回响。

终于，历经两年的游行、四分钟演讲和出租自由以后，人们又心情愉快地埋头于有利可图的日常经营上去。

总之，对于送到欧洲大门口的“联邦国”这个婴儿遭到自己的精神之母的拒绝，威尔逊总统不免感到意外。尽管这孩子侥幸没有死去，只是活得极为虚弱，甚至半死不活，成为一个骨瘦如柴的畸形儿，产生不了任何决定性的影响。偶尔他也大声嚷嚷几句，徒劳地挥两下顽皮的手指，而激怒的仅仅是他的朋友。

我们再一次面临不祥的、历史性的“如果”。

“如果‘联邦国’真能把整个文明世界变成一个成功的世界联邦组织……”

我说不清楚,但即便在最有利的情况下,威尔逊总统成功的希望也是极其渺茫的。

我们现在已开始明白,与其说这是一场战争,毋宁说是一场革命,这场革命的胜利果实被谁也未曾料到的第三方夺去了,“他”就是詹姆斯·瓦特的“孙子”,也就是越来越广泛地替代人类工作的“机器”。

起初,蒸汽机就像它的小弟弟电机一样,对文明人类大家庭来说是一个令人欣喜的发明,因为在某种程度上它不但是一个自觉的奴隶,而且大大减轻了人畜的重负。

很明显,这个毫无生命的东西是个狡猾透顶的恶魔,而暂时中断了人类一切正常生活的战争使这个新鲜的钢铁伙计有机会去奴役那些其实应是他的主人的人。

常有一些有远见的科学家推测,这个并不那么俯首帖耳的奴仆将成为人类的敌人。可是当这样的预言家刚说出第一声预言时,他就立刻被指责为社会的死敌、十足的布尔什维克和激进的危险分子。他最好闭上嘴巴,否则有他的苦头吃!发动这场战争的政治家和外交家们忙于制订合适的和平条约,在他们进行这一神圣工作时,是不能受到任何干扰的。很不幸的,这些大人物对主宰我们机械工业社会的自然科学和政治经济学基本原则一窍不通,他们与我所能想到的一切别的人一样,不适合处理极其复杂的现代问题。巴黎的全权代表们莫不如此。他们聚集在“机器”的阴影中,大谈一个被“机器”统治的世界,却根本忽视了这个冰冷的伙计的存在;他们直到最后还在用18世纪而不是20世纪思维的词语和符号进行谈判。结果可想而知。1719年的思维方式是难以促进1919年的繁荣的。但日益明显的是,这正是凡尔赛的老人们的所做所为。

我们可以看到,这个世界已走上无节制的仇恨和非理性的老路。

一个新的狂妄荒谬的民族主义作为历史上少见的例子,或许还有点价值。但是,在一个煤、石油、水力和大规模信贷控制的世界里,则是很难永久地生存下去的。一个大陆被人为地划出边境,如同小孩子随便绘的地图,这显然并不符合现代文明的迫切需要。一个庞大的兵营,身着黄色、绿色与紫色军服(有点像其神秘的祖先的化妆)的人,对我们现代社会而言,这些人还不如在地下室廉价商店工作的出纳员有用。

这听起来好像是对这种事态的无情谴责。而我们欧洲千百万真诚的爱国者对这类事却充满了感激与骄傲之情。

遗憾的是,除非欧洲政治家心甘情愿地将问题交给拥有现代观念的人去解决,否则任何所谓的改善都难以持久,甚至还会使在深切痛苦中挣

扎的人们投靠类似布尔什维主义和法西斯主义所提供的万能灵药。

顺便说一句，这番表白将对当今一切政治发展中最危险和最可悲的事作出解释，即欧美人民之间日益高涨的相互厌恶之情。因为我努力为所有民族的孩子而不仅仅为幸运生长在大西洋和太平洋中间的那块土地上的孩子写作，这种明目张胆的挥舞星条旗的作法也许会被认为值得怀疑的表现。然而，是直言不讳的时候了。我甘愿冒着被人误解为彻头彻尾的爱国者(爱国主义是我最不愿意追求的荣誉)的危险，也要大声说出自己的观点。

我从没有说过美国的男人与女人要比其旧世界的同类们更优秀。

但所幸的是，他们没有太多的历史包袱，因而要比任何其他民族更能用开放、发展的眼光来看待当今的种种问题。结果是，他们毫无拒绝地接受了现代社会，接受了它的所有美好和丑陋。他们很快想出了一种"变通之法"，让人们与他没有生命的"仆人"可以和平相处、彼此尊重。这个在机械上取得最大成就的国家成了第一个迫使"机器"能遵守上述条款的国家，这听上去有点像天方夜谭，但却是百分之百的事实。为了做到这一点，大量古老的压舱物被美国人忍痛扔进海中，抛弃了200年乃至2000年前的曾有益于人类进步的思想、偏见和理想，因为在今天所有这些还不如公共马车和西洋镜更有实用价值。在我来看，除了德国、英国、西班牙以及只有上帝知道叫什么国家的人们也同样做，否则，欧洲无任何希望可言。

在这一章里，我很乐意滔滔不绝、义正辞严地痛斥洛迪诺的成果，还有法国小城市政治家们的愚蠢作为，后者始终不明白路易十四与拿破仑时代早已同石器时代有着天壤之别。然而这样做不过是徒费精力和笔墨。

在过去十年中发生的遍布世界的灾难(世界大战加快了历史进程，但决不是这场血腥屠杀造成的)，其实应归于整个世界经济和社会结构的根本变化。可是，依然沉浸在旧日幻梦中的欧洲不愿意也不能认识到这一点。

《凡尔赛条约》是旧体制的一次垂死挣扎，是妄图阻碍不可阻挡的现代化进程的最后一个堡垒。8年尚未过去，它已变成被废除的陈迹。在18世纪它也许还是国家管理的上乘之作，但今天难说还有没有万分之一的人再愿意劳神去读它，因为20世纪被某种无视政治界限的经济、工业原则控制着，并不可逆转地把整个世界变成了一个单一的巨大的和繁荣的工厂，无论其中哪一个国家使用何种语言，是何种族，有着怎样灿烂辉煌的历史。

这个大工厂将走向何方，人和机器之间明智且心甘情愿的合作会发展成怎样的一种文明形式，我无法预知，也无关紧要。

世界在不断地变化，人类也已经不是首次面对这样的危机。

我们遥远与近期的祖先都面对过这种危机。

毫无疑问，我们的子孙后代也将如此。

对我们今天的人来说，惟一严肃的问题就是如何沿着经济路线重新安排世界，而不是依照过时的政治路线去做这件事。

7年前，枪炮声震聋了我们的耳朵，探照灯的强光晕眩了我们的眼睛，我们曾为这场大动荡将把我们引向何方而感到困惑和茫然。

那时候，不管哪一个好像能够带我们回到1914年愉快时光的德高望重的人都会被推荐为领袖，得到我们衷心的拥护。

而今，我们的内心像明镜一般透亮。

很多人曾心安理得的生活在安逸的旧世界中直到战争爆发，而今我们才明白，这个一去不复返的旧世界其实在数十年前就已成了一片废墟。

这并不意味着我们对前面的道路有多大的把握。在多数情况下，在找到正确方向以前，我们总难免要走许多弯路。但很快我们就会学到重要的一课——未来永远属于活着的人，让死者安息吧！

漫画年表

（公元前50万年—公元1922年）

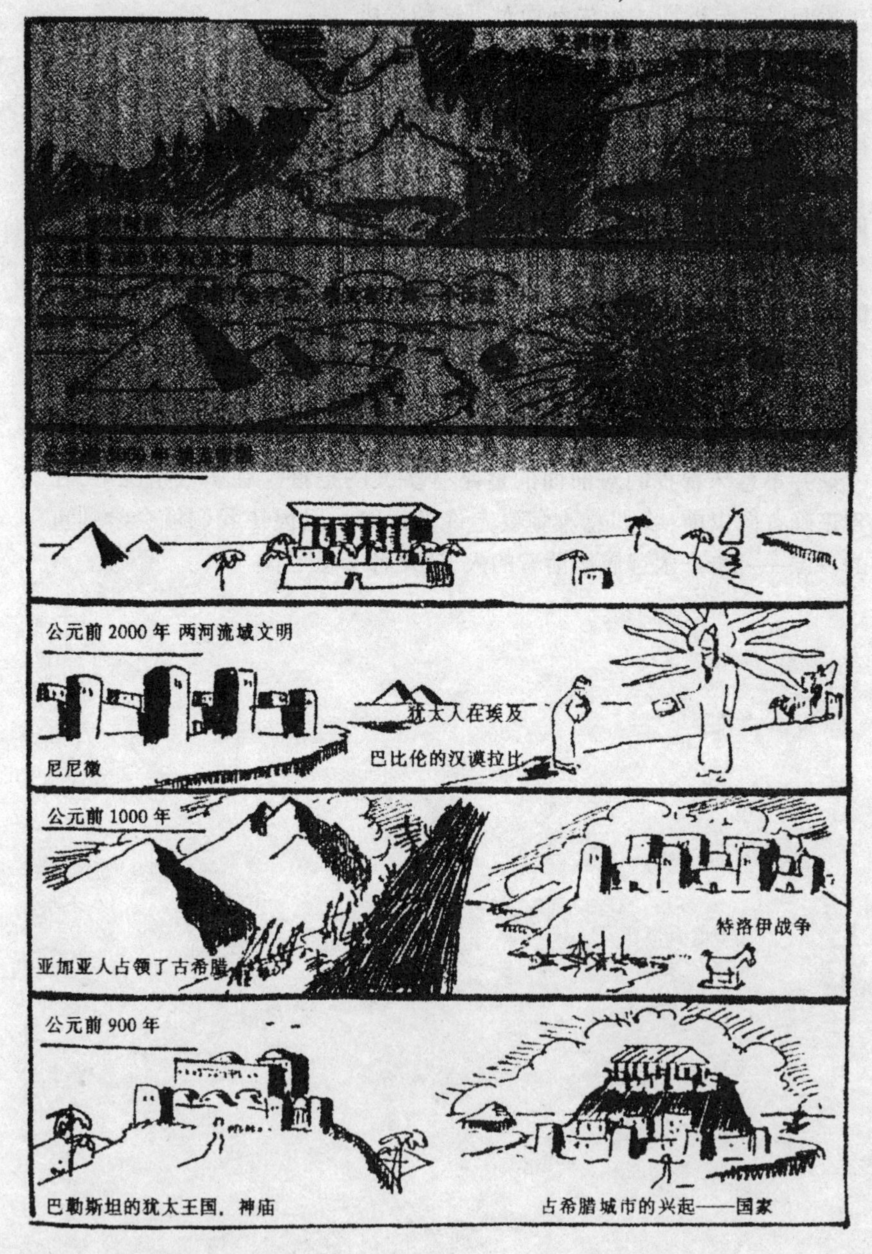

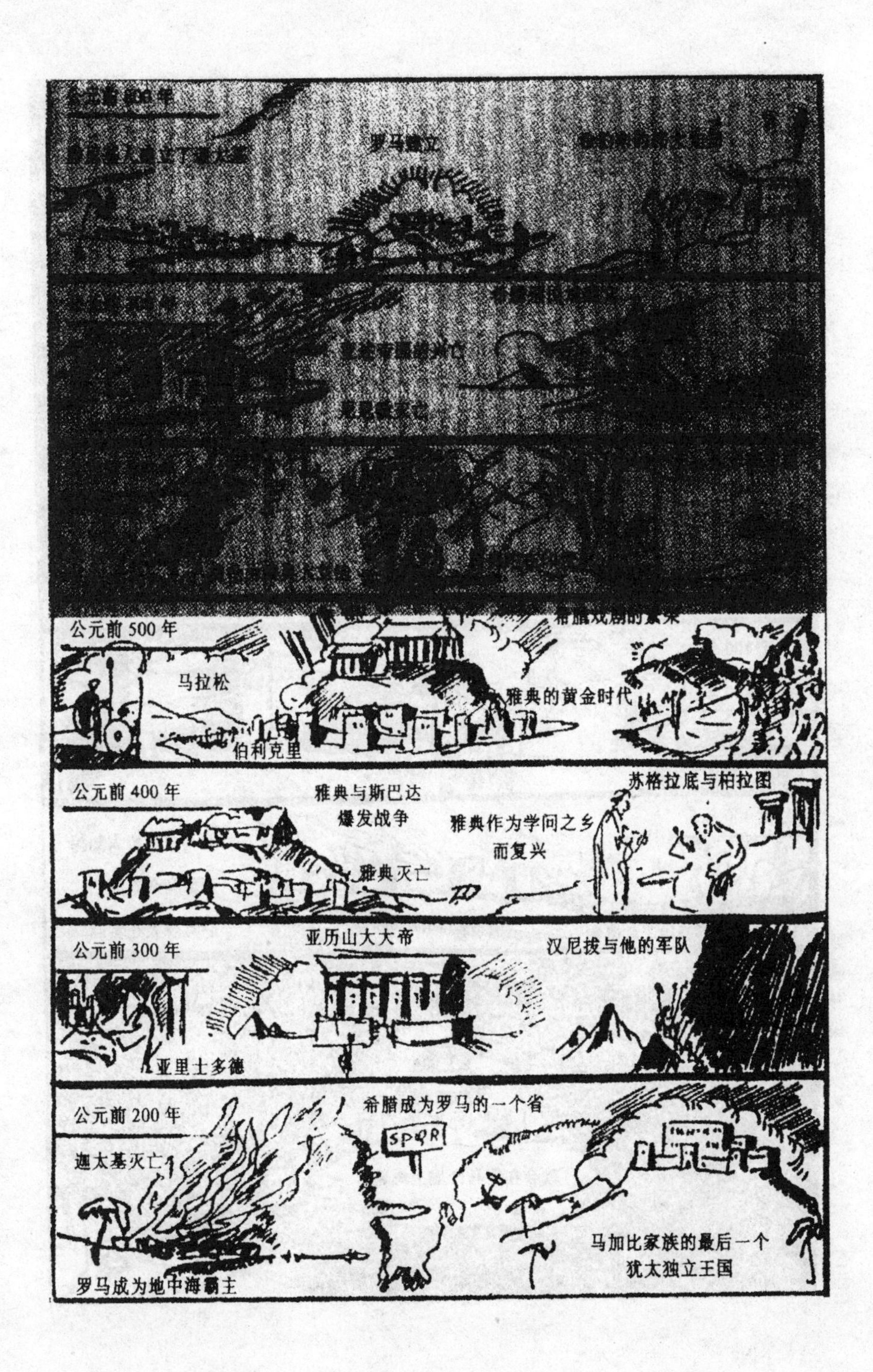

罗马建立
希腊戏剧的繁荣
公元前 500 年
马拉松
雅典的黄金时代
伯利克里
公元前 400 年
雅典与斯巴达
爆发战争
苏格拉底与柏拉图
雅典作为学问之乡
而复兴
雅典灭亡
公元前 300 年
亚历山大大帝
汉尼拔与他的军队
亚里士多德
公元前 200 年
希腊成为罗马的一个省
SPQR
迦太基灭亡
马加比家族的最后一个
犹太独立王国
罗马成为地中海霸主

罗马帝国统治着世界
斯多葛派哲学
公元200年
公元300年
蛮族入侵罗马帝国
公元400年
罗马被哥特人劫掠
西罗马帝国灭亡
萨克森人在英国
圣奥古斯丁
开始了教皇制
教会在罗马废墟上崛起
穆罕默德

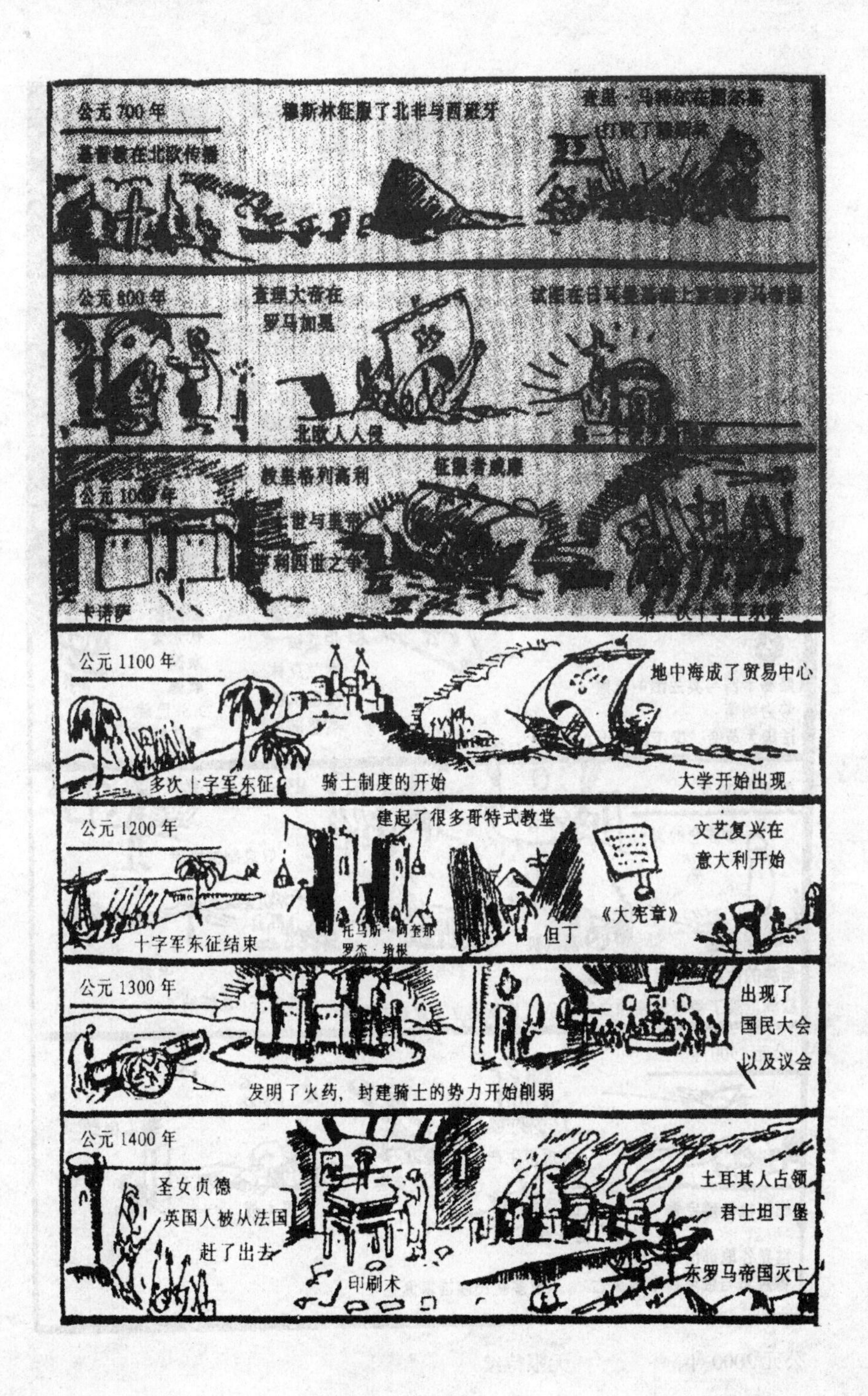
公元 700 年
穆斯林征服了北非与西班牙
基督教在北欧传播
公元 800 年
查理大帝在
罗马加冕
北欧人入侵
教皇格列高利
征服者威廉
卡诺萨
公元 1100 年
地中海成了贸易中心
多次十字军东征
骑士制度的开始
大学开始出现
公元 1200 年
建起了很多哥特式教堂
文艺复兴在
意大利开始
《大宪章》
十字军东征结束
托马斯·阿奎那
罗杰·培根
但丁
公元 1300 年
出现了
国民大会
以及议会
发明了火药，封建骑士的势力开始削弱
公元 1400 年
圣女贞德
英国人被从法国
赶了出去
印刷术
土耳其人占领
君士坦丁堡
东罗马帝国灭亡

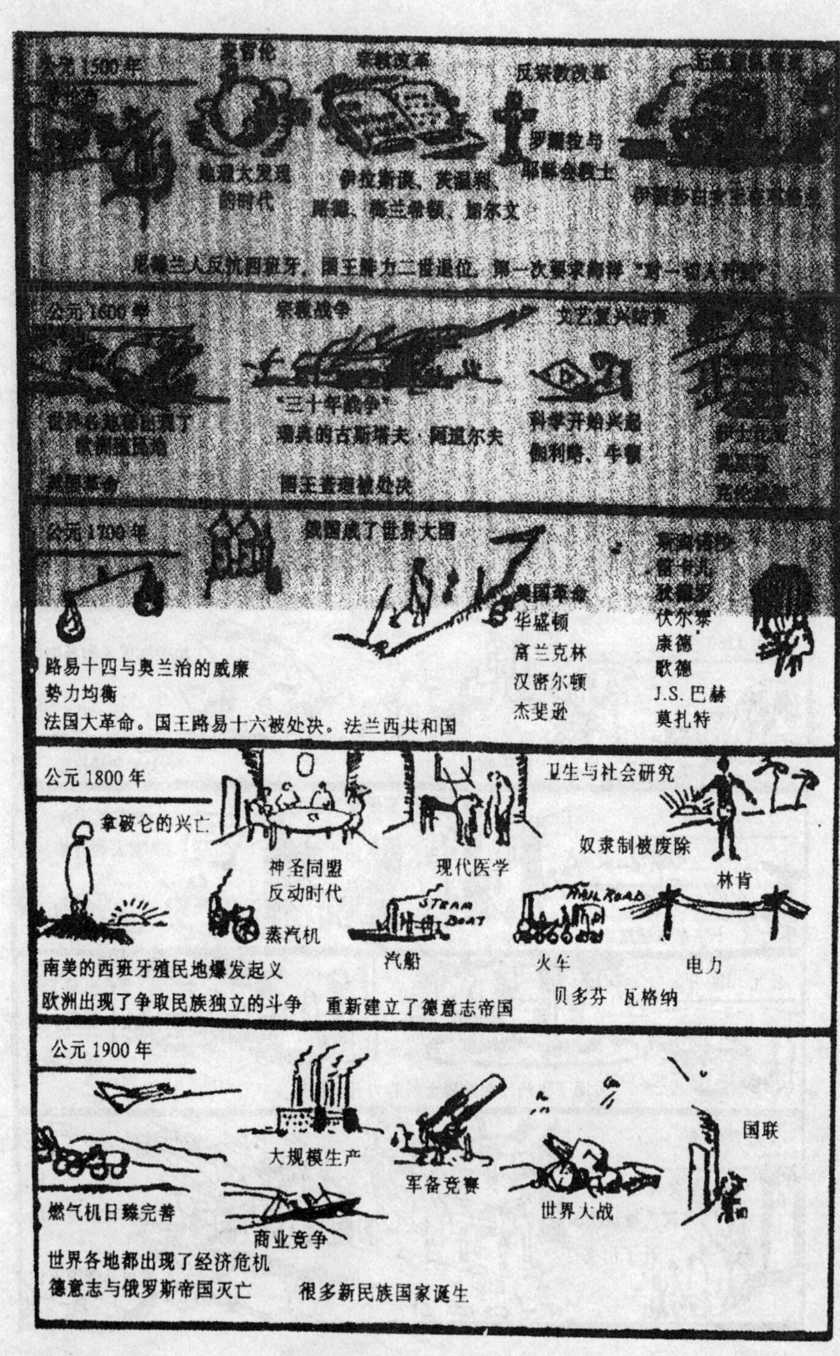

公元2000年　　　　无限待续

大结局